U0260051

"十三五"国家重点图书出版规划项目

中国特色畜禽遗传资源保护与利用丛书

国家出版基金项目
NATIONAL PUBLICATION FOUNDATION

北 京 鸭

陈 余 郑瑞峰 王 梁 主编

中国农业出版社

北 京

图书在版编目（CIP）数据

北京鸭/陈余，郑瑞峰，王梁主编 . —北京：中
国农业出版社，2019.12
（中国特色畜禽遗传资源保护与利用）
国家出版基金项目
ISBN 978 - 7 - 109 - 26039 - 9

Ⅰ.①北… Ⅱ.①陈… ②郑… ③王… Ⅲ.①北京鸭
-饲养管理 Ⅳ.①S834

中国版本图书馆 CIP 数据核字（2019）第 247529 号

内容提要：北京鸭养殖历史悠久，以北京鸭为原料制作的"北京烤鸭"更是北京的一张名片，闻名海内外，具有鲜明的地域特征。本书从北京鸭的人文历史、品种特点、品种保护、品种繁育、营养饲料、饲养管理、疫病防控、环境控制和品牌建设等方面，系统全面地介绍了北京鸭各个方面的研究进展，希望为北京鸭的遗传资源保护和品牌开发提供参考。

中国农业出版社出版
地址：北京市朝阳区麦子店街 18 号楼
邮编：100125
责任编辑：周晓艳　王森鹤
版式设计：杨　婧　　责任校对：沙凯霖
印刷：北京通州皇家印刷厂
版次：2019 年 12 月第 1 版
印次：2019 年 12 月北京第 1 次印刷
发行：新华书店北京发行所
开本：720mm×960mm　1/16
印张：16　　插页：4
字数：275 千字
定价：108.00 元

丛书编委会

本书编写人员

主　编　陈　余　　郑瑞峰　　王　梁

副主编　李志衍　　刘　雪　　郭江鹏　　杨宇泽　　李复煌

编　者　王　俊　　王　梁　　付　瑶　　曲鲁江　　吕学泽

　　　　　刘　雪　　刘　康　　齐志国　　李志衍　　李复煌

　　　　　杨卫芳　　杨宇泽　　杨曙光　　张建伟　　陈　余

　　　　　郑瑞峰　　赵春颖　　贾亚雄　　郭江鹏　　常　卓

　　　　　谢实勇

审　稿　卢立志

　　我国是世界上畜禽遗传资源最为丰富的国家之一。多样化的地理生态环境、长期的自然选择和人工选育，造就了众多体型外貌各异、经济性状各具特色的畜禽遗传资源。入选《中国畜禽遗传资源志》的地方畜禽品种达500多个、自主培育品种达100多个，保护、利用好我国畜禽遗传资源是一项宏伟的事业。

　　国以农为本，农以种为先。习近平总书记高度重视种业的安全与发展问题，曾在多个场合反复强调，"要下决心把民族种业搞上去，抓紧培育具有自主知识产权的优良品种，从源头上保障国家粮食安全"。近年来，我国畜禽遗传资源保护与利用工作加快推进，成效斐然：完成了新中国成立以来第二次全国畜禽遗传资源调查；颁布实施了《中华人民共和国畜牧法》及配套规章；发布了国家级、省级畜禽遗传资源保护名录；资源保护条件能力建设不断提升，支持建设了一大批保种场、保护区和基因库；种质创制推陈出新，培育出一批生产性能优越、市场广泛认可的畜禽新品种和配套系，取得了显著的经济效益和社会效益，为畜牧业发展和农牧民脱贫增收作出了重要贡献。然而，目前我国系统、全面地介绍单一地方畜禽遗传资源的出版物极少，这与我国作为世界畜禽遗传资源大

1

国的地位极不相称，不利于优良地方畜禽遗传资源的合理保护和科学开发利用，也不利于加快推进现代畜禽种业建设。

为普及对畜禽遗传资源保护与开发利用的技术指导，助力做大做强优势特色畜牧产业，抢占种质科技的战略制高点，在农业农村部种业管理司领导下，由全国畜牧总站策划、中国农业出版社出版了这套"中国特色畜禽遗传资源保护与利用丛书"。该丛书立足于全国畜禽遗传资源保护与利用工作的宏观布局，组织以国家畜禽遗传资源委员会专家、各地方畜禽品种保护与利用从业专家为主体的作者队伍，以每个畜禽品种作为独立分册，收集汇编了各品种在管、产、学、研、用等相关行业中积累形成的数据和资料，集中展现了畜禽遗传资源领域最新的科技知识、实践经验、技术进展与成果。该丛书覆盖面广、内容丰富、权威性高、实用性强，既可为加强畜禽遗传资源保护、促进资源开发利用、制定产业发展相关规划等提供科学依据，也可作为广大畜牧从业者、科研教学工作者的作业指导书和参考工具书，学术与实用价值兼备。

丛书编委会

2019 年 12 月

序 言

　　我国是世界畜禽遗传资源大国，具有数量众多、各具特色的畜禽遗传资源。这些丰富的畜禽遗传资源是畜禽育种事业和畜牧业持续健康发展的物质基础，是国家食物安全和经济产业安全的重要保障。

　　随着经济社会的发展，人们对畜禽遗传资源认识的深入，特色畜禽遗传资源的保护与开发利用日益受到国家重视和全社会关注。切实做好畜禽遗传资源保护与利用，进一步发挥我国特色畜禽遗传资源在育种事业和畜牧业生产中的作用，还需要科学系统的技术支持。

　　"中国特色畜禽遗传资源保护与利用丛书"是一套系统总结、翔实阐述我国优良畜禽遗传资源的科技著作。丛书选取一批特性突出、研究深入、开发成效明显、对促进地方经济发展意义重大的地方畜禽品种和自主培育品种，以每个品种作为独立分册，系统全面地介绍了品种的历史渊源、特征特性、保种选育、营养需要、饲养管理、疫病防治、利用开发、品牌建设等内容，有些品种还附录了相关标准与技术规范、产业化开发模式等资料。丛书可为大专院校、科研单位和畜牧从业者提供有益学习和参考，对于进一步加强畜禽遗

1

传资源保护，促进资源可持续利用，加快现代畜禽种业建设，助力特色畜牧业发展等都具有重要价值。

中国科学院院士
中国农业大学教授

2019 年 12 月

　　我国具有悠久的历史文化，我们的祖先在各个领域都有很多创造和发明，给我们留下了无数宝贵而丰富的遗产。在家禽产业方面，北京鸭就是最好的例子。北京鸭是我国劳动人民培育出来的、世界著名的优良肉鸭品种之一，现在大量分布在世界各国，在各国的肉鸭养殖和肉鸭品种改良中发挥了重要的作用。为什么北京鸭如此受欢迎呢？因为它体型大、肉质好、生长速度快、产蛋数多，养殖北京鸭比养一般的鸭子合算。劳动人民在北京鸭的饲养、管理、填鸭、烤鸭等方面都积累了丰富的经验，新时代下的科学家和从业者又继承和发扬了北京鸭的养殖方法，改进技艺，创新品种，为北京鸭的发展做出了新的贡献。

　　根据2017年9月发布的《中华人民共和国农业部公告第2578号》，农业部对北京市畜牧总站申请的"北京鸭"产品正式实施国家农产品地理标志登记保护。"北京鸭"是北京市第十二个农产品地理标志产品，也是北京市目前唯一一个畜禽类的地标产品。北京市畜牧总站作为"北京鸭"农产品地理标志登记证书持有人，将按照《农产品地理标志管理办法》规定，对"北京鸭"进行保护和管理。

　　北京鸭是北京市独有的著名家禽品种，于2005年被北京市政府认定为首批9个"北京市优质特色农产品"之一，也被国家列为首批遗传资源保护品种，遗传资源珍贵。北京鸭也是著名的北京市区域公用品牌，以本土生产的北京鸭为原料制作的北京烤鸭，是享有国际盛誉的美味佳肴，是北京特色饮食文化的代表之一，具有浓郁的地方特征。独特的传统手工填饲工艺，使北京烤鸭以肉质细嫩、色泽红艳、味道醇厚、肥而不腻的特色而扬名中外。国际友人来到中国，来到北京，流传着"不登长城非好汉，不吃烤鸭更遗憾"的说法，北京鸭是北京这座现代化国际大都市的一张饮食名片。

北京鸭凝聚着北京的历史、文化和地理元素，是首都人民拥有的无形资产，北京市畜牧总站将运用好"地理标志"这个品种品牌保护手段，将政府资源、企业品牌资源和农户生产地理资源进行优化组合，提高北京鸭的产业化水平，维护"北京烤鸭"这个具有传统特色的名牌产品，将北京鸭重新塑造成"活长城"，为世界城市的建设和都市型现代农业的发展增添光辉亮丽的一笔。

由于编者水平有限，书中难免有错误和遗漏之处，敬请广大读者见谅并指正。

编　者

2019 年 8 月

目　录

第一章
北京鸭品种历史与特点

第一节　产区自然生态条件

一、原产地

北京历史悠久，物产丰富，是世界文化名城和历史古都之一，是中国的首都和政治文化中心。大陆性季风气候赐予北京四季分明的自然条件，在悠久的历史长河中孕育出了具有典型地理标志特征的独特畜禽品种——北京鸭（彩图 1-1）。

北京地区的主要河流有属于海河水系的永定河、潮白河、北运河、拒马河和属于蓟运河水系的沟河五大河流，这些河流都发源于北京西北山地至蒙古高原。它们在穿过崇山峻岭之后，便流向东南方向，蜿蜒于平原之上。北京鸭原产地位于北京市东郊的潮白河和北运河流域一带，直到 21 世纪初期，在顺义区潮白河流域箭杆河支流附近，仍有北京鸭的饲养。

关于北京鸭的起源有两种传说（本章第二节详细叙述），分别与这两条河流有关。北运河是流经北京市东郊和天津市的一条河流，是京杭大运河（历史上是江南通向北京的重要漕运河道）的重要一段，支流有通惠河、凉水河、凤港减河和龙凤河。明永乐年间，漕运大兴，相传有江南一带的白色麻鸭随船而至，后经长期风土驯化和人工培育，成为今日的北京鸭祖先。潮白河为流经北京市北部、东部的重要河流，流经密云区、怀柔区、顺义区，至通州区，沿途有支流怀河、箭杆河来汇。顺义区前鲁各庄村流传有"张堪种稻"的传说，还建有"张堪农耕文化博物馆"，展示着 2000 年前当地开荒种稻的场景及鸭稻共长的农耕文化，"小白眼鸭"的历史就是从这时开始的。

北京鸭的最终育成地是北京西郊所谓"京西御地"的玉泉山一带，该地区环境较之前更为优越。京西有常年洁净的清泉，稻米丰盛，水草繁茂，鱼虾很多。这里西北环山，冬季可御西北风侵袭，泉水不冻，夏季凉爽，对鸭子生长非常有利。此后，在人们的精心饲养过程中，经过多年的优胜劣汰和精心培育选种，北京鸭的优良性状和生产性能得到不断巩固和提高，并一代一代遗传下来，从而育成今日的北京鸭良种。根据舒联莹编著的《北京鸭》（1934 年商务印书馆发行）一书（图 1 - 1）中记载："该地饲养者亦专营种鸭以供需求。于是竟成北京

图 1 - 1 《北京鸭》（1934 年商务印书馆发行）

养鸭之枢纽，位置极高矣！即按之科学原理，乡村高坡地方，尘埃较城市为少，紫外线照射充足，已知紫外线能使家禽之产卵量增多，则玉泉山一带，适合种鸭，又不独以河流水食温度等为优胜也。"

二、产区自然生态条件

（一）地形地貌

北京市土地面积 16 411 km²，其中平原面积 6 339 km²，占 38.6%；山区面积 10 072 km²，占 61.4%。北京市由三大地理单元组成：西倚太行山，北部靠燕山，东南部为北京湾。北京市毗邻渤海湾，上靠辽东半岛，下临山东半岛，与天津相邻，被河北省环绕，地势西北高、东南低。北京市的西部、北部和东北部，群山环绕，东南部是缓缓向渤海倾斜的北京平原，海拔高度 20～60 m。这种山地环绕地形，在交通殊为不便的时代，为北京鸭的选育提供了一个天然的封闭环境。在长期培育过程中，北京鸭很少掺入外血，遗传性不断得到纯化和稳定。

（二）气候条件

北京市的气候为典型的北温带半湿润大陆性季风气候，夏季高温多雨，冬季寒冷干燥，春、秋季短促。全年无霜期 180～200 d，西部山区无霜期较短。据记载，北京市 2007 年平均降水量 483.9 mm，为华北地区降水最多的地区之一。降水季节分配很不均匀，全年降水的 80% 集中在夏季的 6—8 月，7—8 月有大雨。

北京市太阳辐射量全年平均为 0.47～0.57 MJ/cm。夏季正当雨季，日照时数减少，月日照时数在 230 h 左右；秋季日照时数虽没有春季多，但比夏季要多，月日照时数在 230～245 h；冬季是一年中日照时数最少的季节，月日照时数不足 200 h，一般在 170～190 h。

特殊的自然环境条件，造就了北京鸭强健的体质，使得北京鸭对于气候环境有着很强的适应能力，抗病性能也很好。冬天只要气温不低于-20 ℃和除大风大雪天气外，北京鸭都可在露天运动场上活动，产蛋母鸭在-10 ℃的情况下仍可外放。气温不低于-5 ℃时，仍可在湖面砸破冰层后放河洗浴。夏季气温达 30 ℃以上时北京鸭仍可耐受，只是填肥鸭时要注意防暑措施。

第二节　品种形成的历史过程

一、关于北京鸭起源的两种传说

北京鸭养殖历史悠久。关于其起源有两种说法，其一是明朝 1472 年前后来自江苏金陵一带的"白色湖鸭"；其二为来自北京东郊的"小白眼鸭"。

（一）白色湖鸭

相传在公元 15 世纪，燕王朱棣（明成祖）与建文帝相争，南京皇宫被焚，燕王朱棣迁都北京，当时从江浙一带调动粮米（称为漕米），通过运粮河（大运河）运至北京，数量之大，号称"岁漕四百万石"。在运送过程中，大量粮米撒落在河中和码头上。最初，运粮官吏利用职权把这些撒落的粮食作为饲料，饲养随船运来的江苏金陵一带的白色湖鸭（或称"白色麻鸭"）。这些鸭由官吏独霸，经营养鸭业以谋巨利。后来由于撒落粮食过广，逐渐失去控制，于是运粮河沿岸的农民也养起鸭来。经过长期的风土驯化，并在丰富的饲料条件下培育，白色湖鸭在运河一带逐渐繁殖下来，成为今日北京鸭的祖先。

（二）小白眼鸭

关于北京鸭起源的另一种说法，时期不详，在北京市东郊潮白河一带（今顺义区内），有一种"小白眼鸭"（俗称"白河蒲鸭""白蒲鸭"）。当时的潮白河水草丛生，鱼虾甚丰，其支流箭杆河流域过去是全区的鱼米之乡。相传从东汉初年开始，渔阳太守张堪就辅导这个地区的农民引潮白河水种植水稻。由于鸭粪是种植水稻的好肥料，因此养鸭历史悠久。得此优越环境，小白眼鸭的鸭体在不断的繁育中逐渐肥大起来，养鸭逐渐成为当地人们倍加喜爱的行业，小白眼鸭也被认为是北京鸭的祖先。至辽代时，辽国帝王常在北京地区游猎，对捕获的鸭、鹅，还专门设人管理。尤其在偶然捕获到纯白毛色的鸭子时，更作为吉祥之物放养于园林湖泽间。

北京鸭究竟是起源于江南的"白色湖鸭"还是北京东郊的"小白眼鸭"，根据现有资料尚难以论断，但可以肯定的是，北京鸭的起源与北京市东郊的水系有关。有学者认为，从北京鸭的生态特征来看，认为北京鸭的祖先是被人从南方带来的，似乎不能令人信服。北京鸭全身羽毛洁白无瑕；体躯长而宽；头部甚大，额颧高耸；眼大而明亮，呈深灰蓝色；嘴壳短而宽厚，呈橙黄色；胸部丰满凸起；腹部深广下垂但不擦地；腿粗而短；趾蹼亦呈橘黄色。整个外观上，北京鸭硕大美丽，可供观赏。北京鸭生性喜冷怕热，冬天不仅能在有冰的河水里游耍，而且在戏水的同时又特别喜欢栖息地的清洁和干燥。正像一些老鸭工说的，北京鸭喜欢"见湿见干"。从这些特征来看，北京鸭应是一种不与任何其他品种鸭子相似的独立的一支，并且没有丝毫杂交的迹象。北京地区气候干燥，年降水量少而集中，冬季比较寒冷且持续时间长。这样的气候特点，加之北京地区有山有水的地理条件，均适于北京鸭的繁殖和发育。因此，应当说北京鸭是由古代生长在我国北方的一种原种白鸭，经过长时间的驯化、饲养，又有运河之谷格外优越的饲料条件，以及鸭农精心地选种培育而逐渐形成的。此外，舒联莹编著的《北京鸭》一书中也有记载："据彼邦学者之考据，北京鸭之起源，或与欧洲者相近，但其系谱与任何驯化种不同，即各种驯化之野鸭，亦无相似者。此鸭纯为白鸭，无其他变种。而自他种进化之历史上推之，或为一原种所生之白色变种。"

二、北京鸭品种的形成

北京鸭品种育成于京西玉泉山山麓之下。此后，在精心饲养过程中，经过多年的优胜劣汰，育成今日的北京鸭良种。此外，旧时王朝的都城对上乘菜肴原料的要求也促进了北京鸭品种的形成和发展。始于明代的鸭油点心和有 300 多年经营历史的烤鸭业都要求具有优良育肥性能的鸭种。为此，长期以来旨在提高育肥性能的选育是形成大型肉用品种北京鸭的直接因素。

三、北京鸭名称的由来

据考证，"北京鸭"的最终定名是在其鸭种传至国外以后。1873 年，美国人詹姆斯经上海将小白眼鸭鸭蛋带至北美洲。同年，英国人凯尔在北京市附近得到小白眼鸭种蛋，又将其输入英国。1875 年，英国人将一批填肥的小白眼鸭海运至美国，引起了美国市场的轰动。欧美原有鸭种肉质粗劣，肉味膻，不堪烹食。当人们忽见外观美丽、肉质细嫩的北京鸭时，顿感眼界大开。根据舒联莹编著的《北京鸭》一书中记载，当时在美国小白眼鸭"样品既出，社会耳目为之一新，绅士名媛，交誉不置。购者骤多，供给缺乏。一时价格腾贵，每种卵 12 枚，竟需价 10～13 美元；而每卵 1 枚，当金元 1 元之价。美国社会，遂有'鸭即金砖'之荣称。并因其来自中国之北京也，而赐以'北京鸭'之佳名。"

四、北京鸭在世界上的地位

北京鸭在世界鸭业中占有重要的地位，欧美养鸭业的逐渐发达，也是在北京鸭传入之后。北京鸭传入美国之前，美国市场上原有肉鸭品种为 White Muscovy、Rouen、Cuyuga、Swedish 等，有的生长迟缓，有的只供观赏，且肉味粗劣，性情呆滞，一般不被人食用。北京鸭传入后，过去养鸭的人都转为饲养北京鸭，取代了当地品种。在英国，由英国林肯郡樱桃谷公司引入我国北京鸭和埃利斯伯里鸭为亲本杂交育成了有名的瘦肉型鸭种——樱桃谷鸭。除了欧美地区，北京鸭还于 1888 年输入日本；1925 年输入苏联，与英国的哈基-肯贝尔鸭杂交育成莫斯科白鸭；1954 年起又相继引入罗马尼亚、保加利亚、朝鲜、印度尼西亚、越南等国。此外，古巴、德国、澳大利亚、埃及、丹麦、挪威等国也都饲养北京鸭。北京鸭以其抗病力强、适应范围广、繁殖性能突出、早期生长速度快、饲料利用率高、易育肥等特点在世界各国肉鸭的改良和生产中成为一个起主导作用的肉鸭品牌。除了樱桃谷鸭外，澳大利亚的狄高鸭、朝鲜的广浦鸭都是利用北京鸭选育而成的。

五、北京烤鸭与北京填鸭

（一）北京烤鸭

北京鸭肉肥味美，驰名中外的北京烤鸭就是用北京鸭为唯一原料烤制而成的。北京烤鸭又称"北京片皮鸭"，做法起源于明朝金陵（南京）的宫廷御膳房。公元 15 世纪初，明成祖朱棣将首都由南京迁往北京，也将南京的烧鸭技术带到了北京，并且从皇宫渐渐传到民间，最终到清朝末期，经北京人改革发展成为"北京烤鸭"。

到了清朝，宫廷中喜食烤鸭者更为疯狂。据清朝《五台照常膳底档》记载，乾隆皇帝在 13 d 中连吃了 8 次烤鸭。清朝道光年间，梁章钜在《浪迹丛谈》中写道："都城风俗，亲戚寿日，必以烧鸭烧豚相馈遗。宗伯每生日，馈者颇多。是日但取烧鸭切为方块，置大盘中，宴坐，以手攫啖，为之一快。"清朝《竹叶亭杂记》中同样有此段文字记载。《燕京杂记》中记载"京师美馔，莫妙于鸭，而炙者尤佳。其贵至有千余钱一头。"（详见图 1-2）。据《清稗类钞》一书记载，官府显贵请客，"即视客所嗜，各点一看，如便宜坊之烧鸭"。清朝浙江人严辰在北京居住多年，回到老家后对京都烧鸭印象极深。他在《忆京都词》中写道："忆京都，填鸭冠寰中。烂煮登盘肥且美，加之炮烙制尤工。此间亦有呼名鸭，骨瘦如柴空打杀。"

自中华人民共和国成立以来，北京烤鸭的声誉与日俱增，闻名世界。从周恩来总理的"烤鸭外交"，到 2008 年奥运会、2014 年 APEC 会议、2017 年"一带一路"峰会、2018 年平昌冬奥会上的"北京八分钟"，北京烤鸭都是中国向世界展示中国文化的重要元素，而北京烤鸭成功的一大秘诀就是选用了经过填饲的北京鸭作为原料。

（二）北京填鸭

既然乾隆皇帝对烤鸭如此青睐，御厨官庖对其制作自然更加细致，如此一个由南京传到北京的技法，其最讲究的工艺莫过于养鸭。清嘉庆时曾任左都御

图1-2 《燕京杂记》对北京鸭的记载

史的姚元之撰写的《竹叶亭杂记》就有这样的记载："朱孝廉云锦，客扬州，雇一庖人，王姓，自言幼时随其师役于山西王中丞坛望署中，鸭必食填鸭，有饲鸭者，与都中填鸭略同，但不能使鸭动耳。蓄之之法，以绍酒坛凿去其底，令鸭入其中，以泥封之。使鸭头颈伸于坛口外，用脂和饭饲之，坛后仍留一窟，俾得遗粪。六七日即肥大可食，肉之嫩如豆腐。"光绪年间《顺天府志》亦记载："有填鸭子之法，取毛羽初成者，用麦面和硫黄拌之，张其口而填之。填满其嗉，即驱之走，不使之息，一日三次，不数日而肥大矣。"

北京鸭饲养的最大特点是采取填喂进食法，被称为北京填鸭，其实我国南北朝时已有"填嗉"法（见《齐民要术》中关于养鸭的记载）。人工"填鸭"法，可以使鸭体迅速积聚脂肪，特别是肌间脂肪，以改善屠体品质，生产出肉质肥嫩、体大皮薄的北京鸭。填饲过的北京鸭经过烤制后，肉的鲜美程度远远超过其他各种烤鸭，被誉为"北京烤鸭"。

但填鸭一法在明清时仍处于民间摸索阶段，有很多人不明就里，鸭填后不但不肥，反而瘦，死亡过半。后来为了保障宫廷膳食，清皇室决定将填鸭的技术由朝廷来解决，于是在京西水源充足、可抵御西北风、泉水严冬不冻的玉泉山饲养从北京东郊潮白河引来的白色鸭子（小白眼鸭），并将填鸭的技术进一步完善。严辰《北平风俗杂咏》中记载:"以高粱及其他饲料揉搓成圆条状,较一般香肠热狗为粗,长约四寸许。通州的鸭子师傅抓过一只鸭来,夹在两条腿间,使不得动,用手掰开鸭嘴。以粗长的一根根的食料蘸着水硬行塞入,鸭子要叫都叫不出声,只有眨巴眼的份儿。塞进口中之后,用手紧紧地往下捋鸭的脖子,硬把一根根的东西挤送到鸭的胃里。填进几个之后,眼看着再填就要撑破肚皮,这才松手,把鸭关进一间不见天日的小棚子里。几十、上百只鸭关在一起,像沙丁鱼,绝无活动余地,只是尽量给予水喝。这样关了若干天,天天扯出来填,非肥不可,故名填鸭。"《清稗类钞》中还有记载:"袁慰亭内阁世凯喜食填鸭,而豢养填鸭之法,则以鹿茸捣屑,与高粱调而饲之。"

这样填出来的鸭子,肉质优良,脂肪蓄积多,肉嫩皮细的品种由此而生,让世人钦羡,从此也让"片皮鸭"改旗易帜,由"北京"取代"金陵"(南京),而且更加声名鹊起。

不久,填鸭技术在民间得到推广,北京著名的"便宜坊""全聚德"等饭店都以此鸭招徕客人,当中虽以烧烤制作,但推介填鸭却是他们另一噱头,所以"北京烤鸭"与"北京填鸭"有时是画上等号的。

过去喂鸭全靠手工把玉米面、黑豆面、土面等混在一起搓成粒状的剂子,逐只填饲(图1-3)。后来普遍用上了电动填鸭器(彩图1-2),生产效率大为提高,并且由于饲料配比和饲养工艺的改进,鸭的育成期也大大缩短。从此,北京烤鸭逐渐成为人们餐桌上的常见佳肴,更被亲戚朋友持为馈赠厚礼。

图1-3 过去的人工填鸭

六、历史变迁中的北京鸭

(一)六大水系及迁移

清朝末期至民国时期,北京鸭逐步发展形成了汤山水系(小汤山、温泉一带)、玉泉山水系、莲花池水系、护城河水系、鱼藻池水系(位于北京天坛墙外）、运粮河水系六大水系的饲养基地。产地优越的自然条件为北京鸭的饲养提供了良好的饲养基地（图1-4）。

图1-4 饲养北京鸭的老照片

1. 汤山水系 指北京市北郊的汤山（即小汤山）、温泉一带所繁殖的北京鸭。由于受温泉影响，这一带的河流终年不冻冰，被称为"暖河筒"，宜于北京鸭生活。清代末年以后，饲养的北京鸭日渐增多，大多"卖青"，即专营饲养种鸭，出售种蛋和雏鸭，一般不养填鸭。但自1916年汤山开辟为游览区后，养鸭户转营他业或迁徙，这个水系饲养的北京鸭数量便逐日减少。

2. 玉泉山水系 这个水系位于北京市西郊，源于玉泉山的"天下第一泉"。此泉水质好、流量大，流经昆明湖（在颐和园内）向西北部各处流去，构成几条河流。上游自青龙桥向东南流去，经安河桥、武库村、树村、圆明园转向北郊流去。中游包括蓝靛厂、海淀镇、六郎庄、万寿寺、紫竹院、白石桥、五塔寺，于北京城的西北角入护城河。另一条支流由颐和园东墙外，流经西苑、一亩园、挂甲屯、海淀镇、水磨村、七孔闸，再向北流去。在这些支流的沿途皆有养鸭场，是历史上繁殖北京鸭最多的地区，种鸭和种蛋品质甚佳。

3. 莲花池水系 这条水系的特点是既有动水，也有静水。莲花池位于北京市西南部，池水由东北角流出，经莲花池村、南蜂窝、木楼村、三统碑、大红庙、甘石桥、小红庙、白石桥、孟家桥等地。上游有当时的西郊农场养鸭场，中游菜户营附近养鸭户很多。在历史上相当长的一段时期内，只有这条水系中的鸭的质量能与玉泉山水系的北京鸭媲美。

4. 护城河水系　此水系为环绕北京城的护城河。接近城市消费者，所以在历史上养鸭业颇多。但中华人民共和国成立前，由于河道长期淤积和污染，鸭的疾病多、生长慢、个体小、产蛋低，因此水系饲养的北京鸭所产鸭蛋多用于制作松花蛋（皮蛋），而不适宜作种用。中华人民共和国成立后，护城河水系污水沟被填平，无水养鸭，原有养鸭户有的改行，有的迁往郊外饲养。

5. 鱼藻池水系　鱼藻池（后改名金鱼池）位于北京市天坛墙外，分东、西两池塘，中间有许多小水池相通，两池分别养鸭和红色鲤鱼，两者皆为供清朝皇室御膳房用，故养鸭也以生长快、体大而闻名。中华人民共和国成立前，因养鸭竞争不过养红色鲤鱼而绝迹，之后该水系也已填平。

6. 运粮河水系　运粮河流经北京市东便门外，清代时为江南、东北各地运粮来京的要道，并都在东郊二闸、东坝等地卸载，粮食散入河中甚多，沿河很多农民放鸭子到河中觅食，故有"窃河鸭"之称。鸭的数量多，生长快，发育好，曾被誉为北京鸭良种。中华人民共和国成立前夕，此水系的养鸭业已大为衰落，数量与质量均显著下降，杂毛增多，体型变小，之后完全消失。

随着历史的发展，饲养北京鸭的六大水系均已不复存在。中华人民共和国成立初期，开始将零星分散的养鸭户组织起来，成立较大规模的养鸭场，如莲花池鸭场、圆明园鸭场、青龙桥鸭场和南郊养鸭场。自改革开放以来，随着北京市城镇化进程的发展，在20世纪80年代海淀区东升乡、六郎庄、树村、丰台区花乡等是北京鸭的主要产区，90年代是顺义区小胡营村、前鲁村、大兴区金星村（现为金星街道）等产区，现在正在向河北省辐射发展。目前，北京鸭在北京地区主要分布在8个远郊区，即昌平、大兴、房山、怀柔区、平谷区、顺义、通州、延庆。部分郊区由于产业调整，北京鸭的饲养量在大量缩减。

北京鸭养殖区域虽然经过调整，但由于气候与环境条件与之前的养殖区域非常接近，因此非常适合北京鸭的饲养与繁育。例如，1978年顺义区创办的前鲁鸭场，选择了在北京鸭养殖原址建场，场址便位于潮白河分支箭杆河的源头，历史上一直是北京鸭的养殖区；20世纪60年代初，农业部投资在北京市大兴县建立北京鸭种鸭场；80年代起由北京三元集团有限责任公司（原北京首农食品集团）和中国农业科学院北京畜牧兽医研究所在昌平区南口镇和马池口镇建立北京鸭种鸭场。所建场区自然环境及气候条件均适合，且防疫条件更加完善，有利于北京鸭的饲养。

北京鸭是北京市独有的著名家禽品种，于 2005 年被北京市政府认定为首批 9 个"北京市优质特色农产品"之一，也被国家列为首批遗传资源保护品种，遗传资源珍贵。目前，全市范围内北京鸭年产 1 500 万只（含外埠基地），占全市肉鸭出栏量的 50.3%，年存栏 280 万只，年生产鸭肉 3.75 万 t，顺义区、昌平区、大兴区、平谷区、房山区等 5 个区县养殖较为集中，占全市北京鸭养殖量的 94%。

目前，北京市北京鸭的原种养殖基地主要有两个：一个是位于昌平区的北京首农食品集团下属北京金星鸭业有限公司南口种鸭场，养殖规模 6 万只，年推广父母代种鸭近 40 万只，提供商品雏鸭 1 100 多万只，年收入 8 000 万元；二个是位于昌平区的中国农业科学院北京畜牧兽医研究所种鸭场，养殖规模 2 万只，年产量 20 万只，年收入 50 万元。

（二）北京鸭数量的变化

1949 年以前，北京鸭的生产规模不大。据记载，1926 年北京市有 300 家养鸭户，饲养种鸭 4 500 余只，这在北京鸭历史上属兴盛时期之一。但因当时金融紊乱、连年内战，至 1928 年只剩 150 家养鸭户，饲养种鸭 2 600 只。不久后，英国商人开办的和记洋行在天津设立北京鸭收购部，将收购的北京鸭宰后经冷藏运往英国，甚为畅销，到 1932 年用贷款预购办法，大量收购北京鸭，此为北京鸭养殖历史上最为繁盛的时期。1937 年起又因连年战争，民不聊生，饲料短缺，养鸭业衰退。据 1942 年统计，当时的养鸭户仅剩 47 家，饲养的种鸭数量只有 1 300 只左右，1948 年全市的填鸭生产数量还不到 6 000 只。

1949 年后，北京鸭生产迅速恢复。填鸭产量，1954 年为 1 万只；1955—1965 年增长速度更快，1965 年突破百万大关，产量 104.4 万只。1966—1976 年产量下降，到 1968 年降至 54.5 万只，1970 年后恢复到 100 万只，以后逐年增加，1979 年填鸭产量增至 329 万只，1980 年达 344 万只。发展至今，北京鸭在北京市的年产量已达到 1 500 万只（含外埠基地），并趋于稳定。

第三节　生物学习性

一、基本特征

1. 羽色特征　北京鸭初生雏鸭的绒羽为金黄色，称为"鸭黄"。随着日龄

11

的增长羽色变浅并换羽，至 28 日龄前后变成白色。成年鸭的羽毛为纯白色，并带有奶油光泽（彩图 1-3）。

2. 喙、胫和脚蹼特征　北京鸭喙扁平，上、下颚边缘呈锯齿状角质化凸起，颜色为橙黄色或橘红色，喙豆为肉粉色。胫短而粗壮，脚第 2～4 趾有蹼，胫和脚蹼为橙黄色或橘红色。母鸭开产后喙、胫和脚蹼颜色逐渐变浅，喙上出现黑色斑点，随产蛋量增加，斑点数量增多（彩图 1-4）。

3. 体型、头、颈特征　成年北京鸭体型硕大丰满，体躯呈长方形，前部昂起，与地面呈 30°～40°角。背宽平，胸部丰满，胸骨长而直，挺拔美观。两翅较小而紧附于体躯，尾短而上翘。头较大，呈卵圆形，无冠和髯。颈粗，长度适中。眼明亮，虹彩呈蓝灰色（彩图 1-5）。

4. 性别特征　北京鸭公鸭尾部带有 3～4 根卷起的性羽（彩图 1-6）。母鸭腹部丰满，前躯仰角加大，产蛋母鸭因输卵管发达而腹部丰硕，显得后躯大于前躯。腿短、粗，蹼宽、厚。母鸭叫声洪亮，公鸭叫声沙哑。

二、行为学特性

1. 喜水性　北京鸭善于在水中觅食、嬉戏（彩图 1-7）和求偶交配。鸭的尾脂腺发达，能分泌含有脂肪、卵磷脂、高级醇的油脂。鸭在梳理羽毛时先用喙压迫尾脂腺，挤出油脂，再用喙将其均匀地涂抹在全身的羽毛上，润泽羽毛，使羽毛不被水浸湿，以有效地起到隔水防潮和御寒的作用。但鸭喜水不等于喜欢潮湿的环境，因为潮湿的栖息环境不利于冬季保温和夏季散热，并且容易使鸭腹部的羽毛受潮，加上粪尿污染，易导致羽毛腐烂、脱落，对鸭生产性能的发挥和健康不利。

2. 合群性　北京鸭的祖先天性喜群居（彩图 1-8），很少单独行动，不喜斗殴，所以很适于大群放牧饲养和圈养，管理也较容易。北京鸭性情温驯，胆小易惊，遇有异声怪响时易泛群，影响产蛋和增重。

3. 适应性强，疾病少　北京鸭体质结实，适应性强，对于冷热的气候都能适应，便于管理；生活力旺盛，抗病力强，很少感染疾病。

4. 生长快，性早熟　北京鸭生长迅速，成熟期短。刚孵出的雏鸭活重 56 g 左右，生长 2 个月以后体重就增加到 3 000～3 500 g，相当于出生体重的 60 倍。北京鸭长到 2 月龄后肉质完全适于屠宰。北京鸭不仅产肉早，而且其开始产蛋的日期也比较早。

5. 产蛋多，蛋个大　北京鸭产蛋多，蛋个大，开产时间为 150～170 日龄，年产蛋量 220～250 枚，蛋重 85～90 g，蛋壳为乳白色（彩图 1-9）。

6. 个体大，肉质美　北京鸭是大型品种之一，成年公鸭体重 3.5～4.2 kg，成年母鸭体重 3.0～3.5 kg。北京鸭有较好的生产肥肝性能，填肥 2～3 周肥肝重 300～400 g。北京鸭体型结构良好，躯体魁梧，是典型的肉质鸭，肉质纤维细嫩，脂肪在体内肌肉间、皮下分布均匀，肥美多汁，气味芳香，而没有一般鸭的"鸭腥味"。

三、生理指标

北京鸭的生理功能和代谢都比较旺盛，北京鸭的生理指标过去很少有人测量，笔者进行了检测（表 1-1 至表 1-3），以供参考。

1. 体温　41.5～42.5 ℃。

2. 脉搏数　每分钟 120～200 次（心跳）。

3. 呼吸数　每分钟 15～30 次。

表 1-1　北京鸭雏鸭血常规及生化指标

代　号	项　目	结　果	单　位	变化范围
WBC	白细胞数	127	10^9 个/L	126～128
RBC	红细胞数	2.575	10^{12} 个/L	2.57～2.58
HGB	血红蛋白浓度	111.5	g/L	111～112
HCT	红细胞压积	40	%	36.6～49.4
MCV	平均红细胞体积	155.9	fL	155.5～156.5
MCH	平均血红蛋白含量	43.3	pg	43.2～43.4
MCHC	平均血红蛋白浓度	278	g/L	277～278
PLT	血小板数	32.5	10^9 个/L	31～34
RDW-SD	红细胞体积分布宽度	40.9	fL	40.5～41.5
RDW-CV	红细胞体积分布宽度	7.65	%	7.6～7.7
PDW	血小板体积分布宽度	8.9	fL	8.4～9.4
MPV	平均血小板体积	9	fL	8.8～9.2
P-LCR	大血小板比率	19.45	%	18～20.9

（续）

代 号	项 目	结 果	单 位	变化范围
PCT	血小板压积	0.03	%	0.03
IG#	幼稚粒细胞绝对值	0.004	10^9 个/L	0~0.006
IG	幼稚粒细胞百分比	0	%	0~0.6

注：WBC，white blood cell，白细胞数；RBC，red blood cell，红细胞数；HGB，hemoglobin，血红蛋白浓度；HCT，hematocrit value，红细胞压积；MCV，erythrocyte mean corpuscular volume，平均红细胞体积；MCH，erythrocyte mean corpuscular hemoglobin，平均血红蛋白含量；MCHC，erythrocyte mean corpuscular hemoglobin concentration，平均血红蛋白浓度；PLT，platelet，血小板数；RDW-SD，red blood cell distribution width，红细胞体积分布宽度；RDW-CV，red blood cell distribution width，红细胞体积分布宽度；PDW，platelet distribution width，血小板体积分布宽度；MPV，mean platelet volume，平均血小板体积；P-LCR，platelet-larger cell ratio，大血小板比率；PCT，plateletcrit，血小板压积；IG#，absolute value of infantile granulocyte cells，幼稚粒细胞绝对值；IG，percentage of infantile granulocyte cells，幼稚粒细胞百分比。"#"指绝对值。表1-2和表1-3注释与此同。

表1-2 北京鸭公鸭血常规及生化指标

代 号	项 目	结 果	单 位	变化范围
WBC	白细胞数	164.69	10^9 个/L	161~168
RBC	红细胞数	2.475	10^{12}个/L	2.46~2.49
HGB	血红蛋白浓度	111	g/L	109~113
HCT	红细胞压积	38.9	%	38.5~39.5
MCV	平均红细胞体积	157.15	fL	157~157.3
MCH	平均血红蛋白含量	44.85	pg	44~46
MCHC	平均血红蛋白浓度	285.5	g/L	282~289
PLT	血小板数	12.5	10^9 个/L	12~13
RDW-SD	红细胞体积分布宽度	40.15	fL	40.1~40.2
RDW-CV	红细胞体积分布宽度	7.85	%	7.8~7.9
PDW	血小板体积分布宽度	6.7	fL	6.5~6.9
MPV	平均血小板体积	9.1	fL	9~9.2
P-LCR	大血小板比率	20.25	%	18.5~22
PCT	血小板压积	0.01	%	0.01~0.03
IG#	幼稚粒细胞绝对值	0.004	10^9/L	0~0.006
IG	幼稚粒细胞百分比	0	%	0~0.6

表 1-3 北京鸭母鸭血常规及生化指标

代 号	项 目	结 果	单 位	变化范围
WBC	白细胞数	134.66	10^9 个/L	129～141
RBC	红细胞数	2.51	10^{12}个/L	2.43～2.51
HGB	血红蛋白浓度	113	g/L	110～116
HCT	红细胞压积	39.3	%	38～41
MCV	平均红细胞体积	156.6	fL	156～157
MCH	平均血红蛋白含量	45.05	pg	44.5～45.5
MCHC	平均血红蛋白浓度	287.5	g/L	286～289
PLT	血小板数	19	10^9 个/L	10～28
RDW-SD	红细胞体积分布宽度	40.35	fL	40～41
RDW-CV	红细胞体积分布宽度	7.7	%	7.6～7.8
PDW	血小板体积分布宽度	8.35	fL	7.5～9.5
MPV	平均血小板体积	9.35	fL	9.1～9.6
P-LCR	大血小板比率	20.8	%	19.5～22.5
PCT	血小板压积	0.02	%	0.01～0.03
IG#	幼稚粒细胞绝对值	0.013	10^9 个/L	0～0.006
IG	幼稚粒细胞百分比	0.01	%	0～0.6

第四节 以本品种为育种素材培育的配套系

一、南口1号北京鸭配套系

南口1号北京鸭配套系由北京金星鸭业有限公司培育，于2005年通过国家畜禽品种审定委员会新品种（配套系）审定。南口1号北京鸭配套系为三系配套，由Ⅷ系（终端父系）、Ⅳ系（母本父系）、Ⅶ系（母本母系）配套而成，其模式为Ⅷ♂×（Ⅳ♂×Ⅶ♀）♀。

（一）品种特性

南口1号北京鸭配套系种鸭产蛋性能好，繁殖率高，适应性强，生产的商品鸭生长速度快，一般38～42 d就能出栏，体重在3 kg以上，饲料报酬

高。尤其在北京填鸭生产中，易育肥，皮肤细腻，肉质鲜美，口感好，深受烤鸭店的欢迎。

（二）体型外貌

1. 南口北京鸭Ⅶ系　南口北京鸭Ⅶ系是母本母系，成年鸭羽毛洁白有光泽，体躯呈长方形，体型较小。身体前部昂起时与地面约呈40°角，胸部丰满，两翅紧缩，背平。头部卵圆形。颈较细，长度适中。眼明亮，虹彩呈蓝灰色。公鸭尾部带有3～4根卷起的性羽。母鸭叫声洪亮，公鸭叫声沙哑。皮肤为白色，喙为橙黄色，喙豆为肉粉色，胫和脚蹼为橙黄色或橘红色。母鸭开产后喙、胫和脚蹼颜色逐渐变浅，喙上出现黑色斑点，随产蛋增加，斑点数量增多，颜色变深。

2. 南口北京鸭Ⅳ系　南口北京鸭Ⅳ系为母本父系，成年鸭羽毛洁白有光泽，体型较大且丰满，体躯呈长方形。前部昂起时与地面约呈35°角，背宽平，胸部发育良好，两翅紧缩在背部。头部卵圆形。颈较粗，长度适中。眼明亮，虹彩呈蓝灰色。胫短而粗壮，脚第2～4趾有蹼。公鸭尾部带有3～4根卷起的性羽。母鸭叫声洪亮，公鸭叫声沙哑。皮肤白色，喙为橙黄色，喙豆为肉粉色，胫和脚蹼为橙黄色或橘红色。

3. 南口北京鸭Ⅷ系　南口北京鸭Ⅷ系是终端父系，成年鸭羽毛洁白有光泽，体型硕大且丰满，体躯呈方形。前部昂起时与地面约呈30°角，背宽而平，胸部十分丰满，两翅紧缩。头部卵圆形。颈粗，长度适中。眼明亮，虹彩呈蓝灰色。胫短而粗壮。皮肤为白色，喙为橙黄色，喙豆为肉粉色，胫和脚蹼为橙黄色或橘红色。

4. 父母代母鸭　成年母鸭羽毛洁白有光泽，体型适中，体躯呈长方形。身体前部昂起时与地面约呈40°角，胸部丰满，两翅紧缩，背平。头部卵圆形。颈较细。眼明亮，虹彩呈蓝灰色。叫声洪亮。皮肤为白色，喙为橙黄色，喙豆为肉粉色，胫和脚蹼为橙黄色或橘红色。开产后喙、胫和脚蹼颜色逐渐变浅，喙上出现黑色斑点，随产蛋增加，斑点增多，颜色变深。

5. 商品代　初生雏鸭的绒毛为金黄色，随年龄增长羽色变浅并换羽，一般28 d时羽毛换为白色。体型较大、丰满，体躯呈长方形。前部昂起时与地面约呈35°角，背宽平，胸部发育良好，两翅紧缩在背部。头部卵圆形。颈较粗，长度适中。眼明亮，虹彩呈蓝灰色。皮肤为白色，喙为橙黄色，喙豆为肉粉色，胫和脚蹼为橙黄色或橘红色。

（三）生产性能

1. 父母代生产性能　南口 1 号北京鸭配套系父母代生产性能详见表 1-4。

表 1-4　南口 1 号北京鸭配套系父母代生产性能

技术指标	指标值
50％开产日龄（d）	174.4±7.76
50％开产日龄体重（kg）	3.55±0.27
50％开产蛋重（g）	71.4±5.1
40 周龄产蛋数（枚）	115.4±5.36
平均蛋重（g）	91.4±4.51
蛋形指数	1.34±0.04
种蛋受精率（％）	92.42
受精蛋孵化率（％）	89.43
入孵蛋孵化率（％）	82.65

2. 商品代生产性能　南口 1 号北京鸭配套系商品代生产性能详见表 1-5。

表 1-5　南口 1 号北京鸭配套系商品代生产性能

技术指标	指标值
35 日龄体重（kg）	2.7
35 日龄饲料利用率（饲料重/增重）	2.10：1
42 日龄体重（kg）	3.2
42 日龄饲料利用率（饲料重/增重）	2.22：1
42 日龄胸肉率（％）	10
42 日龄腿肉率（％）	11.5
42 日龄皮脂率（％）	30.3

二、Z 型北京鸭配套系

Z 型北京鸭配套系由中国农业科学院北京畜牧兽医研究所培育，2005 年通过国家畜禽品种审定委员会新品种（配套系）审定。Z型北京鸭配套系为三系配套，由Z4系（终端父系）和Z2系（母本父系）、W2系（母本母系）配套而成，其模式为Z4♂×（Z2♂×W2♀）♀。

（一）品种特性

Z型北京鸭配套系属大型优质肉鸭品种。父系瘦肉率和饲料转化率高、肉品质好。母系繁殖性能强。商品代肉鸭为瘦肉型，肉质优，38～42日龄上市。

（二）体型外貌

1. 父母代体型外貌特征

（1）公鸭　成年鸭体型硕大，前部昂起，挺拔美观，体躯呈长方椭圆形。头大，颈短粗，背宽平，胸部丰满，胸骨长而直，腿短粗。全身羽毛丰满，羽色纯白并带有奶油光泽，尾部有4根卷起的性羽。成年公鸭体重3 400～4 000 g，体斜长247.7～302.4 mm，胸宽107.6～131.6 mm，胸深82.5～100.9 mm，龙骨长136.3～166.5 mm，胫骨长84.6～103.4 mm。

（2）母鸭　成年母鸭体型大小适中，挺拔美观。头较小，喙中等大小，颈细、中等长。体躯椭圆，前部昂起时与地面约呈30°角，胸部丰满，两翅较小而紧附于体躯。尾短而上翘，产蛋母鸭因输卵管发达而腹部丰满，显得后躯长大于前躯，腿较短。成年种母鸭体重3 100～3 500 g，体斜长243.4～297.3 mm，胸宽110.3～134.9 mm，胸深80.3～98.1 mm，龙骨长128.4～156.7 mm，胫骨长74.4～90.9 mm。

2. 商品代体型外貌特征
商品代肉鸭体型硕大丰满，挺拔美观。头较大，颈粗短。体躯椭圆，背宽平，胸部丰满，胸骨长而直，两翅较小而紧附于体躯。尾短而上翘，腿短粗。初生雏鸭绒羽金黄色，称为"鸭黄"，随日龄增加颜色逐渐变浅，至4周龄前后变成白色。6周龄肉鸭全身羽毛丰满，羽色纯白。喙、胫、蹼为橙黄色或橘红色。颈长165.8～202.6 mm，胸宽99.2～121.1 mm，龙骨长112.4～137.5 mm。

（三）生产性能

1. 父母代生产性能
Z型北京鸭配套系父母代生产性能详见表1-6。

表1-6 Z型北京鸭配套系父母代生产性能

技术指标	指标值
种鸭开产日龄（5%产蛋日龄，d）	165
母鸭的开产体重（kg）	3.2
产蛋率50%的周龄（周）	约27
种鸭70周龄产蛋量（枚）	220~240
种蛋受精率（%）	87~95
入孵种蛋孵化率（%）	74~84
种蛋的平均蛋重（g）	90~95

2. 商品代生产性能 Z型北京鸭配套系商品代生产性能详见表1-7。

表1-7 Z型北京鸭配套系商品代生产性能

技术指标	指标值
35日龄体重（kg）	2.92
35日龄饲料利用率（饲料重/增重）	2.10:1
42日龄体重（kg）	3.22
42日龄饲料利用率（饲料重/增重）	2.26:1
42日龄胸肉率（%）	11
42日龄腿肉率（%）	11.2

第五节 品种标准

围绕北京鸭已制定1个国家行业标准，3个省级地方标准和1个农产品地理标志质量控制规范（表1-8）。

表1-8 北京鸭相关标准

年 份	标准名称	标准编号	类 别
2002	北京鸭	NY 627—2002	中华人民共和国农业行业标准
2016	北京鸭 第1部分：商品鸭养殖技术规范	DB11/T 012.1—2016	北京市地方标准
2016	北京鸭 第2部分：种鸭养殖技术规范	DB11/T 012.2—2016	北京市地方标准
2007	北京填鸭饲养管理技术规程	DB13/T 902—2007	河北省地方标准
2017	北京鸭农产品地理标志质量控制规范	AGI 2017-03-2119	农产品地理标志质量控制规范

第二章
北京鸭品种保护

第一节　育种历程与保种

一、育种历程与进展

北京鸭对世界肉鸭产业的发展做出了巨大贡献，是世界各国肉鸭生产的主要品种，也是各大型肉鸭品种的鼻祖。19 世纪末，经由美国传到欧洲后，肉鸭育种才逐渐开始。在育种方法上，早在 20 世纪 50 年代国外肉鸭企业就应用数量遗传学理论指导肉鸭育种，而且持续地投入，取得了较大成功。最典型的例子就是英国、美国的育种公司采用数量遗传学方法进行北京鸭的商业化育种，在 80 年代后期培育出了适合工厂化生产的商业肉鸭品种——樱桃谷鸭和枫叶鸭。随后英国樱桃谷鸭开始进入中国市场，逐渐成为我国分割型肉鸭的主要品种。

我国对北京鸭的育种研究工作比西方国家略晚，始于 20 世纪 60 年代。当时农林部（现在为"农业农村部"）投资在北京市大兴县和丰台区建立种鸭场，1963 年中国农业科学院畜牧研究所（现在为"中国农业科学院北京畜牧兽医研究所"）和北京市农业科学院畜牧兽医研究所（现在为"北京市农业科学院畜牧兽医研究所"）建立了两个北京鸭基础群。70 年代中国农业科学院畜牧研究所等单位对双桥、前辛庄、青龙桥、圆明园和西苑等鸭场种鸭进行按场系的选育，但是受到"文化大革命"的影响，之后 10 多年的时间北京鸭育种工作一直处于停滞状态，直到 80 年代末才得以恢复。而我国的肉鸭育种工作多年来一直停留在最简单的个体表型选择上，因此育种工作进展速度缓慢。从"七五"计划以来，北京鸭的育种工作逐渐受到国家多个相关部门的重视，在当时常规育种手段的基础上经过几代人的不懈努力，北京鸭繁育已经形成完整的体系。90 年代后期，我国吸取国外的先进经验，逐渐开始应用数量遗传学理论指导肉鸭育种工作，取得了显著成效，培育出了多个新品种或配套系。在育种手段上也不断更新和改进，逐步使用了血型分析技术、DNA 指纹技术、随机扩增多态性 DNA 分析技术、微卫星标记等生化和分子遗传标记技术来辅助北京鸭的常规育种。

20 世纪 70—80 年代，北京鸭育种目标主要是成活率、活重、表型的同质性，以及产蛋性能的提高。育种主要是基于传统技术，利用系谱组圈在地面使用带蛋窝的笼子。数据的处理也只是简单计算，精确性相对差一些，这种方法劳动强度很大。当时培育的品系主要有：北京鸭双桥 I 系，1984 年测定结果为年平均产蛋量 296 个，蛋重 93.6 g；北京鸭双桥 II 系作为父系，49 日龄活重 2.67 kg。

20 世纪 90 年代育种目标强调胴体组分中肉和脂肪的含量，开始关注填鸭之外的分割市场。选择性状，除第一个时期的性状外，还有腿强壮度、肌肉和脂肪含量等胴体组分、饲料利用率、繁殖性能、孵化率、蛋重等。最佳线性无偏预测方法开始在北京鸭育种中得到应用，同时开始利用计算机程序处理所得数据。

2000 年至今育种目标除了主要经济性状外，更加关注肉质营养、健康、安全等性状。现在用超声波测量胸肉产量技术已很成熟，也出现了电子检测采食量设备，饲料利用率的测定更加便利。同时，分子育种技术开始辅助北京鸭常规育种，开始利用生物学技术探索数量性状基因座（quantitative trait locus，QTL）与生产性能间的关系。以生物统计学为理论基础的数量遗传学的出现，极大地促进了畜禽品种选育方法的快速发展，培育出了一批生产性能优良的畜禽新品种或配套系。新的育种理论，在各个畜禽品种中均得到了广泛应用，大大提高了畜牧业的生产水平。但是随着科学技术的不断发展，在世界范围内，动物育种技术逐渐由以数量遗传学为基础的表型育种向以分子遗传学、基因组学、生物信息学为基础的分子育种转变，后者具有快速、准确、省时、节能、高效等优点。

目前，北京鸭的保种与育种工作已经形成完整的体系，北京鸭育种过程中主要应用了个体饲料报酬测定、B 超活体测定、DNA 指纹技术、随机扩增多态性 DNA 分析技术、微卫星标记，以及主要性状遗体参数估计等技术手段。尤其是最近十几年，北京鸭的保种和育种工作开始列为国家重点项目给予支持。经过 40 多年的不懈努力，北京鸭的育种工作也取得了重大突破，并培育出了 Z 型北京鸭和南口 1 号北京鸭两个配套系，生产水平也有了显著提高。

目前，以三系或四系配套生产商品代肉鸭已成为世界肉鸭育种的主流方向，各个肉鸭育种公司或单位都拥有自己的肉鸭配套系，如英国的樱桃谷公司、美国的枫叶公司和法国的奥尔维亚公司、克里莫公司等。我国培育的 Z 型北京鸭配套系和南口 1 号北京鸭配套系均在 2005 年通过了国家畜禽品种审定委员会的审定，获得国家新品种（配套系）认定证书。

北京鸭是我国珍贵的遗传资源，不仅肉质细嫩、肌间脂肪含量丰富且均匀、适应性和抗病力强、繁殖性能突出；而且绝大多数经济性状都是受多基因控制并呈连续分布的数量性状，蕴藏于基因组 DNA 中丰富的遗传标记可以将标记位点与 QTL 相联系。通过检测可以与要选育性状相连锁的遗传标记对该性状进行间接选择，而不必等到个体的生产性能完全表现出来。北京鸭资源保护和开发利用的前提是保证北京鸭的原有性能优势，突出专门化特色。未来北京鸭育种热点仍集中于北京鸭基因图谱的构建、功能基因组分析、功能基因克隆与定位、QTL 检测，以及重要经济性状候选基因筛选与鉴定等方面。

二、保种概况

国家一直重视北京鸭的种质资源保护工作，当前北京鸭保种以保种场和保种区保护为主、基因库保护为辅。国家级北京鸭保种场有 2 个，分别设在北京金星鸭业有限公司和中国农业科学院北京畜牧兽医研究所。

（一）北京金星鸭业有限公司基本情况

1. 企业概况　北京金星鸭业有限公司隶属于北京首农食品集团，成立于 1998 年，是一家集北京鸭良种繁育、养殖、屠宰、加工、销售为一体的专业化、产业化现代企业，被誉为"北京鸭的摇篮"和"正宗烤鸭原料专家"。公司旗下拥有"1 个育种中心，3 个屠宰加工基地，7 个商品鸭养殖场"的产业发展布局。其中，"1 个育种中心"是国家级北京鸭良种繁育基地——北京金星鸭业有限公司南口分公司（北京南口北京鸭育种中心），是农业部认定的国家级北京鸭种质资源保护场（图 2-1），担负着北京鸭保种和良种繁育推广的双重历史使命和神圣职责。分公司占地 80 hm²，鸭场建筑面积 24 000 m²；现有员工 150 人，其中技术人员 26 人；北京鸭存栏 6 万只，有北京鸭专门化品系 8 个、基础素材群 5 个，年推广北京鸭父母代 40 万只。"3 个屠宰加工基地"指北京全聚德三元金星食品有限责任公司、北京金星鸭业有限公司金星分公司、承德三元金星鸭业有限责任公司，是集北京鸭屠宰分割、冷冻储存、熟食系列产品加工为一体，全国最大的北京鸭屠宰加工暨熟食生产基地，年屠宰加工能力达到鲜冻产品 1 500 万只、熟食产品 200 万只的规模。7 个规模化商品鸭养殖场年出栏优质北京鸭商品鸭 1 000 多万只。养殖基地实行统一的、科学的标准化管理，辅之以严格的防疫制度，有效地保证了产品品质的安全和稳定。作为北京鸭产业的国家重点龙头企业，金星鸭业在传承北京鸭传统饲养工艺的基础上，积极建立生态型养殖场发展战略，实现了养殖废弃物无害化和资源化利用，推进了环保生态型产业发展，走出了一条绿色安全生态养殖之路。

历经 10 多年的发展，北京金星鸭业有限公司在全国农垦系统首家实现质量可追溯，通过 ISO9001 国际质量体系认证和 ISO22000 食品安全管理体系认证，成功供应 2008 年北京奥运会和残奥会、2010 年上海世博会和 2014 年 APEC 会议，并获得了包括国家级高新技术企业、中关村高新技术企业、农业产业化国家重点龙头企业、全国食品工业优秀龙头食品企业、无公害农产品示范基地农场、全国农垦现代农业示范区等多项荣誉。

南口北京鸭种雏肉质鲜嫩，繁殖率高，抗病力和适应力强，饲料利用率高，易育肥，受到了广大种鸭养殖企业和农户的欢迎。"金星填鸭"和"三元金星"北京鸭以其优良品质成为各大中高档烤鸭店的首选用鸭，畅销全国 20 多个省、直辖市，远销多个国家和地区。北京鸭熟食系列产品美味、营养、安全，是广大市民居家饮食、出行旅游、走亲访友的佳品。

2. 技术设备条件、资产状况及内部管理制度建设情况　北京金星鸭业有限公司总资产 4.58 亿元，固定资产原值 1.70 亿元、净值 1.05 亿元，流动资产 1.77 亿元。2018 年实现销售收入 5.09 亿元，利润 1 645 万元。拥有员工 976 人，其中专业技术人员 166 人，包括博士研究生 1 人、硕士生 19 人、推广研究员 1 人、高级畜牧师 4 人、高级兽医师 2 人；形成了从企业管理、北京鸭遗传育种、饲养管理、饲料营养、兽医品控、技术服务，到屠宰加工、熟食加工、销售等一整套的人才队伍，技术优势明显。

北京金星鸭业有限公司南口分公司承担北京鸭保种任务，具备得天独厚的条件。第一，该企业地处北京市西北部的昌平区南口镇，远离城市和村庄，鸭场周围是大面积的果园，交通便利，水资源充足，沙质土壤，适合养鸭。第二，长期坚持北京鸭育种，北京鸭存栏群体大，品系多，血缘丰富，有做好北京鸭育种和保种的实践经验。第三，有一支敬业的科技人员队伍和大专院校、科研单位的配合与支持。第四，分公司融合在北京金星鸭业团队之中，形成北京鸭育种、商品肉鸭养殖、屠宰加工和熟食加工一条龙的生产优势，企业有能力把北京鸭良种培育成新的经济增长点，构成产业的良性循环。

3. 群体数量与规模结构　北京鸭资源群体有 4 个，即北京鸭南口Ⅰ系、北京鸭南口Ⅱ系、北京鸭南口Ⅴ系和北京鸭未经选育原始群。4 个保种群各具有其独特的特点，均符合北京鸭的品种特征，是北京鸭的优良基因库。南口Ⅱ系北京鸭体形较方、紧凑，生长速度快，料重比低，皮脂率和瘦肉率较高，繁殖率好。南口Ⅰ系和南口Ⅴ系北京鸭和未经选育北京鸭原始群，体型较为清秀，倾向于兼用体型，繁殖率尤为突出。近年来，按照保种要求，每个品系母鸭数量都保持在 350 只以上，公鸭 70 只以上。从 2015 年起每个保种群留种母鸭 500 只，留种公鸭 150 只（彩图 2-1）。

自国家"七五"计划以来，北京金星鸭业有限公司一直承担国家下达的北京鸭科技攻关课题，并与中国农业大学、中国农业科学院北京畜牧兽医研究所、北京工商大学等科研单位合作开展了育种、肉质、风味物质测定等方面的工作。

（二）中国农业科院北京畜牧兽医研究所北京鸭保种场

1. 基本情况　中国农业科学院北京畜牧兽医研究所北京鸭保种场是国家级北京鸭保种场，位于北京市昌平区马池口镇楼自庄村东，北六环百葛桥西北角。保护场区占地面积 3.6 hm²，主要建筑设施及加工设备有：办公房 1 栋，孵化厅 1 栋，鸭舍 11 栋（育雏鸭舍 1 栋、后备鸭舍 2 栋、育种鸭舍 3 栋、产蛋鸭舍 3 栋、个体饲料测定鸭舍 2 栋），总建筑面积 9 960 m²。扩繁场 4 个，分别位于山东省利津县虎滩镇、内蒙古自治区宁城县沙子镇、河北省肃宁县梁村镇及河北省献县乐寿镇。上述企业均是国家或地方的龙头企业，拥有较大的养殖规模和较强的技术团队。

2. 组织机构　场部下设办公室、技术部、生产部。现有管理人员 2 人，技术人员 12 人。其中，首席科学家、研究员 1 人，副研究员 3 人，博士研究生 2 人，研究生 3 人，本科生 2 人，中专生 1 人。

3. 核心群群体规模结构　中国农业科学院北京畜牧兽医研究所水禽育种团队从事北京鸭的品种保护工作有近30年的历史。在保护原始北京鸭品种的基础上，采用闭锁群家系选择、个体选择的方法，进行了本品种选育，并形成了9个具有不同生产性能特点的北京鸭品系（命名为Z型北京鸭，即中国北京鸭）。新品系北京鸭具有生长发育快、肉质好、繁殖性能高、生活力强等特点，并且瘦肉率和饲料利用率得到了明显改进。该场从事Z型北京鸭的繁育、保种、育种等工作，现常年存栏12 000只，有12个品系。其中，肉脂型5个品系，瘦肉型4个品系，优质小体型3个品系。

肉脂型品系是制作北京烤鸭的优良材料。肉脂型共有5个品系，包括Z1系、Z2系、Z3系、Z4系和W系。其中，Z3系和Z4系作为父本，其特点是生长速度快、皮脂率高；其他3个系作为母系，繁殖性能高。瘦肉型北京鸭有4个品系，主要作为分割型肉鸭，包括Z5系、Z6系、Z7系和Z8系。其中，Z5系和Z6系作为父本，特点是生长速度快、饲料利用率高；Z7系和Z8系作为母本，特点是繁殖性能高、皮脂率低。优质小体型肉鸭主要是用来制作酱鸭、板鸭、盐水鸭等，有3个品系，包括M1系、M2系和M3系。其中，M3系作为父本，M2和M3系作为母本，可以根据对不同肉鸭体重需要进行配套。

Z型北京鸭配套系于2005年通过了国家畜禽品种审定委员会审定，为国家级畜禽新品种（配套系）（农10新品种证字第4号）。

4. 环境及防疫条件　中国农业科学院北京畜牧兽医研究所北京鸭保种场交通便利，水、电齐全。鸭舍的设计、建筑符合防疫要求，整体布局合理。生产区和生活区有围栏隔离，配套措施完善。建有污水处理设施1座，焚尸炉1台，粪便无害化处理区2处。按照《中华人民共和国动物防疫法》的要求实施场内防疫，制定免疫程序，严格执行免疫制度。

第二节　保种目标

建立长期资源保护技术方案，保持品种的特征、特性不丢失。在保种场和保种区保护的同时，建立种质资源库开展联合保种。建立国家级北京鸭保种场2个以上，健全保种系谱，开展家系保种，保种群家系数低于50个，公鸭数不少于50只、母鸭数不低于300只；同时，开展群体保种工作，建立群体保种群1个以上，保种群近交系数控制在0.1以内。

一、品种育种

(一) 选育概念、意义和作用

1. 选育概念　指在北京鸭本品种内部通过选种选配、品系繁育、改善培育条件等措施，以提高品质性能的一种方法。

2. 选育意义　保持和发展北京鸭品质的优良特性，增加北京鸭品种内优良个体的比例，克服该品种的缺点，达到保持北京鸭品种纯度和提高整个北京鸭种群质量的目的。

3. 选育作用　广泛用于北京鸭新品种、育成品种保纯和改良提高，一般是在北京鸭一个品种的生产性能基本上能满足国民经济需要，不必做重大方向性改变时使用。

(二) 选育基本原则

1. 明确目标　选育目标是根据国民经济发展的需要，北京自然条件和社会经济条件，特别是农牧条件，以及北京鸭原品种具有的优良特性和存在缺点，综合考虑后制定的。

2. 辩证看待数量和质量　数量是基础，北京鸭品种必须有一定数量的个体做保证，当数量发展到一定规模时，转入提高品种质量，实现从量变到质变的飞跃。表现为有高的生产性能，具有较高的纯度和遗传稳定性，纯繁的后代不出现分离现象，杂交时具有较好的杂种优势。

3. 辩证处理一致性和异质性　所谓一致性是指北京鸭品种内的个体特征、特性、生产性能相似或相同。一致性是相对的，只有区别于其他品种，才能保证品种具有稳定的遗传性。异质性是指品种内的个体差异，既由遗传物质的变异引起，也可由环境条件引起。任何时候任何群体均会出现异质性，异质性才会使群体发展和提高。

(三) 选育基本措施

1. 建立选育机构　政府成立育种委员会或领导小组，组织推广机构、科研院所、生产企业协作选育。

2. 建立良种繁育体系　良种繁育体系既可以由育种场、良种繁殖场、一般繁殖场三级组成，也可由育种场、良种专业户、良种户三结合的形式组成。

3. 健全性能测定和严格选种选配　育种场必须固定技术人员定期按全国统一的技术规定，及时、准确地做好性能测定，建立健全种畜档案，实行良种登记制度。做好选种选配，淘汰劣质种畜，严禁乱交乱配。

4. 科学饲养与合理培育　任何畜禽品种都是在特定条件下培育而成的，只有进行良好的饲养条件和科学的管理，才能发挥其生产性能。各养鸭场应供给充足、营养全面的饲料，创造适宜该品种生长发育的环境条件。

5. 开展品系繁育　围绕北京鸭某方面的突出优点，进行一系列的繁育工作，内容包括品系建立、品系延续、品种利用等。

6. 适当导入外血　目的是保证某方面优势性状或者弥补某方面不足，防止近交衰退，可适当引入外血。

二、种质资源需重点保护的内容

1. 特征特性　重点保护北京鸭体型大、生长速度快、白羽、脂肪沉积能力强、肉品优良等特征特性。

2. 体型外貌形状　体型硕大丰满，体躯呈长方形，全身羽毛白色，皮肤白色。

3. 生产性能　成年体重（300 日龄）公鸭 3.5～4.2 kg，母鸭 3.0～3.5 kg。6 周龄体重 2.6～3.1 kg，7 周龄体重 3.1～3.6 kg。开产日龄 160～170 d，年产蛋 220～240 枚，蛋壳白色，平均蛋重 85～95 g。

4. 品种特性　北京鸭适应性和抗病能力强，可以在世界范围内饲养。繁殖性能卓越，生长速度快，饲料利用率高，肉质细嫩，口感和风味好。

三、主要保种目标

主要包括在预定期限内对种群数量、家系数量及主要性能指标的控制目标。

1. 保种目标　长期保持保种场核心群的数量在 8 000 只以上，每个品系的母鸭数量不少于 500 只、公鸭数量不少于 150 只；母鸭家系数量不少于 100 个、公鸭家系数量不少于 50 个。

2. 主要性能指标　种鸭 6 周龄体重公鸭不低于 3 200 g，母鸭不低于 2 700 g；开产体重公鸭不低于 3 600 g，母鸭不低于 3 200 g；母鸭 70 周累计产蛋量不低于 260 枚，受精率不低于 85%。

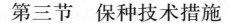

第三节　保种技术措施

一、保种方案

采用保种场保护，保种场建立单父本家系保种群和群体保种群各 1 个以上，保种群世代间隔为 1 年。

1. 群体（单父本）家系保种　群体（单父本）家系是指每个家系配有 1 只公鸭，母鸭仅做家系产蛋记录，按照系谱进行继代繁育。保种群要求家系数不少于 50 个，母鸭不少于 300 只。具体实施步骤如下：

从上一世代保种群（或基础群）中，根据系谱选留合适日龄的公、母鸭个体，按照一定的配比组建保种群家系（每个家系 1 只公鸭，6～8 只母鸭），记录各家系公、母鸭编号，建立各世代配种方案。

组建保种群并继代繁殖时，收集种蛋，按照家系孵化。如果一个批次种蛋数量不足，则可以多留几个批次。雏鸭佩戴翅号，记录系谱。

采用家系等量随机留种。按照保护品种标准和个体表型值的高低，在每个家系后代中随机选留种用公鸭 1 只和后备公鸭 1～2 只，并选留种用母鸭 6～8 只，用于组建新的家系，并记录各新建家系公、母鸭编号。

新世代组建家系时可按照随机方法进行，通过检查所有家系交配个体的血缘关系，来调整血缘关系的个体，严格避免全同胞和半同胞交配。

2. 群体保种　群体保种的具体实施步骤是：从基础群或上一世代保种群中，选择符合品种标准的适配公、母鸭个体，按照一定的配比组建保种群；组建的保种群继代繁殖时，采用随机交配方式，收集种蛋孵化，并根据鸭群产蛋、饲养条件等具体情况确定繁殖批次；在全部后代中按照品种标准、品种特征和个体表型值的高低选留个体，留种方式既可以是等量的（公、母鸭保持原比例，群体规模保持不变），也可以是不等量的（公、母鸭比例和群体规模均发生变化）。

3. 血缘更新计划　根据保种中的具体情况，经主管部门批准，可定期在保种场和国家基因库间进行血液更新。

4. 保种技术档案的主要内容　保种中记录的技术档案包括配种方案、种蛋系谱孵化出雏记录表、笼号与翅号对照表、饲养日报表、免疫记录表、体重测定记录表、体尺测定记录表、屠宰测定记录表、蛋品质测定记录表、群体产蛋记录表、个体产蛋记录表、产蛋性能汇总表等。

二、保种场主要保种措施

北京鸭资源保护场通过纯种繁殖，采用各种技术测定其后代的性能指标，并将其与上一世代相比较，确保其未发生遗传漂变。根据测定的性能指标，先组建适合各种生产用途的新品系，再根据组建的新品系选留优良种鸭，通过孵化、养殖，进而继代留种，实现种质资源保护的目的。其保种工艺详见图 2-1。

图 2-1 保种工艺流程

（一）品种选择标准

北京鸭资源保护场根据鸭的体型外貌和记录成绩，从产蛋量、蛋重、体重、饲料利用率、生活力和肉的品质 6 个方面进行严格选择，挑选符合北京鸭品种特征的种公鸭和种母鸭，组建基础群。

1. 种公鸭选择

（1）选择标准　体躯长方形，背平，腿粗短，羽毛洁白、整齐有光泽，头颈较细，尾部带有 3～4 根卷起的性羽的公鸭；且生长快，体重符合标准，配种能力强。

（2）分段选择　公鸭饲养到 6～8 周龄时，根据外貌特征进行第一次初选，此时应选择生长迅速、体重大、羽毛丰满、无生理缺陷的公鸭留作种用；待饲养到 6～7 月龄时，再进行第二次筛选，此时应该进行个体采精，以精液量和精液品质作为判定优劣的标准。精液应呈乳白色，呈透明稀薄状的公鸭则不宜留种。

2. 种母鸭选择

（1）选择标准　体躯长方形，背平，腿粗短，羽毛洁白有光泽，头颈较细，腹部丰满，前躯仰角加大，繁殖能力强。

（2）产蛋量　选择产蛋多、产蛋高峰期持续时间长、蛋个大、体型大、适时开产的母鸭留作种鸭，此次应在第一产蛋期过后进行。

3. 后备种鸭选择　后备种鸭选择分 2 次进行，第一次在 10 周龄进行，主要根据体型、羽毛、腿等外部特征选择；第二次在入种鸭舍之前，选择体况健康、适合留种的后备鸭进入种鸭舍。

（二）选育目标和方向

采用本品种选育法，重点考虑体型、外貌、生产性能，开展纯种繁育、提纯复壮工作。经 2～3 世代的系统选育，北京鸭上述 3 个主要指标均应符合本品种要求，并使主要生产性能有所提高。

1. 选配方式　采用继代选育的方式对每个品系进行选育，每年完成一个世代的选育，并保证公母鸭之间 3 个世代内没有血缘关系。

2. 饲养阶段划分　根据保种的需要，将种鸭饲养分 4 个阶段，分别包括育雏期（0～3 周龄）、中鸭期（4～6 周龄）、后备期（7～24 周龄）和产蛋期（25～66 周龄）。

3. 鸭群周转　从孵化厅出来的雏鸭进入育雏舍饲养至 3 周龄，其间选择遗传稳定的雏鸭用作自我更新的种鸭，选择符合种鸭标准的雏鸭向外销售作为祖代雏鸭或父母代雏鸭，其余的健康雏鸭作为商品雏鸭向外出售。

育雏结束之后，雏鸭转入雏鸭舍的中鸭区饲养 3 周，每次入舍 250 只母雏和 50 只公雏。饲养过程中需要淘汰遗传性状不稳定、有明显缺陷的中鸭，此阶段留种率为 50% 左右。

后备鸭舍需饲养 14 周，后备期的留种率母鸭为 85% 左右，公鸭为 80% 左右；在转入产蛋期时，保证公、母鸭比例在 1：4。

4. 饲养方式

（1）育雏期　采用网上平养。随着饲养日龄的增加逐步扩大饲养面积，转群时人工将粪清至粪便发酵间，作为有机肥提供给周边农户。

（2）中鸭、后备鸭和产蛋鸭　采用地面厚垫料平养。转群时人工将粪清至粪便发酵间，作为有机肥提供给周边农户。

5. 饲养密度

（1）育雏期　1 周龄，40 只/m²；2 周龄，20 只/m²；3 周龄，12 只/m²。

（2）中鸭期　4 周龄，9 只/m²；5 周龄，6 只/m²；6 周龄，5 只/m²。

（3）后备期　2～3 只/m²。

（4）产蛋期　1～2 只/m²。

第四节　保种效果监测与评价

关于北京鸭遗传资源的多样性保护已形成了基本共识，有明确的地方规划，并积累了北京鸭遗传资源挖掘、评价、保护等方面的经验与技术，取得了阶段性成果。但保护是一项长期性和技术含量高的公益性工作，将面临许多挑战。如何运用新的技术提高北京鸭的保种质量，同时挖掘一些特色遗传资源的特色性状，不断培育我国具有自主知识产权的符合国民发展需求的新资源仍需不断努力。

一、保种效果的阶段性评价

（一）表型性状记录

记录基因型频率、基因频率；群体近交系数；有效群体大小。定期收集外貌特征、体重、产蛋性能等数据，计算质量性状的基因型和基因频率。

（二）分子水平监测

1. 杂合度（H） 即杂合性的一种状态程度，反映 1 个位点具有 2 个以上等位基因的状态。

2. 等位基因丰度 即等位基因在整个基因组中的数量。

3. 有效等位基因数 群体有效等位基因数指基因纯合度的倒数。等位基因在群体中分布得越均匀，有效等位基因数越接近实际观察到的等位基因数。

4. 稀有等位基因数 主要由研究者根据研究目的而定义，主要有 2 种，即基因频率 $P<0.1$ 或 $P<0.05$，采用 $P<0.1$ 的较多。

5. 多态性位点数 一个基因位点的等位基因频率小于或等于 0.95 或 0.99，则称该基因位点是多态性基因位点。为了研究影响群体保存的遗传因素和预测保种的中长期效果，采用实验动物和计算机模拟相结合的方法，可以提前了解在畜禽 100 个世代后可能发生的情况，以提高保种的预见性。主要是因为其研究内容和范围可以进行人工设定，不受自然条件的限制。建议群体有效含量（effective population size，记为 Ne）短期设置为 200，长期应更高。因而需通过建立群体分子信息档案，为分析群体遗传结构变化奠定基础。

（三）性状与性能记录

保种场在性状与性能记录过程中要保证其连续性与规范性，尤其是在生产性能测定时要减少系统误差。

（四）阶段性汇总

了解每个世代的经济性状，对羽色、产蛋、繁殖、肉用性状等进行汇总，包括对数据及图片进行整理与分析。

（五）北京鸭保种理论与方法的研究

1. 同一品种异地保种　应注意疫病、遗传与环境互作。
2. 保种技术应用　北京鸭保种群保种效果监测及性能评价工作的有序开展对保种场选育管理也具有一定的指导作用。
3. 常规方法与分子标记技术相结合　利用广泛分布于基因组当中的标记，一方面对目标基因在世代传递过程中的分离和重组进行跟踪，通过有意识地选留，防止目标基因因遗传漂变而丢失；另一方面利用DNA分子标记检测和控制保种群的近交速率，即标记辅助保护（marker‐assisted conservation，MAC）。

二、保种效果监测

保种效果监测是保种实施过程中的一项重要内容，是指每个世代保种中对不同性状进行记录。主要监测本品种需要保护的特征性状，并将一定的常规性状列入监测范围。对所有监测内容进行规范的档案记录，并定期检查保种效果。

（一）外貌特征性状监测

重点监测北京鸭体型较大、白色羽毛等特征。

（二）体重、体尺监测

在300日龄前后进行，测量体重、体斜长、半潜水长、胸宽、胸深、龙骨长、骨盆宽、胫长、胫围等相关性状。

（三）生产性能监测

产肉性能检测可选择上市日龄，抽测的公、母鸭数量均不少于30只。测定指标包括屠宰率、半净膛率、全净膛率、胸肌率、腿肌率、皮脂率等，每2个世代进行1次。

（四）繁殖性能监测

包括开产日龄（达 5％产蛋率日龄）、43 周龄和 56 周龄产蛋数、种蛋合格率、种蛋受精率、入孵蛋孵化率等。

（五）蛋品质和肉品质监测

蛋品质抽样测定 43 周龄蛋品质指标（平均蛋重、蛋形指数、蛋壳强度、蛋壳厚度、哈氏单位、蛋黄比率），测定数量不少于 30 枚；肉品质可选择上市日龄测定（分别测定胸肌和腿肌系水力、肉色、嫩度、pH、粗蛋白质、粗脂肪、干物质含量），测定的公、母鸭数量均不少于 30 只。

（六）分子水平监测

由畜禽种质资源库每 2 年测定 1 次；采用推荐的用于鸭微卫星 DNA 遗传多样性检测的 30 对微卫星标记，检测样本量为公、母鸭各 30 只以上；采用群体平均杂合度（expected heterozygosity，记为 H）和多态信息含量（polymorphism information content，PIC）指标来反映群体遗传多样性。

微卫星引物参照附录中的鸭 DNA 遗传多样性检测微卫星引物信息。

（七）检测要求、时间、检测方法和指标

北京鸭保种场要定期对种群进行检测，主要包括：后备鸭每周体重的检测，检测的数量不少于群体的 15％；定期检测种群的流感抗体情况，检测的数量不少于种群的 10％。

6 周龄时测定个体的体尺，包括胸宽、龙骨长、胸肌厚及个体饲料利用率；每个品系每年检测其 6 周龄屠宰性能，包括体重、胴体重、全净膛重、骨架重、胸肌重、腿肌重、皮脂重、腹脂重、头重、脚重、肌胃重、肝脏重等，每个品系不少于 30 只，用于检测该品系该世代的生产性能情况。

在北京市农业局的领导下，北京市畜牧总站自 2013 年以来组织北京鸭保种企业对畜禽遗传资源监测点开展动态监测，重点开展了 3 个方面的工作：①按照北京鸭畜禽遗传资源保护方案，通过组织保种单位开展继代繁育、性能测定等遗传资源保护工作，完成保种目标；②实施北京鸭保种群保种效果监测，通过建立北京鸭遗传资源监测点开展北京鸭资源的动态监测工作，完成群

体数量、群体结构、外貌特征性状、体重、体尺、生产性能等指标的表型监测工作；③每2年对北京鸭保种群开展分子遗传多样性监测工作。

根据国家推荐的微卫星DNA遗传多样性检测的标记，2016年选择了21对微卫星位点（表2-1），分析了北京鸭的保种效果，检测保种群的等位基因数及其频率、基因平均杂合度、多态信息含量等；同时，建立了各世代的分子信息档案，分析世代间群体遗传结构差异。2016年，已成功监测种鸭100只，其中公鸭53只、母鸭47只。

表2-1 21对微卫星引物信息

序号	微卫星位点	检出率（%）	退火温度（℃）	等位基因范围
1	APH01	100	56	191～196
2	APH07	100	56	221～261
3	APH10	100	56	133～135
4	APH11	100	56	181～182
5	APH14	100	56	153～154
6	APL2	99	56	119～127
7	APL11	100	56	90～123
8	APL12	100	56	119～155
9	APL23	100	56	149～266
10	APL26	100	56	144～261
11	APL36	100	56	173～208
12	APL78	100	56	210～216
13	CMO11	100	56	219～259
14	CMO12	100	56	97～121
15	SMO6	100	56	110～123
16	SMO7	100	56	179～187
17	SMO9	96	56	147～148
18	SMO10	100	56	97～98
19	SMO11	100	56	177～178
20	SMO12	100	56	70～71
21	SMO13	100	56	197～199

21 个微卫星标记在北京鸭保种群中的观察等位基因数（Na）、期望等位基因数（Ne）、Shannon 指数（I）、观察杂合度（Ho）、期望杂合度（He）、多态信息含量（PIC）等结果见表 2-2。由表 2-2 可知，21 个微卫星位点在 100 只北京鸭保种群中分别呈现不同的多态性，总共检测到 70 个等位基因位点，等位基因数为 1～7 个，而且都有 1 个或几个优势基因。基因座 APH11、APH14、SMO9、SMO10、SMO11 和 SMO12 仅有 1 个等位基因，基因座 APH07 和 CMO11 均有 7 个等位基因，群体平均等位基因数为 3.33 个；He 和 PIC 的平均值分别为 0.35 和 0.31。说明北京鸭群体的遗传多样性较为丰富，北京鸭保种效果较为明显。

表 2-2　北京鸭保种群群体遗传特性

位点	观察等位基因数（Na）	期望等位基因数（Ne）	Shannon 指数（I）	观察杂合度（Ho）	期望杂合度（He）	多态信息含量（PIC）
APH01	3	1.19	0.35	0.17	0.16	0.15
APH07	7	4.35	1.63	0.83	0.77	0.74
APH10	2	1.47	0.50	0.30	0.32	0.27
APH11	1	1.00	0.00	0.00	0.00	0.00
APH14	1	1.00	0.00	0.00	0.00	0.00
APL2	4	1.78	0.77	0.41	0.44	0.38
APL11	6	4.09	1.52	0.80	0.76	0.71
APL12	5	3.50	1.41	0.64	0.71	0.67
APL23	5	2.33	1.06	0.67	0.57	0.52
APL26	6	2.92	1.26	0.23	0.66	0.60
APL36	5	1.92	0.82	0.53	0.48	0.40
APL78	2	1.68	0.59	0.38	0.40	0.32
CMO11	7	4.35	1.63	0.83	0.77	0.74
CMO12	3	2.39	0.98	0.55	0.58	0.52
SMO6	4	2.21	1.00	0.52	0.55	0.50
SMO7	3	1.07	0.17	0.05	0.07	0.07
SMO9	1	1.00	0.00	0.00	0.00	0.00
SMO10	1	1.00	0.00	0.00	0.00	0.00
SMO11	1	1.00	0.00	0.00	0.00	0.00
SMO12	1	1.00	0.00	0.00	0.00	0.00
SMO13	2	1.02	0.06	0.01	0.02	0.02
平均值±标准差	3.33±2.16	2.01±1.18	0.65±0.60	0.33±0.31	0.35±0.31	0.31±0.28

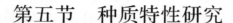

第五节 种质特性研究

一、生长发育规律和生长性状研究

（一）生长发育规律研究

北京鸭在生长发育中，体重有一定的变化规律，在这方面的研究很多。郭万库（1989，1990）研究了部分北京鸭早期性状的生长发育规律，并拟合了北京鸭的生长曲线，发现北京鸭在5周龄增重最大，在56日龄以前胴体随日龄增加而提高，胸肉率、瘦肉率、皮脂率及腹脂率随日龄增加而提高，腿肉率随日龄增加而逐渐下降。同时，用 Logistic 模型、Gompertz 模型和 Richards 模型对北京鸭生长曲线拟合，经比较后得出，Richards 模型能对北京鸭的体重变化趋势提供较好的拟合，其拟合优度 R^2 为 0.999 6。宁中华等（1998）对北京鸭部分组织早期生长规律进行了研究，结果表明北京鸭各组织生长速度是不平衡的，皮脂始终随着体重的增加而呈正比增加，4周龄前后器官组织生长和比率的变化明显。骨骼、腿肌和脚在4周龄由迅速生长转变为缓慢生长，生长强度相对减少。胸肌在4周龄前绝对生长速度和相对于屠体重的比率都较低，但相对生长速度42日龄前一直增加较快。此外，杨桂芹等（1996，2000）也对不同品系北京鸭及其杂交组合的肉用性能进行了测定，详细统计了体重、体尺及屠宰指标，筛选出了最佳的可用于商品生产的配套组合。吕敏芝（2000）采用指数函数和直线回归分别拟合了北京鸭、樱桃谷鸭和仙湖鸭的生长曲线，结果表明2周龄前的生长曲线均符合指数函数方程，3～7周龄的生长均符合直线回归方程，两个方程的拟合优度均达 0.986 以上。

（二）生长性状及部分血液生化指标的遗传分析

鸭体重、体尺和屠宰性能指标可用于北京鸭的选种选育、遗传资源保护及养鸭生产。张丽（2004）等采用动物模型，运用遗传参数估计软件 MTD-FREML 估计了 220 只（来源于 36 个家系）Z1 型北京鸭 6 周龄末时的胴体性状、部分体尺性状和部分血液生化指标，共计 32 个性状的遗传参数、育种值和固定效应值，使用单性状动物模型估计了性状遗传力。其中，体重、屠体重、胸肌重、全净膛重、皮脂率、胸肌厚度、胸肌体积（龙骨长、胸宽、胸肌厚度三者的乘积）、胫骨长和脂肪率为高遗传力性状，遗传力在 0.3 以上；而腿肌重、皮脂重、腿肌率、背部皮脂厚、颈长、高密度脂蛋白胆固醇、尿酸和肌酐为低遗传力性状，遗传力在 0.06 以下，其余指标均在 0.2 左右。应用两性状动物模型估计了性状之间的遗传相关，胸肌重量与胸宽、龙骨长、胸深及胸肌体积（龙骨长、胸宽、胸肌厚度三者的乘积）的表型和遗传相关均为正相关，并且遗传相关程度较高，与龙骨长的遗传相关系数达到 0.5；龙骨长与皮脂率和腹脂率的遗传相关均为负相关，龙骨长可作为胸肌重量的间接选择指标。

张丽（2003）在分析 6 周龄北京鸭体重、体尺指标与胸肉率的相关性时，以 100 只 Z 型北京鸭公鸭为试验材料，从第 2 周开始每周随机选取 15 只分别测量体重、颈长、胫长、胸深、胸宽、龙骨长和胸肌厚度，屠宰测定胸肌重量、全净膛重量并计算胸肉率，表型相关分析结果显示，6 周龄末颈长、胫长、体重、胸宽、龙骨长与胸肉率相关性均达到显著水平或极显著水平。其中，只有颈长与胸肉率呈负相关，其余与胸肉率皆显著呈正相关，以龙骨长与胸肉率的相关性最显著。徐铁山等（2004）研究发现，北京鸭体尺、体重指标与胸肉重、胸肉率都存在相关关系。由以上可知，体重、体尺及屠宰性能指标对鸭胸肉产量的增减具有一定的影响作用。李花妮（2010）测得发现，202 只 6 周龄北京鸭体重与龙骨长对胸肉重的影响最大。高小立等（2015）以中国农业科学院北京畜牧兽医研究所选育的北京鸭瘦肉型配套系 Z5 系、Z7 系、Z8 系和小体型北京鸭 M2 系为研究对象，测定了 Z 型北京鸭（Z5 系、Z7 系和 Z8 系）体重、体尺及屠宰性能指标，并对 3 个品系间不同指标进行了比较研究，统计了 M2 系种蛋受精率、受精蛋孵化率、入孵蛋孵化率、胸肌率、腿肌率、皮脂率、腹脂率等选育指标，共获得了如下主要结果：①Z5 系胸肌厚、胸肌率均优于 Z7 系和 Z8 系；腿肌率 3 个品系差异不显著。②Z 型北京鸭 3 个品系（Z5 系、Z7 系和 Z8 系）胸肌重、腿肌重、腹脂重、皮脂重、头重、胸肌厚共 6 项屠宰性能指标变异系数较大，其中 Z5 系腹脂重变异系数超过 30%。③北京鸭 3 个品系（Z5 系、Z7 系和 Z8 系）胸肌厚与胸肌重皆呈强相关水平，相关系数均在 0.5 以上。

二、纯繁选育

（一）新品系选育

2005 年北京金星鸭业有限公司与中国农业大学合作建立了北京鸭资源群

体，测定了 F_2 个体初生重等指标，同时通过构建微卫星富集文库筛选出了 138 个鸭特异性微卫星标记，制作了首张高密度遗传图谱并克隆了生长、繁殖、肉质性状主效基因；同时对重要生产性状 QTL 进行了定位，在此基础上筛选了与目标性状紧密连锁的位点。根据 6 周龄体重等性状 QTL 定位结果，选取 9 个与其紧密连锁的微卫星标记，根据亲本的基因型与表型记录，建立分子标记辅助育种的模型，应用于北京鸭新品系的培育。

针对我国肉鸭产业发展对瘦肉型、高饲料转化效率肉鸭品种的需要，中国农业科学院北京畜牧兽医研究所于 20 世纪 90 年代末开始了瘦肉型北京鸭新品种的选育研究。特别是近 5 年来，研究团队加强了选育力度，成功选育了具有高饲料转化效率与瘦肉率、低皮脂率、肉质好、抗病力强的北京鸭配套系。饲养试验与屠宰试验结果表明，Z 型北京鸭瘦肉型配套系商品代肉鸭 6 周龄体重达到 3.4 kg，料重比达到 2.0∶1，胸肌率 13.3%，腿肌率 12.8%，皮脂率 23.3%。大群体生产性能数据统计表明，Z 型北京鸭 6 周龄体重、饲料转化效率、胸肌重、腿肌重、胸肉率、腿肉率、皮脂率、出肉率等指标均达到或优于国外培育的北京鸭品种。

（二）杂交选育

卢立志等在 2012 年完成了"鸭脂肪代谢机理和调控技术研究及优质肉鸭配套系选育"工作，以 Z 型北京鸭为父本、以绍兴鸭青壳系为母本进行杂交，从优秀后裔中选留体型外貌似亲本母本、生长速度快、成活率高的个体组建基础群进行家系选育，每个家系设 1 只公鸭和 15 只母鸭，共组建 20 个家系进行世代选育。

（三）基因组学在北京鸭育种中的应用

2012 年鸭全基因组测序工作的完成，为全面研究鸭的遗传、发育、相关分子育种等奠定了坚实的基础。黄银花等（2013）公布了北京鸭的基因组草图，其以 10 周龄的北京鸭母鸭为材料，采用经典的 Shotgun 策略，测序深度为 64×，组装后的基因组 Contig N50 为 26 kb，Scaffold N50 为 1.2 Mb，基因组全长 1.10 Gb，共包括 19 144 个基因。Huang 等（2013）利用扩增片段长度多态性（amplified fragment length polymorphism，AFLP）作为分子标记，基于褐色菜鸭与北京鸭的杂交系 F_2 代构建了鸭连锁图谱。该图谱包括 260 个共显性分子标记，分布在 32 个连锁群内，平均标记密度为 7.75 cM。该图谱的创建极大地丰富了之前利用微卫星标记构建的遗传图谱，为鸭染色体图谱的构建提供了重要信息。与此同时，将推动鸭经济性状数量性状基因座（quantitative trait locus，QTL）定位及未来鸭分子育种的实施。

中国农业科学院北京畜牧兽医研究所侯水生研究员团队依托国家水禽产业技术体系，采用重测序技术研究北京鸭的饲料转化率和胸肌重等性状的主效基因，发现了多个与上述性状相关的候选基因或致因突变位点；同时，开展了基因功能研究，揭示了北京鸭在生长发育、脂肪代谢等方面的遗传特性，建立了4 个瘦肉型北京鸭配套系、2 个肉脂型北京鸭配套系、4 个小体型肉鸭配套系。中国农业科学院北京畜牧兽医研究所北京鸭保种场构建了北京鸭×绿头野鸭 F_2 资源群体，开展了肉质、抗病、繁殖等重要经济性状基因定位研究，并进一步研究了北京鸭重要经济性状的功能基因遗传机制，为北京鸭的基础研究和行业发展发挥了重要作用，为定位北京鸭饲料利用率、生长速度、肉蛋品质、抗病性能等重要性状 QTL（或主效基因）筛选提供了良好的研究材料。

三、北京鸭经济性状种质特性基因挖掘

生长性状、屠体性状和肉质性状一直都是畜牧生产中重要的经济性状，也是肉鸭品种选育中的重要指标。

（一）重要功能基因研究

在肉鸭重要功能基因研究方面，我国研究人员做了很多的工作，如发现肌肉生长抑制素（myostatin，MSTN）、脂肪分化相关蛋白、过氧化物酶体增殖剂激活受体基因（PPARα、PPARβ、PPARγ）、胰岛素样生长因子-Ⅰ（insulin-like growth factor-Ⅰ，IGF-Ⅰ）等基因与北京鸭的体重、屠体重、胸肌率、腿肌率、胸肌厚度和胸肌纤维直径有关；脂蛋白酯酶、过氧化物酶体增殖剂激活受体（PPARα、PPARβ、PPARγ）、IGF-Ⅰ、甲状腺素蛋白、前胰岛素原（preproinsulin）、心脏型 FABP、乙酰辅酶 A 结合蛋白等基因与北京鸭的皮脂重、腹脂重、皮脂率和腹脂率显著相关；雌激素受体 ESR（α、β）、催乳素受体（prolactin receptor，PRLR）等基因与北京鸭的产蛋性状显著相关。

戴晔（2006）对北京鸭及樱桃谷鸭 MSTN 基因进行 SSCP 分析，结果发现其多态性对胴体性状、肌肉品质及肌纤维特性均有影响，且 2 个品种鸭的肌

肉纤维直径有明显差异，说明该基因可作为鸭肉用性状的候选基因。卢俊清等（2008）对 6 周龄北京鸭 MSTN 5′调控区进行多态性分析，结果发现突变型北京鸭的腹脂重和胸肌重明显高于野生型，但不能确定 MSTN 基因的多态性是否会影响北京鸭的脂肪累积。利用 PCR‑SSCP 及 DNA 测序技术对已报道的 334 只北京鸭个体重要能量代谢调控基因——PRKAG2 基因进行遗传变异的检测分析，并使用 SPSS19.0 将北京鸭的经济性状与 PRKAG2 多态性进行了关联分析。结果表明，在北京鸭 PRKAG2 基因位点发现 1 个 SNP（A＞G），该位点位于 PRKAG2 基因 3′‑非翻译区，有 3 种基因型，即 AA 基因型、AB 基因型和 BB 基因型，其中 AA 基因型为优势基因型；与经济性状的相关性是，PRKAG2 基因的遗传多态性对北京鸭的 18 日龄体重、胸宽有极显著影响（$P<0.01$），对龙骨长有显著影响（$P<0.05$），既可作为北京鸭分子育种的辅助标记，也可为改善鸭性能提供参考。

中国农业科学院北京畜牧兽医研究所侯水生研究员团队（2013）将脂滴包被蛋白基因（perilipin，PLIN）作为鸭肉质性状的候选基因进行研究，提示 PLIN 基因可能是影响肉质性状的重要基因。此外，该团队采用 RNA‑seq 技术对北京鸭的胸肌和皮下脂肪组织进行差异表达分析，鉴别到了许多与肌肉发育和脂肪沉积相关的基因。廖秀冬等（2012）研究发现，北京鸭脂肪酸结合蛋白 2 基因（fatty acid binding protein2，FABP2）序列中的 4 个 SNP 位点对北京鸭的体斜长、胫围、颈长、头重、翅重等一系列体尺及屠体性状均有显著影响，而后该团队（2015）还开展了肌肉骨骼胚胎核蛋白 1（musculoskeletal embryonic nuclear protein 1，MUSTN1）基因表达分析研究，结果表明 MUSTN1 基因在鸭肌肉发育中扮演着重要的角色。

（二）繁殖性状相关功能基因研究

对垂体繁殖相关激素及其受体的基因研究，是对北京鸭中编码垂体糖蛋白激素 α 亚单位（pituitary glycoprotein hormone α subunits，PGHα）的 cDNA 克隆研究，鸭 PGHα 的 cDNA 核苷酸序列包含 81 bp 的 5′UTR、360 bp 的编码区和 272 bp 的 3′UTR。之后，跟随着 13 bp 的多聚 A，从 cDNA 推导出的 PGHα 氨基酸序列 120 个氨基酸残基中，包含 24 个氨基酸的信号肽，即成熟的 PGHα 分子包含有 96 个氨基酸；发现北京鸭和番鸭有着相同的 cDNA 和推导的氨基酸序列，存在相同的属间（inter‑genus）同源性。Northern blotting

杂交表明，PGH α 的 mRNA 只在垂体中表达。

（三）羽色性状相关基因的研究

动物的羽色和毛色类型主要由黑色素的种类和分布不同造成。许多基因和酶在黑色素合成及羽（毛）色表达过程中起到了重要的作用。目前，研究较多的羽色相关基因（酶）主要有黑色素皮质受体 1 （melanocortin receptor 1，MC1R）、酪氨酸酶（tyrosinase，TYR）和刺鼠相关蛋白（agouti－related protein，AGRP）。研究人员对北京鸭 *MC1R* 基因的克隆与序列分析研究表明，北京鸭核苷酸序列存在 8 个变异位点，这些变异导致了氨基酸序列发生突变。

研究人员以羽色为纯白、白胸黑、黄麻和褐麻的 4 种建昌鸭品系，以及狄高肉鸭、天府肉鸭和北京鸭为杂交亲本，初步研究了鸭的羽色遗传规律，并培育出了可以稳定遗传的建昌鸭白羽系。尹家浪等（2016）开展了鸭羽色、喙色和蹼色遗传规律的研究，发现北京鸭与白嗉黑鸭、辽东白嗉鸭和文登黑鸭同属北方鸭种，地理距离相隔较近，基因交流比较大，因而白嗉黑鸭、辽东白嗉鸭和文登黑鸭白嗉表型的基因可能也来自于北京鸭。因此猜测，白嗉黑鸭、辽东白嗉鸭和文登黑鸭白嗉表型由相同的白嗉基因控制，均来自北京鸭，这些白嗉鸭白嗉表型的形成机制可能也相同，但其具体的形成机制仍需进一步的研究。鸭色素性状的形成过程比较复杂，可能受到多个位点基因的控制。随着分子生物学的快速发展及测序技术的不断进步（测序效率和测序准确率的提升），相信可以在基因水平更深入地研究鸭羽色、喙色和蹼色遗传，准确定位鸭色素性状相关基因，在分子水平阐明鸭色素性状的形成机制，从而改良特定的鸭色素性状。

（四）DNA 遗传多样性的研究

黄海根等（1997）用牛的小卫星探针 BM6.21A 对 7 个品系的北京鸭进行 DNA 指纹图分析，结果表明该牛小卫星探针能产生具有个体特异性的鸭 DNA 指纹图；通过用 DNA 指纹图的（1－BS）值对 7 个鸭品系进行聚类分析还表明，该聚类图分析结果和各品系的来源及选育过程基本一致。Maak 等（2000）报道，在北京鸭中已开发了 7 种特征性微卫星标记。

黄银花等（2003）以北京鸭为材料构建了富集 CA、CAG、GCC、TTTC

重复的鸭微卫星富集文库，从 30 个克隆中筛选出 22 个阳性克隆，从中选取 15 条微卫星 DNA 序列设计引物。应用优化后的多重 PCR 反应条件分析 32 个个体的基因型，结果表明具有特异性 PCR 扩增产物的 8 个位点中 2 个位点 A005 和 B051 在所检测的群体中未表现出多态，另外 6 个位点 A040、A046、B085、I031、F068 和 D5 在所检测的群体中的等位基因数为 2～4 个。中国农业科学院北京畜牧兽医研究所 2003 年采用微卫星标记技术，对北京鸭（Z1 系和 Z4 系）、樱桃谷鸭、奥白星鸭、绍鸭和番鸭品种进行遗传资源研究，在分子水平上分析了这些品种的遗传多样性、群体分化时间、群体起源、遗传关系、群体间基因流动、品种间亲缘关系等，为我国家鸭品种资源的评定、保护和开发利用提供理论依据。

四、鸭肉风味与品质研究

（一）鸭肉风味研究

所谓肉风味是指肉香味（odor）和肉滋味（aroma）两个层面，肉香味物质是指肌肉受热过程所产生的挥发性混合物，如醛类、酮类、醇类、酸酯类及含硫、氧、氮的直链和杂环类化合物；而肉滋味物质主要是肉中的滋味呈味物质，如游离氨基酸、小肽类、ATP 代谢物、无机盐、维生素等。

江新业等（2004）利用 SDE 萃取北京鸭的挥发性香味物质，并用 GC - MS 分析鉴定到了 46 种化合物，鉴定出的挥发性物质包括醇类、醛类、酮类、烷类，以及含氧、氮、硫的直链和杂环化合物。其中，醇类含量最高，其次为醛类和酮类，酸酯含量最低。江新业等（2004）认为，醛类、直链含硫化合物及其杂环化合物是鸭肉的主要风味物质，尤其是（E，E）- 2，4 -癸二烯醛、二（2 -甲基丙基）二硫和 2 -戊基呋喃对鸭肉风味的影响最大。Chen 等（2009）运用 SDE、动态顶空提取和 GC - O - MS 对北京烤鸭的香味活性化合物进行分析，并通过香气抽提稀释分析方法（aroma extract dilution analysis，AEDA），动态顶空稀释分析法（dynamic headspace dilution analysis，DH-DA）和气味阈值法（OAVs）比较研究了北京烤鸭的挥发性香味物质，确定了香味活性化合物对其风味的贡献大小。其中，利用 AEDA 检测到了 34 种化合物，利用 DHDA 检测到了 42 种化合物。综合 AEDA 和 DH - DA 两种分析方法发现，北京烤鸭的主要香味物质是 3 -甲基丁醛、己醛、二甲基三硫、3 -

甲硫基丙醛、2-甲基丁醛、辛醛、庚醛、2-甲基-3-呋喃硫醇、2-糠基硫醇、2-乙基-3，5-二甲基吡嗪、（E，E）-2，4-壬二烯醛、1-辛稀-3-醇、壬醛、癸醛、（E）-2-癸烯醛、（E，E）-2，4-癸二烯醛、（E）-2-壬烯醛、（E，Z）-2，6-壬二烯醛、（E，E）-2，4-辛二烯醛等。其中，最重要的香味物质是3-甲基丁醛（黑巧克力味）、己醛（青草味）、3-甲硫基丙醛（土豆味）和二甲基三硫化合物（大蒜味）。

（二）鸭肉品质影响因素研究

闻治国等（2012）研究发现，填饲能够快速增加35日龄雄性北京鸭体脂沉积，显著影响肉鸭胸肌生长发育；但随着填饲量的增加，营养物质表观消化率下降，填鸭体脂沉积量不再增加。杨晓刚等（2013）研究发现，北京鸭3个品系肉鸭与樱桃谷肉鸭胸肌脂肪含量差异显著（$P<0.05$），在瘦肉型北京鸭选育过程中，应增加胸肌脂肪含量作为肉质选育指标，以避免北京鸭肉质的退化。

五、抗病育种研究

中国农业大学科研人员在北京鸭全基因组测序和肺转录组测序的基础上，对鸭抗流感病毒机制进行了研究，从 miRNA 领域对对照组和攻毒组鸭抗H5N1 亚型禽流感病毒的分子机制进行了研究，绘制了攻毒组鸭肺的 miRNA 图谱，并对 miRNA 共表达信息及相关的分子信号通路进行了分析，发现了 BCL2 L15 等4个影响鸭抗流感病毒性状的候选基因及部分 miRNA。

Zhang 等（2015）克隆了北京鸭 Toll 样受体 3（toll - like receptors 3，TLR3）基因，通过测定呼肠孤病毒感染后干扰素 α 等细胞因子的表达量来推测 TLR3 基因的表达水平，结果显示经病毒感染后，鸭脾脏、肝脏、肺脏等器官的 TLR3 基因都得到了高表达，说明 TLR3 基因确实与抗病毒感染相关。Zhu 等（2015）采集北京鸭的小肠及胸肌组织样品，并提取 RNA 测序，测序组装后进行 GO 功能注释，结果发现在小肠样本中差异表达的基因大多数富集在免疫应答及激活等生物过程，而在胸肌中则主要与肌肉细胞分化、组织细胞增殖等过程相关。与此同时，还鉴别到了一个新的功能候选基因——磷酸烯醇式丙酮酸羧激酶（phosphoenolpyruvate carboxykinase 1，PCK1），其功能为提高饲料转化率及增加胸肌的重量。

六、蛋白质组学研究

蛋白质是肌肉的主要组成部分，肌肉中蛋白质的变化与肉品质存在很大程度的相关性。蛋白质组学作为生命科学的前沿逐渐在生命科学各领域得到应用，也为北京鸭肉品质科学的研究开辟了一条新途径。利用蛋白组学技术可以寻找、筛选并鉴定与肉质有关的标记蛋白，全面而深入地洞察北京鸭肉品质的形成机制及其与持水性、嫩度、风味等之间的相关性，使最终对肉质进行控制成为可能。

Zheng 等（2012）研究了不同周龄瘦肉型北京鸭的肝脏蛋白质组，发现59 个差异表达蛋白，差异表达蛋白主要与抗氧化、糖酵解、核酸代谢等生物过程相关；2013 年，Zheng 等研究了温度对北京鸭与番鸭肝脏组织蛋白质组的影响，鉴定出了 47 个差异的蛋白，其中番鸭 25 个蛋白，北京鸭 22 个蛋白，同时还发现 HSP70、HSP10、alpha - enolase、S - adenosylmethionine syn-thetase 等蛋白在热应激的条件下表达量增加。Zheng 等（2014）研究发现，瘦肉型北京鸭与肉脂型北京鸭肝脏蛋白质组存在显著差异，在肉脂型北京鸭中高表达的蛋白主要参与糖酵解、ATP 合成和蛋白质分解代谢，主要通过增强抗氧化、免疫防御、应激反应等功能来提高蛋白质的合成。朱志明等（2017年）以北京鸭等为研究对象，对宰后不同储藏时间的肉品质进行研究，利用所建立的 2 - DE 进行蛋白分离，获得了分辨率和重复性较好的双向电泳凝胶图谱，并筛查到了显著差异（$P < 0.05$）的蛋白。其中，在北京鸭储藏 2 h 和 24 h 冷鲜肉中，发现 53 个差异蛋白，这些蛋白主要涉及代谢、肌纤维的结构与调节、应激、抗氧化反应等重要生命活动过程中起关键作用的一些蛋白。对这些差异蛋白进行分析与阐述，能为阐明肉品质形成的复杂的分子基础提供可能。

七、资源保存新技术研究

目前，畜禽遗传资源常规保存方式主要有活体保存、精液和胚胎保存、基因组文库、cDNA 文库保存等。但由于受生命科学理论、方法、技术等发展瓶颈的制约，仍存在一些弊端。随着体细胞克隆技术的发展和成熟，动物体细胞作为保存动物遗传资源的一种补充，日渐受到人们的重视。

刘雪婷等（2016）开展了北京鸭脂肪间充质干细胞分离培养与生物学特性

研究，建立了北京鸭脂肪来源的间充质干细胞（adipose‐derived stem cells，ADSCs）体外培养体系，探索其生物学特性和多分化潜能。通过酶消化法分离 18 日龄北京鸭胚 ADSCs，绘制生长曲线，通过 RT‐PCR、免疫荧光技术和流式细胞术阳性率检测对 ADSCs 进行了鉴定，诱导 ADSCs 向成骨细胞和脂肪细胞分化。结果表明，鸭胚胎 ADSCs 体外增殖能力良好，经体外诱导后可分化为成骨细胞和脂肪细胞。研究认为，在适宜的培养条件下，体外培养的 ADSCs 能够稳定增殖并具有多分化潜能，可作为组织工程的种子细胞进行保存。

第三章
北京鸭品种繁育

第一节　生殖生理

一、种鸭的生长特点及生殖生理特点

（一）种鸭的生长特点

1. 繁殖性能

（1）产蛋量　产蛋量较高。选育的鸭群年产蛋量为 200～240 枚，蛋重 85～95 g，蛋壳乳白色。

（2）繁殖力　性成熟期 150～180 日龄。公、母鸭配种比例为 1∶（4～6），受精率在 90％以上。受精蛋孵化率为 80％左右，一般生产场 1 只母鸭可年产 150 只左右的肉鸭苗。

2. 产肉性能　体重雏鸭为 58～62 g，3 周龄为 1.75～2 kg，9 周龄为 2.5～2.75 kg。商品肉鸭 7 周龄体重可达到 3 kg 以上。料重比为（2.8～3）∶1。成年体重公鸭 3.5 kg，母鸭 3.4 kg。

（二）公鸭的生殖生理特点

公鸭的生殖系统由睾丸、附睾、输精管和阴茎组成（彩图 3-1 和彩图 3-2）。

1. 睾丸　家禽有左右对称的两个睾丸，它们是产生精子的器官。鸭的睾丸呈不规则的圆筒形，由短的睾丸系膜悬吊于腹腔体中线，位于肾前部的前腹侧，前接肺，后线接总静脉。通常左侧睾丸比右侧的略大，性活动期间，鸭睾丸体积大为增加，最大者可长达 5 cm、宽达 3 cm。睾丸精细管之间的间质细胞分泌雄性激素，刺激性器官发育和维持第二性征。睾丸内精细管的上皮细胞分化成精细胞、次级精母细胞、精子细胞和精子。

2. 附睾　家禽的附睾没有哺乳动物那样明显的头、体、尾之分，小而不明显，由睾丸旁导管系统组成。附睾不仅是精子进入输精管的通道，而且还具有分泌酸性磷酸酶、糖蛋白和脂类的功能。

3. 输精管　输精管是与附睾末梢相接的一对排出管，呈极端旋转状。输精管在骨盆部伸直一段距离后，形成略微膨大的圆锥形体，称为脉管体，与精子储存有关。最后形成输精管乳头，突出于泄殖道腹外侧壁的输尿管开口的腹内侧，输精管是精子的主要储存器官。

4. 阴茎　与鸡不同，鸭有旋转状扭曲的阴茎，由大、小螺旋纤维淋巴体在阴茎上共同组成螺旋形射精沟。性兴奋时，阴茎基部收缩，整个肛道及阴茎游离部从泄殖腔孔腹侧前方伸出，长度达 5 cm 左右，其内充满淋巴液，使阴茎游离部膨大变硬。鸭有真正的阴茎插入过程。当射精时，精液通过射精乳头进入螺旋状的射精沟；当阴茎勃起时，射精沟闭合成管状，达到阴茎的顶端。射精结束后，淋巴液回流而压力下降，整个阴茎游离部陷入阴茎基部，缩入泄殖腔内。

（三）母鸭的生殖生理特点

母鸭的生殖器官由卵巢和输卵管组成，在成年母鸭体内，仅存在左侧的卵巢和输卵管，右侧生殖器官在早期个体发育过程中停止发育，并逐渐退化。

1. 卵巢　生殖腺由中胚层发生而来，孵化的前 3 d 生殖腺同时发育，孵化第 3 天两侧生殖腺内含有相同数量的原始生殖细胞；当进入第 4 天时，右侧性腺的许多原始生殖细胞开始向左侧性腺迁移，逐渐形成的左侧性腺的原始生殖细胞比右侧多约 5 倍。出壳之前右侧性腺完全退化，仅留下痕迹。鸭的左侧卵巢悬吊于腰椎椎体腹侧，在肾内缘和腹腔内。接近性成熟时，卵巢的前后直径可达 3 cm，重达 40～60 g。产蛋结束时，卵巢恢复到静止期的形状和大小；产蛋期再次到来时，卵巢的体积和重量又大为增加。

卵巢由髓质部和皮质部构成，髓质部主要是结缔组织，髓质的间质细胞多单独分散存在，分泌雄激素，而卵泡外腺细胞常成群存在，分泌雌激素。皮质部位于卵巢外围，含有许多不同发育阶段的卵泡。未成熟的卵泡包括初级卵泡和次级卵泡，内含卵母细胞。随着卵黄物质的不断积蓄，卵泡体积越来越大，并逐渐向卵泡表面突出，最后形成具有卵泡柄的成熟卵泡。

2. 输卵管 鸭只有左侧输卵管，成年母鸭体内的左侧输卵管长而弯曲，起自卵巢正后方，长度和形态随年龄和不同生理阶段而异。未产蛋的仔母鸭，输卵管长仅为 14～19 cm，宽仅为 1～7 mm，重约 5 g，呈细长形管道；产蛋母鸭的输卵管弯曲伸长并迅速增大，长可达 42～46 cm，宽 1～5 cm，重约 76 g。到产蛋时，输卵管的长度比静止时增加 4 倍，重量增加 15～20 倍。输卵管包括漏斗部、膨大部、峡部、子宫和阴道（彩图 3-3 和彩图 3-4）。

二、性成熟及相关调控技术

（一）母鸭生殖内分泌的调控

鸭为卵生动物，其生殖活动与哺乳动物不同。母鸭只有左侧卵巢和输卵管发育，右侧卵巢和输卵管在胚胎发育过程中已退化。初产蛋是北京鸭性成熟的重要标志，性成熟以后，没有哺乳动物那样的发情行为、发情周期和妊娠期。只要条件适宜，则一段时间内卵泡可连续发育、排卵和受精，而且其卵较大，含有胚胎生长发育所需的全部营养物质。受精卵以蛋的形式产出后可在体外保存，适宜条件下再继续发育成雏鸭。

鸭的生殖活动虽然具有许多与哺乳动物不同的特点，但其内分泌调节机制与哺乳动物相似，即受下丘脑-垂体-性腺轴的调控。然而鸭对光照的作用特别敏感，因而光对其中枢神经的刺激而引起的变化，在生殖活动调节机制中占有特别重要的地位。当母鸭接近性成熟时，对光的敏感性增强，光照通过视神经作用于大脑；大脑发出后信息（神经冲动）又作用于下丘脑，引起下丘脑促性腺激素释放激素（gonadotropinreleasing hormone，GnRH）分泌增加；GnRH 又作用于垂体前叶，促进促性腺激素的分泌；促性腺激素作用于卵巢，促进卵泡发育、分泌性腺激素。卵巢激素一方面作用于生殖器官引起相应的生殖行为；另一方面又反馈作用于下丘脑和垂体，调节 GnRH 和垂体促性腺激素的分泌，使生殖激素分泌维持在合适的状态。

（二）影响母鸭繁殖性能的因素

1. 光照 下丘脑和垂体轴通过调控神经内分泌和内分泌的变化来影响北京鸭母鸭的卵巢功能。在自然光照条件下，阳光对下丘脑的刺激作用使其释放出 GnRH。随后 GnRH 刺激垂体前叶，使其释放出卵泡刺激素（follicle stim-

ulating hormone，FSH）和促黄体生成素（luteinizing hormone，LH）。FSH
和 LH 相互作用于卵泡上的相应受体，进而促进卵泡发育到相对成熟的阶段。
在实际生产中，一般通过自然光照及人工补光相结合的方式来控制母鸭的生产
性能。高效合理的安排光照时间及强度可以改善母鸭的生长发育性能、机体免
疫性能、繁殖性能等。合理安排光照时间及强度可以缓解母鸭因生长速度过快
所导致的骨骼发育不良、代谢异常、非正常死亡等负面效应。此外，选择合理
的光照制度还可以减少电力资源的浪费，降低生产成本。

　　光照的 3 个重要指标包括光照强度、光照时间及光的波长。光线通过刺激
母鸭眼睛及下丘脑中的光线感受器官引起机体内分泌系统发生改变，进而调节
生殖系统的发育及功能。在实际生产中，常利用光照对母鸭性成熟的影响，通
过调节光照节律、优化光照强度及波长来提高母鸭的繁殖性能。禽类光照试验
表明，短光照（每天 8 h）对其性腺发育有明显的抑制作用，鸭的性腺只有在
长时间光照下才能得到充分发育。

　　2. 营养　能量、氨基酸、维生素等都是维持鸭体正常生长发育所必需的
基础营养物质，随着发育阶段的不同，生长发育速度随之变化，对饲粮中营养
物质的需求量也有所差异。因此，在实际生产活动中一般采取分阶段给予不同
配比饲粮的方式。在开始见蛋之前，鸭的骨骼会在 10 周之内迅速生长，开始
产蛋之前体重快速，卵巢、肌肉及输卵管等器官在此阶段需要大量的蛋白质、
能量和微量元素等。产蛋前期如果上述营养物质供给不足，则会导致繁殖系统
发育及机体性成熟的推迟。进入产蛋期时，完整的蛋的形成需要消耗大量的脂
肪和蛋白质，此时营养物质的缺乏会使蛋品质下降并减少产蛋数量。

　　3. 温度　鸭需要在合适的温度环境下才能保持正常的生长发育，若长时
间暴露在极端温度环境中就会引起一定的应激反应，即热应激与冷应激。其
中，热应激是鸭长时间暴露在不利于其生长发育的高温环境中所产生的病态反
应。由于鸭具有体温较高、新陈代谢比较旺盛、羽毛厚而多，且无可以降低热
度的汗腺等鸟类生理特点，故只有较低的高温耐受能力，易产生热应激反应。
高温可引起鸭应激反应相关激素分泌过量，从而产生超过机体承受能力的自由
基，导致过量的不饱和脂肪酸在细胞膜内氧化，进而过氧化更多的脂质，影响
鸭的免疫功能和生产性能。热应激会引起鸭的采食量下降、产蛋量和蛋品质降
低、各种血液生化指标改变、免疫能力降低和死亡淘汰率的增加等。当鸭暴露
在低温条件下时，机体会自主地保持其内环境的稳定，这是机体内分泌、代

谢、自主神经和行为统一调控的结果。冷暴露作为应激源之一，能够引起鸭机体产生冷应激反应。

4. 能量摄入量 能量是鸭维持生产活动和生命活动的重要动力来源。能量和物质可以在一定程度上相互转换。饲料是鸭机体所需能量的来源，饲料中3个主要能源物质为碳水化合物（糖类等）、脂肪（脂肪酸等）和蛋白质。这些物质在动物体内相对温和的环境中及各种催化物的作用下以相对缓慢的速度逐渐释放能量。鸭的繁殖性能受卵泡发育程度的影响，影响家禽卵泡发育的重要因素之一是日粮能量含量。日粮能量可能通过影响鸭相关生殖激素、相关激素受体基因的表达和其他相关蛋白质的表达等来调控鸭卵泡发育，适当提高日粮能量水平可使蛋鸭性成熟日龄提前。

第二节　配种方法选择

一、种鸭的饲养管理

种鸭饲养也可分为3个阶段：育雏期（0～4周龄）、育成期（5～17周龄）和产蛋期（18周龄至产蛋结束）。

（一）育雏期的饲养管理

本书最后一章将介绍北京鸭育雏期的饲养管理和注意事项，此处不作详细介绍。

（二）育成期的饲养管理

1. 转群 育成期一般采用半舍饲的管理方式，鸭舍外设运动场，面积比鸭舍大1/3。育雏期由网上平养转为地面垫料平养时，转群前1周应准备好育成舍，并在转群前准备好饲料及饮水。由于采食速度、饲喂量及目标体重均有所不同，故公、母鸭要分开饲养。在公鸭群中应配备少量的母鸭，以促进公鸭生殖系统的发育。

2. 饲养方式 种鸭育成期要实行限饲，使体重满足要求，性成熟时间适中，增加产蛋总量，降低产蛋期死亡率，提高受精率和孵化率，发挥其最佳生产性能。种鸭限饲方法有很多，常用的是限制日喂量，根据体重生长曲线确定每天的饲喂量。此外，还有隔日限饲的方法，即2d的料量在1d一次性地投喂。限饲期间要在喂料的当天 4:00 开灯，称好每群的料量，然后定时投喂。

3. 饲喂量和饲喂方法　第 4 周周末，随机抽样 10%，空腹称重，计算平均体重，与标准体重或推荐体重相比，确定下周的饲喂量。另外，把每周的称重结果绘成曲线，并与标准曲线相比，通过调整饲喂量，使实际曲线接近标准生长曲线，一般每周加料量以 2～4 g 为宜，以保持稳定的体重增长幅度。若低于标准体重，则以每日每只 10 g 或 5 g 的标准增加，若还达不到标准体重，则再增加；若高于标准体重，则每日每只减少 5 g，直到短时间内达到标准体重。饲喂量和每天鸭群只数一定要准确，将称量准确的饲料早上一次性快速投入料槽。加好料后再放鸭，尽可能使鸭群同时吃到饲料，防止有的鸭吃得过多而体重增长太快，有的鸭吃得过少体重增长太慢，达不到预期的标准。饲料要营养全面，一般不供给颗粒谷物，所喂的饲料以鸭在 4～6 h 吃完为好，限饲要与光照控制相结合。鸭有戏水并清洗残留食物和洁身的习惯，因此要在运动场内设置 0.5 m 深的洗浴池。鸭的敏感性较强，通风不良、称重、免疫接种、转群等易对其造成应激，特别是在免疫接种时，应在饮水或饲料中添加多种维生素、电解质等抗应激剂。

4. 光照　育成期光照原则是时间宜短不宜长，强度宜弱不宜强，以防鸭出现过早性成熟，实际生产中应多采用自然光照。

5. 密度　采用地面平养时，每只鸭至少应有 0.45 m² 的活动空间，鸭舍分隔成栏，每栏饲养密度以 200～250 只为宜。群体过大时，会使鸭个体重差异大，不利于饲养管理。

(三) 产蛋期的饲养管理

1. 饲喂技术　种鸭按照建议饲喂量进行饲喂最好，用全价配合饲料或湿拌料。鸭有夜食的习惯，所以晚间给料相当重要，一般给喂湿拌料。饲喂次数为每天 4 次，时间间隔相等，要求喂饱；或少喂勤添，保证槽内有料，且不要有过多剩料。这样做的优点是每只鸭吃料的机会均等，不会出现踩踏或暴食现象。投喂颗粒料时，使用喂料机既省时又省力。此外，每天应刷洗水槽，保证充足的饮水供给，水应没过鸭的鼻孔，以便其清洗鼻孔。

2. 产蛋箱的准备　育成鸭转入产蛋舍前，在产蛋舍内要放置足够量的产蛋箱，如果不换鸭舍则在育成鸭 22 周龄时放入产蛋箱。每 4 只鸭供给 1 个产蛋箱，可以将几个产蛋箱连在一起，箱底铺上松软的草或垫料。当草或垫料被污染时要随时换掉，以保证种蛋清洁，提高孵化率。产蛋箱的位置不要随意变动。

3. 环境条件　鸭虽然耐寒，但冬季温度低时也要采取防寒保暖措施；夏季温度高时则放水洗浴、淋浴或采取通风、降温等措施。每天光照 17 h，光照度为 7 W/m²，灯高 2 m，并加灯罩。灯的分布要均匀，开灯时间要固定，不可随意更改，否则会影响产蛋率。为防止突然停电最好自备发电设备。加强通风换气，保持垫料干燥。饲养密度以每平方米 2～3 只为宜。

4. 运动　每天驱赶运动 6～8 次，共 40～50 min，驱赶时切忌速度过快。日光充足时放鸭出舍运动，傍晚太阳落山前赶鸭入舍；雨雪天气则不放鸭出舍；夏季天气热，每天 5:00～6:00 早饲后，将鸭赶到运动场上。运动场要搭设凉棚，供鸭白天休息、活动时遮阴。鸭运动量充足能保持良好的食欲和消化能力，产蛋率自然也比较高。

5. 种蛋收集　母鸭的产蛋时间集中在 1:00～5:00，随着日龄的增长，产蛋的时间会往后推迟。饲养管理正常时，母鸭应在 7:00 产蛋结束，产蛋后期则可能会集中在 6:00～8:00。舍饲的鸭清晨放出舍外，有利于其在 8:00 前产蛋。母鸭产蛋后尽量及时捡蛋，夏季高温要防止种蛋孵化，冬季低温要防止种蛋受冻。对初产鸭要训练其使用产蛋箱产蛋，减少窝外蛋，污染的蛋不能作种用。有少数鸭产蛋迟，产蛋后又在产蛋箱中过夜，这样易使蛋被污染或孵化，影响种蛋的正常孵化，因此饲养员可在下班前再捡一次蛋。种蛋应及时消毒后入库，不合格的应剔除。

（四）种公鸭的管理

种鸭群的公、母比例合理与否，关系种蛋的受精率，比例一般为 1:(4～6)。公鸭过少时影响受精率，应以备用公鸭补充；过多时会引起争配而使受精率降低。生产中，应及时淘汰配种能力不足或有伤残的公鸭；定期检查种公鸭的精液品质，不合格的要淘汰。种公鸭要有足够的运动量，以保持健康状况，提高繁殖能力。

二、种公鸭和种母鸭的选择

选择种鸭是进行纯种繁育和杂交改良工作必须首先要考虑的问题。由于鸭多为群养，又是在夜间产蛋，很难准确记录个体的生产成绩和根据记录成绩进行选择。因此，在生产实践中多采用大群选择的方法，即根据鸭的外貌特征来进行选择。

（一）种公鸭的选择

公鸭饲养至 8～10 周龄时，可根据外貌特征进行第一次初选；饲养至 6～7 月龄时，进行第二次选择。此时应进行个体采精，以精液量及精液品质作为判定优劣的标准。精液应呈乳白色，若呈透明的稀薄状则不宜留种。

1. 蛋用型种公鸭的选择标准　头大颈粗，眼大、明亮有神，喙宽而齐，身长体宽，羽毛紧密而富有光泽，性羽分明，两翼紧贴体躯，胫粗而高，健康结实，体重符合标准，第二性征明显。

2. 肉用型种公鸭的选择标准　体形呈长方形，头大，颈粗，背平直而宽，胸腹宽而略扁平，腿略高而粗，蹼大而厚，两翅不翻，羽毛光洁而整齐，生长速度快，体重符合标准，配种能力强。

（二）种母鸭的选择

母鸭饲养至 8～10 周龄，可根据外貌特征进行第一次初选；饲养至 4～5 月龄时，进行第二次选择，该工作一直进行到 6～7 月龄开始配种为止。

1. 蛋用型种母鸭的选择标准　头中等大小，颈细长，眼亮而有神，喙长而直，身长背阔，胸深腹圆，后躯宽大，耻骨开张，羽毛致密，两翼紧贴体躯，脚稍粗短，蹼大而厚，健康结实，体肥适中。

2. 肉用型种母鸭的选择标准　体形呈梯形，背略短宽，腿稍粗短，羽毛光洁，头、颈较细，腹部丰满下垂，耻骨开张，繁殖力强。

（三）种公鸭精液品质评价

人工采得的精液，在给母鸭输精前要进行必要的检查，如活力检查、密度检查等。

1. 活力检查　精子的活力是指精液中做直线前进运动的精子的数量。精子活力对蛋受精率的影响，比输精量和精子浓度更为重要。只有活力强的精子，才有能力通过长而曲折的母鸭输卵管，到达漏斗部与卵子结合。浓度大而精子活力差的精液，不能用来输精，死精多的精液更不能用来进行人工输精。精子活力强但所输精液的精子浓度略低些也不会影响受精率。

精子活力的检查一般于采精后 20～30 min 进行。检查时取同量精液及生理盐水各 1 滴，置于载玻片一端，混匀，放上盖玻片。精液以布满载玻片、盖玻片的空隙，而又不溢出为宜。在 37 ℃条件下，用 200～400 倍显微镜检查。精子呈直线前进运动的有受精能力，精子进行圆周运动或摆动的则无受精能力。活力强、密度大的精液，在显微镜下可见精子呈旋涡翻滚状态。

2. 密度检查　一般常把精液浓度分为浓、中、稀 3 种。把精液放在显微镜下观察就会发现，浓稠的精液中精子数量很多，密密麻麻几乎没有空间，精子运动时互相有阻碍。稀薄的精液中，精子数量少，直线运动的精子很明显，精子与精子之间的距离很大。视野中精子数量及精子之间距离介于浓与稀之间的为浓度中等的精液。公鸭每次射精量为 0.1～0.7 mL，含精子 0.28 亿～1.8 亿个。

检查精液密度，可用细胞计数法进行估测。估测时，先用红细胞吸管吸取精液至 0.5 刻度处，再吸入 3‰氯化钠溶液至 101 刻度处，即为稀释 200 倍，摇匀，排出吸管内的前 3 滴，然后将吸管尖端放在计数板与盖玻片的边缘，让精液流入计算室内。在显微镜下计数 5 个方格的精子总数，这 5 个方格应选位于一条对角线上，或 4 个角各取一方格再加中央一方格。计算时只数精子头部 3/4 或全部在方格中的精子。最后按下列公式算出每毫升精液的精子数。

1 mL 精液的精子数＝(5 个方格的精子总数)/80×400×10×1 000×200

或
$$C=n/1\,000$$

上式中，C 为每毫升含有 10 亿个精子；n 为 5 个方格的精子数。若 5 个方格中共计 3 000 个精子，则

$C=300/100=3$（10 亿个/mL），即每毫升精液中的精子数有 30 亿个。

三、自然交配

自然交配是让公、母鸭在适宜的环境中自行交配的配种方法。鸭的交配应该在有水的环境中进行，但现在北京鸭都已实现旱养。自然交配一般从初夏开始，到夏至结束。在配种前 15 d，将选好的公、母鸭按照适当比例合群饲养；配种结束后，将公、母鸭分开。自然交配可分为 3 种情况。

1. 单雄配种　就是一只公鸭，按适当比例配一小群母鸭，每一小群饲养

在单独小鸭舍和运动场内，并用自制产卵箱，登记每日的产蛋数。这种方法是小间配种，所获得的种蛋双亲系谱清楚，可以建立系谱。此法工作繁琐，要求高，只适于育种场。但要注意，选用的公鸭要先进行生殖器官和精液品质检查，或进行配种预测，检查种蛋的受精率，将生殖器官有器质性缺陷、受精率低的公鸭淘汰。

2. 大群配种　大群配种是在大群母鸭中放进多只公鸭。单只母鸭被多只公鸭配种后，卵子在受精过程中会有更多选择的可能性，可提高受精率、出雏率，生长发育和产蛋率也可相应提高。但是必须严格选择公、母鸭。大群配种在大规模商品养鸭场、良种繁殖场及育种场（在不做品系繁殖和后裔测定时）普遍采用。

3. 同雌异雄轮配　此法的目的是为了多得几个配种组合，或使被测定的公鸭获得更准确的数据。其方法是：配种开始后，第一个配种期放第 1 只公鸭，留足种蛋的前 2 d，将第 1 只公鸭拿出，空出 1 周不放公鸭（此期间内种蛋孵出的雏鸭，仍是第 1 只公鸭的后代）；于下周放入第 2 只公鸭（最好在放公鸭前，将第 2 只公鸭的精液给所配母鸭全部输精一遍），前 4 d 的种蛋不用（如进行人工输精，前 3 d 的种蛋不用），此后所得的种蛋为第 2 只公鸭的后代。如需测定第 3 只公鸭，按上述方法轮配下去。

四、人工授精技术

开展人工授精技术，可以减少种公鸭的饲养量，节约生产成本；充分利用优秀种公鸭，防止在交配时传播疾病；制定鸭的交配体系，对每个种蛋进行标号，便于进行系谱记录；解决笼养鸭的繁殖问题；减少鸭群的死淘率，提高受精率；解决公、母鸭个体相差悬殊不能进行自然交配的问题；扩大基因库，不受时间、地域和国界的限制。

在番鸭中人工授精技术的运用已经很普遍，其采精方式主要通过母鸭诱情法。然而，北京鸭与番鸭的生物习性不同，通过母鸭诱情法无法顺利采集到精液，存在技术难点。现将北京鸭人工授精技术的操作要点归纳如下。

（一）采精

1. 种公鸭调教日龄　公鸭的性成熟日龄有个体差异。北京鸭公鸭性成熟时间为 150～180 日龄。

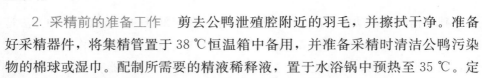

2. 采精前的准备工作　剪去公鸭泄殖腔附近的羽毛，并擦拭干净。准备好采精器件，将集精管置于 38 ℃恒温箱中备用，并准备采精时清洁公鸭污染物的棉球或湿巾。配制所需的精液稀释液，置于水浴锅中预热至 35 ℃。定期采用显微镜镜检或使用精液品质测定仪器进行精液品质检测。

3. 采精方法　采取人工授精技术的公、母鸭在产蛋前应该分开饲养，如已经产蛋的鸭群应在试验前 15～29 d 将公、母鸭分开。公鸭选用个体粗壮、性欲强的进行单独饲养，隔离 1 周即开始采精训练，每周 2～3 次。采精前将公鸭泄殖腔周围的羽毛剪干净，采精时按摩公鸭背部，并延伸至尾部，待阴茎膨胀时挤压阴茎，使其射精；同时，采精者将集精杯靠近公鸭的泄殖腔，让精液射到集精杯内。

4. 采精频率　精液在母鸭体内的留存时间较长，通常受精后 1 周内仍能保持受精率，但受精率较低。为了保证较高的受精率，一般每 3 d 采集 1 次公鸭精液。

（二）精液品质检查

精液为乳白色，略带腥味，精液量为 0.2～0.6 mL，精子密度每毫升达 8 亿～12 亿个，平均 8.5 亿个，精子活力 7～9.8 级，pH6.9～7.4。输精前检查精子活力，在 250～500 倍显微镜下只有 80% 以上精子做直线前进运动才可用于输精。

（三）精液稀释

精液稀释液可采用专用稀释液配方配制，能在一定时间内保存与运输。但母鸭的人工授精一般在场内直接进行，精液不需要传出场外，因此多采用生理盐水进行简易稀释后即可输精。稀释时，根据检测的精液质量进行一定倍数的稀释，稀释用的生理盐水需要先预热至 37 ℃左右。

精液采集后应尽快稀释，原精液贮存时间不得超过 20 min。稀释液与精液要求等温稀释（两者温差不超过 1 ℃），即稀释液应加热至 37 ℃左右，具体以精液温度为标准来调节稀释液的温度，不能反向操作。稀释时，将稀释液沿集精杯壁缓慢加入到精液中，然后轻轻摇动或用消毒后的玻璃棒搅拌，使之混合均匀。如做高倍稀释时，则应先做低倍稀释 1:（1～2），待 30 s 后再将余下的稀释液沿杯壁缓慢加入。

（四）母鸭的输精技术

将母鸭按在地上，输精者用一只脚轻轻踩住母鸭颈部或把母鸭夹在两腿之间，母鸭的尾部对着输精者，输精者用左、右手的三指轻轻挤压泄殖腔的下缘，用食指轻轻拨开泄殖腔口，使泄殖腔张开。这时即能见到两个小孔，右边一个小孔为排粪尿的直肠口，左边一个小孔就是阴道口，输精者腾出右手将输精器导管末端对准阴道插入输精。

（五）输精制度

一般首次输精连续 2 d，以后每周输精 2 次，输精后第 3 天开始收集种蛋。

第三节　胚胎发育

一、孵化期

鸭的孵化期是指在正常的孵化条件下，从种蛋入孵开始到雏鸭出壳为止的时间。不同生产用途的鸭子，其孵化期的长短也略有差异，肉用型鸭蛋比蛋用型鸭蛋的孵化期稍长。一般情况下，平均孵化期鸭蛋为 28 d，骡鸭为 30 d，瘤头鸭为 33～35 d。以北京鸭为例，在合适的孵化条件下，正常的受精蛋27.5 d出壳。如出壳时间提前或滞后12～14 h，则对雏鸭体质影响不大，若超过 14 h 出壳就会受到影响。

北京鸭的孵化期还受许多因素的影响，种蛋小的比种蛋大的个体孵化期短；种蛋保存时间越长则孵化期延长；孵化过程中孵化温度偏高时孵化期缩短，孵化温度偏低时孵化期延长，出壳推迟。出壳时间无论是推迟或提前都是孵化不正常的表现，会导致弱雏较多，雏鸭的成活率也较低。

二、胚胎的生长发育

北京鸭的胚胎发育与哺乳动物不同，它是依赖种蛋中储存的营养物质而生存，不从母体血液中获取营养物质。其胚胎发育分为母体内发育和母体外发育两个阶段。

（一）母体内发育

卵细胞成熟后从卵巢脱落进入输卵管，被输卵管的漏斗部接纳，与精子相遇受精，形成受精卵。受精卵需要 24～26 h 才能形成完整的鸭蛋，通过输卵管产出体外。由于输卵管内温度适宜，因此受精卵在鸭体内形成鸭蛋的过程就已经开始发育。受精卵从峡部开始细胞分裂，到蛋产出时胚胎已发育成具有外胚层、内胚层两个胚层的囊胚期或原肠胚早期。鸭蛋产出体外后，由于外界气温低于胚胎发育所需的温度，因此胚胎发育处于停滞状态。剖视受精蛋，在卵黄表面肉眼可见形似圆盘状且周围有透明带的胚盘，而未受精蛋的蛋黄表面只能看见一个白点。

实际上北京鸭种蛋的整个孵化过程需要 29 d，其中 1 d 在母体内进行，28 d 在母体外进行。

（二）母体外发育

种蛋获得适宜的孵化条件后，基本停止发育的胚胎又开始重新发育。在孵化过程中，胚胎主要依靠胚膜吸收蛋内的营养物质，并通过胚膜、气室和蛋壳的气孔与外界进行气体交换，通过不断地新陈代谢，完成发育过程。首先是在内胚层和外胚层之间形成中胚层。机体的所有组织和各个器官都由这 3 个胚层发育而来，外胚层形成羽毛、皮肤、喙、趾、眼、感觉器官、神经系统、口腔、泄殖腔的上皮等；中胚层形成肌肉、骨骼、生殖泌尿系统、血液循环系统、消化系统的外层和结缔组织；内胚层形成呼吸系统上皮、消化系统的黏膜部分和内分泌器官。

1. 胚胎的发育生理　胚胎的物质代谢是一个十分复杂的生理生化过程。在孵化的前 2 d，胚膜尚未形成，胚胎主要通过渗透方式直接利用蛋黄中的葡萄糖，所需的氧气由碳水化合物分解而来，物质代谢极为简单。卵黄囊血液循环形成后，胚胎的营养和呼吸主要是靠胚膜完成。胚胎发育早期形成 4 种胚外膜，即卵黄囊膜、羊膜、浆膜和尿囊。这几种胚膜虽然都不形成鸭体的组织或器官，但是它们对胚胎发育过程中营养物质的利用、各种代谢等生理活动的进行是必不可少的（图 3-1）。

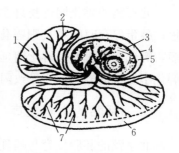

图 3-1　鸭胚胎模式

1. 尿囊　2. 尿囊血管　3. 胚胎
4. 羊膜　5. 羊水　6. 卵黄囊
7. 卵黄囊血管

（1）卵黄囊膜　卵黄囊膜是最早形成的胚膜，在孵化的第 2 天开始形成，到第 10 天几乎包围整个卵黄。卵黄膜上分布很多血管，形成卵黄囊血液循环，胚胎通过卵黄囊膜吸收卵黄的营养物质，并在早期经卵黄囊膜进行气体交换。雏鸭出壳前 2 d，卵黄囊膜随同未利用完的卵黄一起被吸入腹腔，为出壳后雏鸭的生长发育提供部分营养，经 5～7 d 被吸收利用完。

（2）羊膜　羊膜在孵化的第 2 天末开始形成。首先形成头褶，随后头褶向两侧延伸形成侧褶、尾褶，逐渐伸向胚体，然后包围整个胚胎，形成羊膜腔。羊膜内充满透明的羊水，羊水给早期发育的胚胎提供水分，起着保护胚胎、防止胚胎粘连、免受外界损伤、促进运动等作用。羊水中含有的大量蛋白酶，能把蛋白质分解成氨基酸，为蛋白质进入胚体消化吸收创造条件。在孵化末期，羊水减少，羊膜贴覆于胚胎体表的羽毛上，出壳后残留在壳膜上。

（3）浆膜　浆膜也称绒毛膜，紧贴在羊膜和卵黄囊膜的外面。羊膜腔包括两层胎膜，内层紧靠胚胎，即羊膜；外层紧贴在内壳膜上，即浆膜或绒毛膜。浆膜与尿囊膜融合在一起帮助尿囊膜完成其代谢功能。浆膜透明，无血管，故难以见到单独的浆膜。此外，浆膜可以通过蛋壳膜为胚胎提供氧气，具有协助胚胎呼吸的功能。

（4）尿囊　尿囊位于羊膜、卵黄囊膜之间，在孵化的第 3 天开始出现，以后迅速增大，至第 13 天时包围整个胚蛋的内容物。在尿囊接触蛋壳内壁继续发育的同时，与浆膜结合成尿囊绒毛贴于蛋壳上。尿囊上有丰富的血管网，胚胎通过尿囊血液循环吸收蛋白的营养物质和蛋壳的矿物质。尿囊可为胚胎血液充氧，并排出血液中的二氧化碳。尿囊以尿囊柄与肠道连接，把胚胎的排泄物蓄积起来。因此，尿囊既是胚胎的营养器官和排泄器官，又是胚胎的呼吸器官。尿囊内充满尿囊液，使胚胎与壳膜分离，具有保护胚胎和润滑的作用。尿囊到孵化末期逐渐干枯，内贮有黄白色含氮排出物，出壳后残留在蛋壳内。

2. 胚胎发育的主要特征　在孵化过程中，胚胎每天都在发生变化，鸭胚胎发育的主要特征如下。

第 1 天：胚胎以渗透方式进行原始代谢，原线、脊索突、血管区等器官原基出现。胚盘暗区显著扩大。照蛋时，胚盘呈微明亮的圆点状，俗称"白光珠"。

第 2 天：胚盘增大。脊索突扩展，形成 5 个脑泡，脑部和脊索开始形成神经管。眼泡向外突出。心脏形成并开始搏动，卵黄血液循环开始。照蛋时可见圆点较前一天稍大，俗称"鱼眼珠"。

第 3 天：血管区为圆形，头部明显地向左侧方向弯曲，与身体垂直，羊膜发展到卵黄动脉的位置。有 3 对鳃裂出现，尾芽形成。暗区扩大，覆盖蛋黄表面约 1/2，卵黄囊循环的血管网初步形成。血管围成椭圆形。胚盘中心有一弯曲的透明体——胚胎，胚胎直径为 5.0～6.0 mm，血管区横径为 20～22 mm。胚胎前半部向右翻转并弯曲。胚盘已扩展 1 倍并被红色的血管包围，透明体中可见一搏动的小红点，即原始心脏。照蛋时可见鸭胚血管网似樱桃状。

第 4 天：前脑泡向侧面突出，开始形成大脑半球。胚体进一步弯曲，喙、四趾、内脏和尿囊原基出现。照蛋时，可见胚胎与卵黄囊血管分叉似蚊子，俗称"蚊子珠"。胚胎增大弯曲，头、尾、心脏、背主动脉等可以明显区分，心脏跳动明显，头部弯向心脏位置，眼睛的轮廓已经出现，前、后肢发生部位已经略微隆起。

第 5 天：胚胎头部明显增大，并与卵黄分离，前脑开始分成两个半球，第 5 对三叉神经发达。口开始形成，额突生长，眼有明显的色素沉着。尿囊迅速增大形成一个有柄的囊状，其直径可达 5.5～6 mm。照蛋时卵黄囊血管形似一只小蜘蛛，又称"小蜘蛛"。卵黄囊血管网的范围进一步扩大，血管变粗，卵黄囊血管网覆盖蛋黄表面约 2/3，胚胎更加弯曲，心脏大而明显，前、后肢芽明显突出，耳孔的轮廓已经形成，脑泡已经可以明显区分三室，羊膜包围胚胎，肉眼可见少量羊水。

第 6 天：胚胎极度弯曲，中脑迅速发育，出现脑沟、视叶。眼皮原基形成，口腔部分形成，额突增大，四肢开始发育，性腺原基出现，各器官已初具特征。尿囊迅速生长，覆盖于胚体后部，尿囊血液循环开始。照蛋时，可见到黑色的眼点，俗称"起珠"。眼睛部位黑色素沉积明显，尿囊血管网迅速发育，肉眼可见，位于卵黄囊上方。前、后肢芽增长明显。

第 7 天：胚胎鳃裂愈合，喙原基增大，肢芽分成各部。胚胎开始活动，尿囊体积增大，直径达到 12～17 mm，并且完全覆盖胚胎。照蛋时可见到头部和弯曲增大的躯干部分，俗称"双珠"。卵黄囊血管网覆盖蛋黄表面，尿囊增大明显，完整覆盖在胚胎上，羊水和尿囊液进一步增多。喙向前突出，前、后肢芽具备前肢和后肢雏形及关节。

第 8 天：喙原基已成一定形状，翅和脚明显分成几部，趾原基出现。雌、雄性腺已可区分，尿囊体积急剧增大，直径达到 22～25 mm。照蛋时可见半个蛋面布满血管。尿囊及尿囊血管网增大明显，覆盖蛋黄表面约 1/2，羊水和尿囊液增多，胚胎浮于羊水中不易看清，俗称"八沉"。

第 9 天：舌原基形成，肝具有叶状特征，肺已有发育良好的支气管系统，后肢出现蹼。尿囊体积继续增大，胚胎重 0.69～1.28 g。照蛋时，在正面较易看到在羊水中浮动的胚胎，俗称"九浮"。

第 10～11 天：除头、额、翼部外，全部覆盖绒羽原基，腹腔愈合。尿囊迅速向小头伸展。照蛋时将蛋转动，背面两边的卵黄容易跟着晃动，俗称"晃得动"。

第 11 天：眼裂呈椭圆形，眼睑变小。绒羽原基扩展到头部、颈部及翅部，脚趾出现爪。胚胎皮肤透明度下降，皮肤表面出现排列整齐的小点，即羽毛原基。

第 12 天：喙具有鸭喙的形状，开始角质化，眼睑已达瞳孔。胚胎背部开始覆盖绒羽。胚胎仍自由地浮于羊水中，尿囊开始在小头合拢。羽毛原基遍布全身，尾部最先长出短小羽毛，背部随后长出。照蛋时可见尿囊血管迅速伸展，越出卵黄，俗称"发边"。

第 13 天：胚胎头部转向气室外，胚体长轴由垂直于蛋的横轴变成倾斜。尿囊在小头完全合拢，包围胚胎全部。眼睑缩小，爪角质化。照蛋时除气室外整个蛋表面都有血管分布，俗称"合拢"。

第 14 天：眼裂更为缩小，下眼睑把瞳孔的下半部遮住。肢的鳞原基继续发育，体腹侧绒羽开始发育，全身除颈部外皆覆盖绒羽。胚胎重 3.5～4.5 g。

第 15 天：胚胎完成 90°的转动，身体长轴与蛋的长轴一致。眼睑继续生长发育，眼裂缩小，下眼睑向上举达于瞳孔中部，绒羽已覆盖胚胎全部，并继续增长。尿囊血管加粗，颜色加深。

第 16 天：胚胎头部弯曲至两脚之间，脚的鳞片明显。蛋白在尖端由一管道输入羊膜囊中。尿囊血管继续加粗，血管颜色加深。胚胎重 6.6～12 g。

第 17 天：头部向下弯曲，位于两足之间，两足也急剧弯曲，眼裂继续减少。开始大量吞食蛋白，蛋白迅速减少，胚胎生长迅速，骨化作用加强。

第 18 天：胚胎头部移于右翼之下，足部的鳞片继续发育。蛋白水分大量蒸发，气室逐渐加大。可见大头黑影继续扩大，小头透亮区继续缩小。

第 19 天：眼睛全部合上，未利用完的蛋白继续减少，变得浓稠。大头黑影进一步扩大。

第 20 天：蛋白基本利用完，开始利用卵黄营养物质，小头透亮区基本消失。

第 21 天：蛋白利用完。羊膜和尿囊膜中的液体减少，尿囊与蛋壳易剥离。背部全部被黑影覆盖，看不到亮区，俗称"关门"。

第 22 天：胚胎转身，气室明显增大，喙开始转向气室端。少量卵黄进入腹腔。照蛋时可见气室向一方倾斜，俗称"斜口"。

第 23 天：喙转向气室端，卵黄利用明显增加。胚胎重 28.4～32.6 g。气室倾斜增大。

第 24 天：卵黄囊开始吸入腹腔，内容物收缩，可见气室附近黑影闪动，俗称"闪毛"。

第 25 天：胚胎大转身，喙部、颈部和翅部穿破内壳膜突入气室，卵黄囊大部分被吸入腹腔，胚胎体积明显增大。胚胎重约 35.9 g。可见气室内黑影明显闪动，俗称"大闪毛"。

第 26 天：卵黄囊全部吸入腹腔。开始啄壳，并转为肺呼吸，易听到叫声，俗称"见嘴"。

第 27 天：大批啄壳，发育快的雏鸭破壳而出。

第 28 天：出壳高峰期。出壳体重一般为蛋重的 65%。胚胎腹中存有少量卵黄。

（三）影响胚胎发育的因素

1. 胚胎死亡原因分析　北京鸭胚胎发育阶段主要存在两个死亡高峰。第 1 个死亡高峰出现在孵化前期，在孵化第 4～6 天。4～6 d 正是胚胎生长迅速、形态变化显著时期，各种胎膜相继形成而作用尚未完善。胚胎对外界环境的变化很敏感，稍有不适，一些弱胚的发育便受到影响，甚至死亡。第 2 个死亡高峰出现在孵化后期，在孵化第 24～27 天。此时是胚胎从尿囊绒毛膜呼吸过渡到肺呼吸的时期，胚胎生理变化剧烈、需氧量大、温度剧增，对孵化环境要求高，若通风换气不良、散热不好将会加剧死亡。孵化期其他时间胚胎死亡，主要是受胚胎生活力强弱的影响。

2. 孵化各期胚胎死亡原因

（1）前期死亡　多数由种鸭的营养水平及健康状况不良引起。主要是缺乏维生素 A、维生素 B_2、维生素 E、维生素 K 和生物素；疾病方面包括感染白痢、伤寒；种蛋贮存时间过长，保存温度过高或过低；种蛋熏蒸消毒不当；孵化前期温度过高或过低；种蛋运输时受剧烈震动；种蛋受污染；翻蛋不足。

（2）中期死亡 主要由种鸭的营养水平及健康状况不良引起。营养方面有维生素 B_2 或硒缺乏症；疾病方面包括感染白痢、伤寒、副伤寒等；污蛋未消毒、孵化温度过高、通风不良也会导致死亡。

（3）后期死亡 种鸭的营养水平差，如缺乏维生素 B_{12}、维生素 D_3、维生素 E、叶酸或泛酸，钙、磷、锰、锌或硒缺乏；蛋贮放太久；受细菌污染；小头朝上孵化；翻蛋次数不够；温度、湿度不当；通风不足；转蛋时种蛋受寒等。

（4）啄壳后死亡 若洞口黏液多，则主要是因为高温、高湿；出雏期通风不良；在胚胎利用蛋白时遭遇高温，蛋白未吸收完，尿囊合拢不良，卵黄未进入腹腔；移盘时温度骤降；小头朝上孵化；前 2 周内未翻蛋；转蛋时将蛋碰裂；出壳前 3 d 孵化温度过高，湿度过低。

（5）已啄壳雏鸭无力出壳 主要因为种蛋贮放太久；入孵时小头朝上；孵化期内温度太高或湿度太低；翻蛋次数不够；种鸭饲料维生素或微量矿物质元素不足。

第四节 人工孵化的关键技术

一、孵化厅和孵化设施设备

（一）孵化厅设计

孵化工艺流程必须遵循种蛋选择、种蛋消毒、种蛋贮存、种蛋分级和码盘、种蛋预温、入孵、照蛋移盘、出雏、雏鸭处理、雏鸭存放、雏鸭发放的单项处理程序，不可变更。因此，孵化场和孵化厅的设计也要尽量方便孵化流程的进行，不同的程序也应尽量在不同的房间完成。孵化厅房间按照功能可分为以下几种。

1. 种蛋接收与装盘室 经过消毒的种蛋要生在种蛋接收与装盘室挑选，然后装盘上蛋架车。在设计原则上，种蛋接收与装盘室应当尽量宽敞，室温保持在 18～20 ℃。

2. 种蛋存放室 种蛋存放室要求墙壁和天花板隔热性能良好，通风缓慢而充分，最好安装空调，使室温保持在 13～15 ℃。

3. 种蛋分级室　因地制宜，无具体要求。

4. 洗蛋室　根据洗蛋机的数量设置房间大小，每台洗蛋机配 2 辆洗蛋车。

5. 熏蒸室　熏蒸室不应过大，按孵化厅孵蛋能力确定，要求门、窗、天花板的结构严密，另外还需要配备排气装置。

6. 孵化室和出雏室　孵化室和出雏室最好是无柱结构，用防火材料。要求墙壁、天花板、门、窗保温。地面距离天花板 3.4～3.8 m。墙面易清洗，墙面和地板之间无缝隙，地板平整。孵化机前 30 cm 处留排水沟，排水沟用铁栅栏覆盖，铁栅栏与地面应保持水平。孵化室内温度保持在 22～28 ℃，有条件可以安装湿帘、暖气、空调等温度调节设备。

7. 雏鸭处理室和存放室　雏鸭处理室和存放室的功能是对雏鸭进行分级和雌雄鉴别。

8. 洗涤室　洗涤室设置于孵化室和出雏室旁，用于洗涤蛋盘和出雏盘，洗涤室内应设有浸泡池、排水沟和沉淀池。有条件的可以购置自动清洗设备。

（二）孵化设备

鸭的孵化设备包括孵化机、出雏机、洗蛋设备、供暖降温设备、供电设备、照蛋器等环境控制设备。

1. 孵化机　孵化机的类型多种多样。按照供热方式可分为电热式、水电热式、水热式等；按照箱体结构可分为箱式、巷道式；按照放蛋层次可分为平面式和立体式；按照通风方式可分为强力通风式和自然通风式。孵化机应该根据实际情况选择最适合的，在电源充足的地方选择电热箱式或巷道式。拼装式、箱式拆卸和安装方便，整箱式机体牢固，保温性能良好，巷道式孵化量大。此外，在选择孵化器时，孵化器的技术指标不应低于所列技术指标：温度显示精度为 0.01～0.1 ℃，温度精度为 0.1～0.2 ℃，箱内温度场标准差为 0.1～0.2 ℃，湿度显示精度为 1%～2%，控制精度为 2%～3%。

2. 出雏机　种蛋孵化 25 d 前后，需要从孵化器内转移到出雏器内完成最后的胚胎发育过程。与孵化器相比少了翻蛋器。出雏器的蛋盘为长方形无盖塑料筐，四周和底部有缝隙，利于通风。

3. 洗蛋设备　洗蛋机采用多层喷头、高压冲洗的方式将一定浓度和温度的消毒液以一定的压力喷射到蛋壳表面，清除污垢。

4. 供暖降温设备　孵化车间的温度调节，供暖可采用锅炉通暖气、热水锅炉通热水、热风炉通热风等；降温可采用湿帘、空调等。

5. 供电设备　孵化器功率较大，每台孵化器都必须要有单独的电源，配电系统要加漏电保护装置，零线良好接地。因为孵化器的特殊要求，所以每台孵化器都必须双路供电，同时配备足够功率的发电机组。选择发电机功率的原则是发电机功率要大于孵化厅所有设备功率之和加上发电机功率的25%。

6. 照蛋器　照蛋器可分为台式照蛋器，即灯光数与一盘鸡蛋的数目相同；单头或多头照蛋器；受体多头照蛋器；照蛋车。光线通过玻璃板照在蛋上，由真空装置自动识别无精蛋和死胚蛋。

二、种蛋收集和管理

1. 种蛋收集　初产鸭一般在后半夜产蛋，以后随着时间的推迟，一般都能在10:00以前产蛋，因此收集种蛋需要尽早。在收集种蛋的过程中，要淘汰不正常的蛋、裂纹蛋，以及清洁度不符合要求的种蛋。

2. 种蛋存放　对从鸭舍送来的种蛋需要进行严格的筛选，合格的种蛋重80~95 g，颜色正常，对于不正常的蛋都需要剔除；另外，还要用照蛋器对种蛋的蛋壳结构、气室大小、位置、血肉斑进行检查，挑选好的种蛋小头朝下放入盘中。

3. 种蛋消毒　种蛋挑选后，需要对其进行消毒。现代孵化场一般应用高锰酸钾和甲醛混合气体迅速对舍内各种病菌进行消毒。消毒标准为每立方米使用40%甲醛溶液28 mL，高锰酸钾14 g，密闭熏蒸20~30 min。种蛋的其他消毒方法还有新洁尔灭溶液喷洒鸭蛋表面法、活性氯溶液浸泡法、过氧乙酸消毒法等。

4. 种蛋消毒后的入库保存　经试验证明，保存3~4 d的种蛋有最高的孵化率，因此最佳保存时间为3~4 d，保存7 d以后孵化率开始下降。种蛋的保存温度为18℃左右，相对湿度为70%~80%。需要注意的是，从蛋库往外运蛋时要预热，防止水蒸气液化吸附在蛋表面，同时提高孵化率，预热间温度应比蛋库高7~9℃。

三、入孵前的准备

1. 制订孵化计划　根据设备条件、种蛋来源、雏鸭销售等具体情况制订。在安排孵化计划时，尽量将费时、费力的工作错开进行。例如，入孵、照蛋、落盘、出雏等，不能集中在一起。

2. 孵化室的准备　室内温度20~24℃，相对湿度55%~60%，二氧化碳含量不大于 0.1%，每立方米含尘量 10 mg 以下。检查孵化室通气孔和风机，并在使用前清洗和消毒。

3. 检修孵化机　孵化机使用前需要进行全面检查，包括电热丝、风扇、发电机、密闭性能、控制系统、温度计等的检查。另外，还要预备易损部件，包括门表温度计、水银导电表、照蛋器灯泡、行程开关、微动开关、减速箱、同步电机等。除了对零件进行检查和备份易损零件外，还需要试机。试机内容包括检查温度系统、湿度系统、风扇系统、风门系统、翻蛋系统、冷却报警系统和蛋车。

4. 种蛋预热　冬季或早春时节，入孵前应将种蛋在孵化室停放数小时预热，不仅可防止水蒸气凝结在鸡蛋表面，而且还能使胚胎从静止状态苏醒过来。一般而言，冬季预热 24 h、夏季预热 6~8 h 最佳。

四、孵化期的管理

1. 温度的检查与控制　温度是影响孵化效果最主要的因素，北京鸭最适宜的孵化温度如表 3-1 所示。但需要注意的是，本书中给出的最佳孵化温度只是一个推荐值，具体情况可能会因为品系、季节、贮存时间等因素而发生变化。依照各个孵化组最高孵化成绩的用温方案，不断进行细致调整，就可以筛选出北京鸭最佳的孵化方案。

表 3-1　北京鸭最适孵化温度（℃）

孵化室	1~5 d	6~11 d	12~16 d	17~23 d	24~28 d
23.9~29.5	38.1	37.8	37.5	37.2	36.9

2. 湿度检查与控制　湿度对胚胎内水分蒸发和物质代谢有重要作用，湿度太低会增加胚胎水分蒸发的速度，过高会阻碍水分蒸发的速度，水分蒸发速度过快或过慢对胚胎都是有害的。在整个孵化过程中，要求前期和后期湿度高，中期湿度低。相对湿度一般在 1~8 d 以 80% 为宜，9~16 d 以 60%~65% 为宜，17~24 d 以 50%~55% 为宜，25~28 d 以 70% 为宜。

3. 通风检查与控制　胚胎在发育过程中也存在呼吸作用，吸入氧气，排出二氧化碳，耗氧量随着孵化时间的增加而增加。因此，在孵化过程中必须保证新鲜空气的供给，种蛋周围的二氧化碳浓度不超过 0.5%；若二氧化碳浓度达到 1%，就会出现胚胎发育缓慢、死亡现象。

4. 翻蛋　翻蛋的目的主要是为了防止胚胎粘连，另外有利于胚胎均匀受热,保证发育整齐,出雏一致。全自动孵化机有自动翻蛋装置,可以设定翻蛋时间,一般每1～2 h翻1次蛋即可。需要人工翻蛋的机器必须每2 h进行1次人工翻蛋,翻蛋角度为90°即可。在设置自动翻蛋后,需要每隔一段时间就要检查翻蛋角度和翻蛋次数。

5. 孵化位置检查和控制　试验显示,受精鸭蛋平放的孵化率为83%,而大头朝上的孵化率为73.9%。可以看出,鸭蛋的摆放位置和孵化率有较大关系,建议鸭蛋平放入孵。

6. 晾蛋　晾蛋是打开机门,抽出孵化盘、出雏盘或蛋架车迅速降低蛋温的一种操作。晾蛋能够协助胚胎散热,为胚胎提供新鲜空气。晾蛋与否取决种蛋温度的高低,凡后期胚胎眼皮测温时感到烫眼就应该立即晾蛋。

7. 孵化效果检查　在整个孵化过程中要经常检查胚胎发育情况,以便及时发现问题,调整孵化方案。孵化检查的主要方法有照蛋检查、胚蛋失重检查、出壳检查、死胚蛋的检查和剖检。

(1) 照蛋检查　该方法简单,效果好,是最常用的检查方法。每批蛋在整个孵化过程中共进行3次照蛋。第1次是在入孵后6～7 d,正常胚胎可以观察到气室边缘界限明显、胚胎上浮,隐约可见胚体弯曲,头部大,有明显的黑点;躯体弯,有血管向四周扩散,如"蜘蛛"状;弱胚蛋可见血管色浅,胚体小。第2次照蛋在入孵后13 d,正常胚胎可以观察到气室增大,边界明显,胚胎大,尿囊血管在小头"合拢",包围全部蛋白。第3次照蛋在入孵后24 d或25 d,正常胚胎能观察到气室明显增大,边缘界限更明显,除气室外,胚胎占满蛋的全部空间,漆黑一团,只见气室边缘弯曲,血管粗大,有时见胚胎黑影闪动。

(2) 胚蛋失重检查　孵化时种蛋中的水分会蒸发,蒸发量大小与孵化器的湿度有关。失重速度开始时较慢,后期迅速增加。

(3) 出壳检查　鸭蛋出壳时间为28 d左右,从第一枚蛋出壳到全部出壳的间隔时间不超过40 h。如果死胚比例在10%以下,说明孵化效果良好;如果超过15%,则需要根据3次照蛋的结果确定出现问题的时间。

(4) 死胚蛋的检查和剖检　如果死胚率过高,可以挑选一些死胚解剖,通过胚胎的发育也可以确定问题发生的原因。

五、出雏的管理

1. 落盘　在种蛋发育的第26天把胚蛋从孵化器转到出雏器的过程称为落

盘,具体落盘时间根据第 2 次照蛋情况确定,当鸭胚有 1% 开始啄壳时即可开始落盘。落盘前应提高温度,动作要轻、快、稳。

2. 出雏机的准备　出雏机在装胚蛋前和出雏后都应及时清洗并消毒,在落盘前 12 h 开机升温、加湿,待运转正常且温度、湿度稳定后再进行落盘。出雏机的温度一般比孵化机低 0.3～0.5 ℃,具体实施方式要考虑胚蛋发育程度、室温等因素。

3. 捡雏　雏鸭出壳后,需待 70% 雏鸭绒毛基本干燥才可检出。

4. 人工助产　在出雏后期,有的胚蛋已被啄破,但雏鸭绒毛干燥,甚至与壳膜粘连,壳膜已经发黄的蛋需要人工助产。

5. 清理　雏鸭大批出雏完成后留下的胚蛋可以再一次照蛋,以检出活胚,提高出雏器温湿度进行孵化。

6. 统计孵化成绩　主要包括入孵蛋孵化率和受精蛋孵化率,并进行分析,以便总结经验,提高孵化技术水平。

六、雏鸭的分级和处理

1. 雏鸭分级　为确保初生雏鸭的质量,必须要对雏鸭进行分级和性别鉴定。种用雏鸭除了进行分级选择外,还要进行称重、编号和划分等级。健雏和弱雏的挑选标准如表 3-2 所示。

表 3-2　雏鸭的挑选标准

项　目	健　雏	弱　雏
出壳时间	正常时间	过早或过晚
体重	大小均匀,符合标准	大小不一
绒毛	整洁,长短合适,色素鲜浓	蓬乱污秽,缺乏光泽,绒毛短缺
脐部	愈合良好,干燥,覆盖绒毛	愈合不好,脐孔大,有硬块、黏液或血液,或脐部裸露
腹部	大小适中,柔软	特别膨胀
行为	活泼,反应快	痴呆,闭目,站立不稳,反应迟钝
触感	饱满,挣扎有力	瘦弱,挣扎无力

2. 性别鉴定　性别鉴定能够降低饲养成本,传统的鉴定方法有翻肛法、捏肛法、顶肛法、鸣管鉴定法等。

(1) 翻肛法　是将出生雏鸭握在左手掌中,用中指和无名指夹住鸭的颈部，使其头向外，腹部向上；然后右手大拇指和食指挤出胎粪，轻轻翻开肛门。见到 2～3 mm 凸起物的是公鸭，没有的是母鸭。

（2）捏肛法　用左手托起初生雏鸭，头向下，腹部向上，背靠手心，以大拇指和食指夹住鸭颈部，用右手大拇指和食指轻轻平捏肛门两侧，感觉到有米粒或芝麻大小的凸起物为公雏，否则为母雏。

（3）顶肛法　左手固定雏鸭，以右手食指和无名指左右夹住雏鸭体侧，中指在肛门处轻轻向上一顶，如感觉有小突起，则为公鸭。

（4）鸣管鉴定法　原理是公雏鸣管大，直径为 3～4 mm，呈长柱形，偏左侧。母雏鸣管小，仅在气管分叉处。用左手大拇指抬起鸭头，右手从腹部握住雏鸭，食指触摸颈的基部，如果摸到一颗绿豆大小且能够移动的小突起物的即为公鸭，否则为母鸭。

七、孵化效果分析

1. 孵化效果的衡量指标　见下列公式。

种蛋受精率＝受精蛋总数/入孵蛋总数（受精蛋包括死胚）×100％

受精蛋孵化率＝出壳的全部雏鸭数（包括弱雏和死雏）/受精蛋数×100％

入孵蛋孵化率＝出壳的全部雏鸭数/入孵蛋数×100％

早期死胚率＝入孵至第一次照蛋的死胚数/受精蛋数×100％

一般情况下，肉鸭种蛋的受精率不应低于 87％，孵化率应大于 88％，早期死胚率不得超过 3％，健雏率不低于 92％。

健雏率＝健雏数/出壳的全部雏鸭总数×100％

2. 孵化效果分析　在实际生产中，孵化成绩受多种因素影响，主要有 3 个方面，即种鸭质量、种蛋管理和孵化条件，一个环节出了问题都会导致孵化成绩降低。要求在孵化过程中必须做好详细记录，方便出现问题时进行查找。

第五节　提高繁殖成活率的途径与技术措施

一、雏鸭的特性

雏鸭是指从孵化出壳到 21 日龄的鸭。雏鸭既具有大多数水禽共有的生长和生理特点，也具有雏禽的一些共有特点。因为鸭是一种水禽，所以与雏鸡相比有明显的不同，这种差异也使其在育雏和饲养管理上与雏鸡有所不同。雏鸭的一些特性如下。

1. 生长发育迅速　雏鸭年龄越小，生长强度越高，生长发育的速度也就越快。相比于其他生长阶段，幼雏阶段是鸭相对生长最快的时期，所需要的营养要求也比较高，比其他阶段日粮丰富而全面，饲喂量要确保足够但不能过量。

2. 饲料利用率高　雏鸭的快速生长发育也得益于其高的饲料报酬，料重比达到了 2∶1，是整个生长过程中最高的阶段。因此，做好雏鸭的饲养管理，在维持高生长速度的情况下，可以在一定程度上节省饲料。

3. 调节体温的功能不完善　雏鸭的绒毛稀少而且非常薄，自身调节体温的能力差，对外界环境的变化十分敏感。刚孵出的小鸭比成年鸭的体温低 2～3 ℃，皮下脂肪层尚未形成，保温性能也比较差，故育雏时温度的调节和掌控非常重要。

4. 代谢速度快但采食量小，胃的容积小　雏鸭代谢速度很快，消化谷粒需 12～14 h，其他食物通过消化道经 4～5 h 就有半数从肛门排出，全部食物通过仅需 18～20 h 即可完成。而水分只需 30 min 便可通过。另外，雏鸭没有明显的嗉囊，胃的容积比较小，每次的采食量也少。因此，雏鸭的日粮宜精不宜粗，而且每次要控制好喂量并相应增加投喂次数。

二、影响雏鸭成活率的因素

1. 育雏选择　要选同一时间出壳，眼大有神，体态强壮，行动灵活，羽毛有光泽，腹部柔软，卵黄吸收良好，脐部愈合良好，脚蹼肥润，手摸挣扎有力，叫声响亮，泄殖腔收缩有力和湿润干净的雏鸭来养。弱小雏鸭在育雏时，往往会由于相互叠堆而被压死。选择优良雏鸭是保证雏鸭生长阶段高成活率的基础所在。

2. 温度与湿度

（1）温度　刚出生的雏鸭体格小，绒毛稀，体温调节能力差，抵抗力弱，既怕冷又怕热，对温度和湿度的要求均很严格。温度高虽然对鸭的体温有一定的保护作用，但若过高，则雏鸭张口喘气，散离热源，烦躁不安，扇动翅膀，饮水量增加，机体代谢受到阻碍，会影响生长。在低温环境中雏鸭体温散失较多，需要较多热能来满足其生理需要，因而耗用饲料较多，生长发育速度较慢，饲料利用率降低，并且会受凉感冒，严重时可被冻死。温度适宜时，雏鸭感到舒适，活泼好动，食欲旺盛，羽毛紧凑而有光泽，死亡率最低。

（2）湿度　在一定程度上，湿度也会影响雏鸭的成活率。室内湿度是否适宜可依鸭群状态判断。室内干燥，雏鸭绒毛发脆，脚趾干瘪，容易脱水；室内湿度过大，雏鸭羽毛污秽而稀少，精神沉郁。

3. 饲养密度　密度是指在单位面积内所饲养的鸭只数。饲养密度大小关系雏鸭的生长速度和发育健康情况。适宜的饲养密度是提高育雏效果、减少死亡率的措施之一。饲养密度过小，群体小，温度不易掌握，鸭舍设备利用率太低。饲养密度太大，群体内相互拥挤，极易造成大的应激反应和伤残，以及采食、生长不均等问题，而且空气流通性差，易暴发疾病，因而使雏鸭生长缓慢，发育不整齐，死亡率升高。

4. 饲喂　雏鸭入舍应该先饮水再开食。雏鸭的消化道较短，胃肠容积小，消化机能不健全，故而饲喂雏鸭时，每次不宜过多。若一次喂得过饱，则易造成消化不良。雏鸭胃肠容积虽小但消化速度快，如果喂食次数过少，则会使雏鸭饥饿时间过长，进而影响其生长发育。

5. 光照　雏鸭开食后，采食量小，采食速度慢。为了保证雏鸭有足够的时间去采食和饮水，需要保持足够的光照时间，因此在晚上应该增加人工光照。如果光照时间不足，一是会影响雏鸭营养和水分的摄入量，从而影响其生长发育；二是失去光源会使雏鸭失去保温途径。因此，保持充足的光照，以及随着时间合理地控制光照照度能够保证雏鸭的成活率和体质。

6. 免疫　雏鸭抵抗力弱，免疫器官发育尚不完善，很易受到病原体的侵袭。沙门氏菌病、大肠埃希氏菌病、鸭疫里默氏杆菌病、巴氏杆菌病等都会严重影响雏鸭的生长发育及其死亡率。因此，做好雏鸭的免疫工作，适时接种疫苗非常重要。

7. 卫生和环境　大群高密度饲养时，鸭所处的环境易脏，空气浑浊，鸭粪多而潮湿，易腐臭和滋生蚊、蝇、微生物。这会降低雏鸭的抗病力，提高死亡率。尤其是对于免疫能力弱的雏鸭来说，很容易影响其生长速度。另外，雏鸭胆小，群体性强，容易受外来惊扰（噪声、颜色、陌生人等），轻者表现精神紧张、兴奋不安、惊叫、奔窜，造成食欲减退、体重下降；重者出现骚动、混乱、相互践踏，甚至被压伤、压死。因此，必须注意保持鸭舍的卫生清洁，保持鸭舍及周围环境的安静。

三、雏鸭的饲养管理及其技术要点

根据雏鸭的生理特点及影响其成活率的各个因素，以下列举了雏鸭饲养过程中的具体管理方法及其技术要点。采取合理的饲养管理技术及疾病防控措施能够减少雏鸭的死亡率，增加养殖效益。

（一）做好育雏前的准备工作

在购进雏鸭之前，应备足新鲜优质的全价饲料和青绿饲料。育雏室、鸭舍、运动场、饲养用具及必要的设备需配备齐全，做好运动场和饲养用具的清洁及消毒工作，确保鸭舍的通风保温性能良好，排水通畅。

（二）掌握适宜的温度与湿度

育雏室必须保证适宜的温度和湿度。雏鸭调节体温的能力差，开始育雏时要求室内温度较高，以后随着日龄的增长逐渐将温度降至常温。雏鸭对温度的要求是：1～3 日龄 33～31 ℃，4 日龄 30 ℃，5 日龄 29 ℃，6～10 日龄每天降温 2 ℃，10 日龄 19 ℃，11～15 日龄 18 ℃，16～21 日龄 17 ℃，21 日龄以后保持在 17 ℃左右。一般要求夜间温度比白天高 1～3 ℃。不同的气候条件下升温或降温要以雏鸭的行为表现为准，尽量满足其对最佳温度的要求。

常用的育雏保温方法有以下 3 种。

1. 局部保温伞育雏器　在一张木制或铁制的伞下安装一个热源（如红外线灯泡），在最初几天，保温伞和围篱结合使用。开始时围篱区域小，以后慢慢扩大，通常每个保温伞可以育 400～1 000 只雏鸭。保温伞育雏器育雏是目前广泛采用的育雏方法，只要有电源的地方就可使用。

2. 温室或全舍保温　即采用供热量大的煤炉、电热器材、热烟道或蒸汽管道等热源来提高整个育雏舍的温度，使其达到育雏要求。这种方法保温效果好，但是不可以封闭得太严，应当适当通风透气。如使用煤炭提高温度，则应注意防火和防止煤气中毒。

3. 自温育雏　即利用雏鸭群自身产热进行保温。方法是将雏鸭放入低矮的小容器内，如铺有垫料的木箱或竹筐等，上面和四周适当覆盖布或棉毯，雏鸭在内部活动、采食、饮水。此时，应注意提供光照和通风换气。此法多用于停电或供热设备损坏的情况下，天气寒冷时不适用，而且育雏数量有限。

室内湿度是否适宜，可根据鸭群状态判断。室内干燥则雏鸭绒毛发脆、脚趾干瘪、容易脱水；室内湿度大则雏鸭羽毛污秽而稀少、精神沉郁。育雏室内适宜的湿度：1～10 日龄为 60%～70%，10 日龄后为 50%～60%。

（三）适时调整鸭群的密度并通风换气

雏鸭的饲养密度和分群雏鸭的饲养密度要适宜。饲养密度过大，会造成鸭舍潮湿，空气污浊，引起雏鸭生长不良等后果；饲养密度过小，则浪费空间和设备。饲养密度应该根据育雏舍的构造、饲养设备、通风情况、管理水平，以及不同时间的气候状况来决定（表 3-3）。

表 3-3　各周龄雏鸭饲养密度（只/m²）

饲养方式	1 周龄	2 周龄	3 周龄	4～5 周龄
网上饲养	40～50	20～25	10～15	8～10
地面饲养	20～25	10～15	6～10	6～8

同一批雏鸭，要按其大小、强弱等不同分为若干小群，以每群 300～500 只为宜。以后每隔 1 周调整 1 次，将那些最大的、最强的和最小的、最弱的雏鸭挑出，然后将各群的强大雏鸭合为一群，弱小雏鸭合为另一群。这样各种不同类型的鸭都能得到合适的饲养条件和环境，可保持正常的生长发育。

鸭舍通风能调节舍内温度、湿度，减少有害气体的产生量和病原数量，因此要高度重视与处理好温度和通风的关系。鸭舍通风时的注意事项如下。

（1）要求在保证正常舍内温度的前提下进行通风，如果舍外气温较低，则通风前需将舍温升高 1～2 ℃后再通风，以保证通风时鸭舍内温度正常。

（2）避免贼风直接吹到雏鸭。

（3）避免鸭舍内温度起伏过大，尽可能保持舍内温度均匀及相对恒定，冬季舍内外温差大，有条件的在通风时最好用暖风或让冷空气进入鸭舍前先经暖空气缓冲后再接触鸭体。

（四）适时饮水与开食

育雏要掌握"早饮水、早开食、先饮水、后开食"的原则。雏鸭经过出雏和运输后会散发和消耗掉体内的部分水分，因此要及时补充水分，促进新陈代谢和卵黄吸收，促使胎粪排出，以利于开食和生长发育。通常来说，在雏鸭出壳后 18～24 h 应让其饮水，使它在没有感到口渴时就开始饮水，保证其新陈代谢的正常进行。外运雏鸭应在入舍 0.5～3 h 后饮服含 5% 葡萄糖、0.1% 维生素 C 和适量食盐的温开水（水温 25～30 ℃），以缓解应激、增强体质，同时促进体内有害物质排出。另外，在饮水中加入 0.1% 的高锰酸钾，可以起到胃肠消毒的作用。对部分不能主动饮水的雏鸭要进行人工引导饮水，待全部雏鸭都喝到水后，初饮工作结束。

雏鸭的开食时间最好控制在出壳后 18～24 h。在育雏初期（即 1 周内）要少喂料、勤添料，每天饲喂 6～8 次，并加喂夜餐 1～2 次。每次喂料不宜过多，喂六七成饱即可。对个别不主动走向饲料盘开食的雏鸭，要耐心引诱其去采食，以保证每只雏鸭都能及时吃到饲料。

（五）保证适宜的光照时间

雏鸭出生后 3 d 内，光照时间可保持 24 h，以后每天光照 23 h，可采用 80～100 W 白炽灯泡，光照度一般为 1 W/m²。育雏期光照较强，利于雏鸭熟悉环境、采食、饮水，防止发生挤压等。有时可以故意熄灯 0.5 h，以利于雏鸭适应突然停电的影响。10 日龄后可采用自然光照，如气温适宜雏鸭可多进行日光浴。

（六）疫病预防与控制

要及时更换垫料，清除积水和粪便，对食槽、饮水器勤洗勤消毒，确保空气流通，及时排出鸭舍内的有害气体。同时，采用全进全出制，出售后及时对整个鸭舍及饲养用具消毒。严防应激，雏鸭胆小易惊群，要尽可能保持周围安静，饲养人员工作时动作要轻，态度要温和。定期用消毒剂喷雾消毒场舍。于 7～10 日龄注射鸭传染性浆膜炎疫苗，于 14 日龄和 28 日龄注射禽流感疫苗。疫苗免疫和药物预防应根据当地疫病流行情况和气候环境因素合理制定。疾病发生时要带鸭消毒，病死鸭应按正规程序深埋或烧毁。另外，还需进行灭蚊、灭鼠等工作。

（七）建立健全管理规程

在饲养过程中应当建立健全养鸭管理规程，严格按照管理规程进行饲养管理，如饲喂、换水、铺垫料、清洁卫生等。不同季节、不同天气条件及不同饲养方式都要有对应的管理规程。对于管理良好的鸭场或养鸭专业户来说，按照规定记录鸭舍湿度、温度、饲料消耗、卫生情况、药物应用、生长增重、鸭群数量、死鸭病鸭等指标非常重要。做好这些详尽的记录可以了解鸭群的生产性能，改善饲养管理条件，无论是对雏鸭还是其他生长阶段鸭的科学饲养管理都具有非常重要的意义。

第四章
北京鸭营养需要与常用饲料

　　北京鸭是享誉世界的肉鸭品种，用特定饲料与模式养殖是确保制作正宗北京烤鸭的必要条件。20 世纪以来，广大从业者一方面传承优良经验，另一方面紧跟科学技术的进步，不断推进着北京鸭生产技术的发展。目前，在保持传统饲料的基础上，种类丰富、营养全面、供给精准的饲料使得北京鸭生长发育快、脂肪沉积能力强的特点得到了更好的发挥。北京鸭的生产周期已由 20 世纪初的 60～70 d 缩短至当前的 35～42 d，出栏速度提高了近 1 倍。优良的品种结合特定的饲料及饲喂方式，成就了北京鸭的独特风味，造就了独特的北京烤鸭文化，也推动着北京鸭在"京味畜禽产品"中发挥着领军者的作用。本章对 20 世纪以来北京鸭的饲料营养进行梳理，以期为北京鸭产业的健康、持续发展提供参考。

第一节　北京鸭不同历史时期的饲料

一、民国时期

　　民国时期，养殖者对饲料及营养特点已经有了较为深入的认识。随着生物学、营养学和生理学的研究与实践，养殖者对生命的理解、营养代谢的认识及饲料配制也具有了较高的水平。但是，养殖者对于北京鸭的营养需要及饲料的营养成分多为经验所得。即使如此，我国劳动人民也创造地发展了北京鸭养殖的诸多方法，其严谨、认真的态度更是值得我们学习。

　　民国时期北京鸭自出生至出售最少需要 60 d，通常需要更长时间。其中，育雏期约需 16 d，前期饲喂以水搅拌的玉米粉（民国称玉蜀黍粉）为主，第 4 天后逐渐增加豆类，第 7 天后逐渐增加青菜。育成期（也称嫩鸭期）约 37

d，此阶段北京鸭的饲料来源较为丰富，主要包括粟、高粱、米糠、豆类、绿饵等，按照特定配合率配制即可。之后经 7 d 或者更长时间的育肥，北京鸭即可上市出售。

民国时期北京鸭生长发育周期见图 4-1 所示。

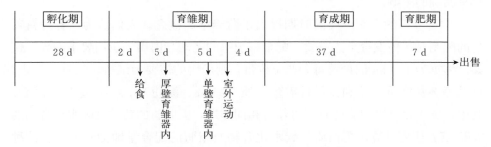

图 4-1 民国时期北京鸭一般生产周期示意

（一）对鸭体组分的认识

民国时期，人们对鸭躯体及饲料的组成有了很深入的认识。鸭体优良与否是由遗传决定的，但遗传性能否充分发挥则视所给饲料与饲养方法的不同而异。鸭体生长、维持体温、保持呼吸、长肉及产蛋，都是由饲料提供能源。鸭体组分分为有机物和无机物两类。有机物又分为含氮素有机物及无氮素有机物。含氮素有机物用以组成蛋白质、胶质和角质。蛋白质主要存在于筋肉血液中，胶质存在于骨与软骨中，角质存在于表皮、羽毛和爪中。无氮素有机物主要为脂肪，形成脂肪组织和结缔组织，存在于皮下。无机物部分总称为灰分，它们形成骨质。因此，饲料的核心就是依其组分与需要而进行相应的配合。

（二）常用饲料与营养特点

1. 对主要营养成分的认识　当时认为，饲料的组成成分为有机物和无机物，有机物分为含氮有机物和无氮有机物。其中，含氮有机物中有其氮素 6.25 倍的粗蛋白质，无氮有机物中包括粗纤维和粗脂肪。无氮有机物中含有淀粉、糖类、糊粉植物酸等，总称为碳水化合物。以上蛋白质、脂肪、碳水化合物被称为营养三要素。无机物中主要包括灰分及矿酸，此外也发现饲料中含有微生物。

民国时期，人们对营养组分的功能也十分明确。据记载，蛋白质具有补血液、长筋肉、形成新物质的功能，是蛋组成的主成分。碳水化合物供给热源，与脂肪相同，能育肥。粗纤维多在植物的茎叶中，难消化，营养性差，但具有促进肠蠕动、加快食物通过的作用。脂肪供给热源（较之同量淀粉发热多2.25 倍）。灰分中磷是组成骨的主要成分，而石灰是卵壳组成的主要成分。当时也已经发现了 6 种维生素，其中维生素 A、B 族维生素、维生素 D 已知对鸭具有明确的影响。

2. 营养率的概念　民国时期提出了营养率的概念。人们认为，各种营养物的配制对鸭体发育至关重要。配合率视鸭的老幼与肉用、蛋用要求而异。例如，体重为 1.5 kg 的母鸭每天产 1 枚蛋，则母鸭的需要为维持、发育、产蛋、运动等必要物质的总和。每日需蛋白质 23.7%、淀粉 11.0%，这就是配合。其中，碳水化合物与脂肪对于身体有相同作用，但脂肪的功效是碳水化合物的2.25 倍，想要计算出蛋白质与碳水化合物及脂肪的配合量即为营养率。此种营养率的算法可依如下公式求之。

营养率＝［可消化碳水化合物＋（可消化脂肪×2.25）］/可消化蛋白质×100%

3. 常用饲料及营养成分　民国时期，北京养鸭仅限于数种主要饲料，以当地农业副产品加以经验配合，十分经济。此时，美国养鸭技术较为先进，使用饲料种类多、配合较为精良，不仅使用谷物类，还使用了肉粉、牛肉、鱼虾等。总结起来，民国时期北京鸭的饲料主要包括高粱、粟、绿豆、黑豆、米糠、小麦粉、玉米粉、白菜、鱼粉、碎米等（表 4-1）。

表 4-1　民国时期北京鸭主要饲料中的营养成分（%）

饲料原料	水分	灰分	蛋白质	纤维	碳水化合物	脂肪
高粱	9.9	1.9	10.5	1.5	71.9	4.3
粟	10.8	3.6	12.1	8.4	61.0	4.1
绿豆	12.28	4.70	42.85	2.91	23.68	13.58
黑豆	11.09	4.55	40.25	3.88	21.97	18.26
米糠	10.10	9.7	12.1	12.4	44.3	11.4
小麦粉	11.1	2.5	26.8	2.2	63.3	4.1
玉米粉	10.4	1.5	8.5	7.9	67.6	4.1
白菜	95.89	0.59	1.27	—	0.08	0.08
鱼粉	10.5	28.1	51.4	—	—	8.3
碎米	9.6	4.9	7.6	9.3	66.7	1.9

资料来源：《北京鸭》（舒联莹著）。

（三）北京鸭不同阶段的饲料特点

1. 育雏期饲料与饲喂

（1）3 日龄前　民国时期，农学小页书《北京鸭》中记载，北京鸭幼雏需置于育雏器中，按雏鸭大小、强弱等分开饲养。出生 38 h 之前可给予适量的水，38 h 后即可开食。其间常以碎而湿的饲料沾于雏鸭身上，以观察到鸭开始啄食饲料时给其少量饲料，或用叩食器引导其啄食。38 h 至 3 d 这一阶段的饲料以煮熟之粟为主，粟用清水浸泡使其松软，并且含一部分水分放置于浅口食器中，饲喂频率为白天间隔 1.5～2 h 给食 1 次，夜晚间隔 2～3 h 给食 1 次，此阶段可不单独给予水分。

（2）16 日龄前　北京鸭 4～6 日龄时，宜逐渐增加绿豆类饲料的喂量。饲喂绿豆时，以粟 2 份、绿豆 1 份为宜，之后可逐渐增加至等份。饲喂次数可通过观察嗉囊而决定。通常情况下，此阶段雏鸭间隔 3～4 h 饲喂 1 次，每天约饲喂 6 次，10 只雏鸭每天需 175～200 g 饲料。7 日龄雏鸭可添加青菜，此时青菜的添加量可占全部饲料的 50% 以上，之后可逐渐增加粟与绿豆的用量。

2. 嫩鸭期（育成期）饲料与饲喂　嫩鸭期的饲料种类多，主要包括高粱、粟、绿豆、黑豆、米糠、小麦粉、玉米粉、绿饵、鱼虾、贝壳、碎米等，但是最常用的为粟与绿豆。实际生产中，针对不同日龄的北京鸭有不同的粟与绿豆配比。

（1）粟　新粟富有黏性，加水少则不熟，加水多则糜烂成团，易黏附上颚而影响摄食，故以 2 年以上陈粟为宜，陈粟加水调制后膨胀、松散。调制方法：将粟置于沸水中，加盖煮沸，持续 2～3 min，停火 5 min，之后继续煮沸 2 min 即可；然后离火约 15 min 启盖倒入饲喂器中搅拌，待完全冷却后喂鸭。

（2）绿豆　调制一次可供 2 d 使用，先将绿豆磨成片，置于调制器中，注入 80 ℃的水，水需没过绿豆表面 6～7 cm（民国时称为 2 寸），再注入少量凉水，可促进绿豆充分膨胀，2 h 后即可取用。调制得较好的绿豆色泽鲜绿、膨胀充分、豆质软嫩、富有香气。

（3）绿饵　通常是菜叶、水草及豆芽 3 种。菜叶是北京居民食用菜心而抛下的外层菜叶。水草主要包括柳叶水草、花叶水草、浮萍 3 种。白菜叶调制时先将新鲜的叶阴干，后剔去腐败部分，数片叠置，切为小长方块。若为水草，则切成 3 cm 长短即可。

3. 育肥期饲料与饲喂　北京鸭饲养至 60 日龄、体重达 1 500 g 时应实施育肥。育肥通常需 2 周时间，最少要育肥 1 周。育肥不仅要增重，保持脂肪生长充分，更要保证肉质及风味鲜嫩、适口。但是，北京鸭育肥为强制育肥，违背鸭的正常生理，易造成病害，死亡率较高。因此，饲料和育肥手法对于北京鸭育肥十分关键，饲养者经验必须丰富，手法务必稳健。

（1）育肥鸭的饲料　育肥期的北京鸭饲料全为粉料，须给予清水，每日约 6 次。饲料为富含碳水化合物的米壳、燕麦粉、米糠或者甘薯、马铃薯等，西方国家也用牛肉粉，绿饵在此阶段不用。法国将燕麦煮粥饲喂，据称可增进食欲及改善肉质。我国一般用粉料制作成杆状的饲料（有人称为"剂子"）育肥，其制作方法如下。

民国期间，北京鸭育肥的饲料通常为小麦粉、高粱粉及黑豆粉 3 种。平均 50 对北京鸭约需小麦粉 6 kg、高粱粉 10 kg、黑豆粉 0.5 kg，配合率为小麦粉 36.3%、高粱粉 60.6%、黑豆粉 3.1%。将小麦粉放于器皿中，注入热水（约 90 ℃），搅拌成糊状后加入高粱粉和黑豆粉拌匀，捏成杆状，每枚重量 41 g。粉料需每日制作，一次制作的粉料最多贮存 2 d。部分饲养者用玉米粉代替小麦粉，效果基本相同，只是鸭体表皮略黄。因此，用于烤制的北京鸭以小麦粉饲喂为宜。

育肥鸭每日投喂 2 次，早、晚 5:00 各 1 次。填鸭时，第一次给量为 7～9 枚，详细观察北京鸭情况，若消化不良，下次酌情减少 1～2 枚。若消化良好，下次可增加 1～2 枚。至第 10 日即可增至 14 枚，此时北京鸭体重可达 2.5 kg。若想得到体重为 3.5 kg 的北京鸭，则最终每次饲喂量应达 18 枚。

（2）填鸭手法　饲养者坐在矮凳上，右手提鸭，展开其双翅，夹于左膝弯处。然后，左手大拇指、食指捏住鸭的头部，中指拉开其口腔，紧压其舌。右手取粉料在水中浸一下，随之填入食道。每填 2～3 枚时，需用右手顺捋颈部，促进饲料进入嗉囊，防止粉料阻塞颈部。通常情况下，填饲 3 d 后鸭的鼻息窒塞发细声，这是填鸭的正常情况。

二、中华人民共和国成立初期

中华人民共和国成立初期，北京鸭饲养趋于专业化，不仅是农户的家庭副业，也出现了专业化企业。在养殖生产方面，随着科学技术的进步，人们对于鸭体的认识不断深入，对饲料特点及其营养成分也有了更为全面的了解，不同生长阶段北京鸭的营养需要也有所发展。但是，受粮食作物产量、种植结构的影响，饲料种类、饲喂方式等方面均有了不同。北京鸭的养殖也出现了改进、创新少的问题，在专业、高效方向进步迟缓。

（一）常用饲料及其调制

1. 常用饲料　此时期北京鸭的主要饲料如下。

（1）黑豆　黑豆主产于北方，价格低廉，是北京鸭的主要饲料。黑豆中蛋白质含量丰富，通常在 45％左右，矿物质含量也丰富。

（2）高粱　高粱是家畜、家禽的主要饲料，为碳水化合物饲料。高粱也含有较多的蛋白质、脂肪及淀粉，含磷及铁也较多。因此，高粱是可以使北京鸭既长肉又长油的好饲料。北京鸭多喂熟高粱。

（3）玉米　玉米是主要的粮食作物，价格较高，在中华人民共和国成立前很少作用饲料。因为玉米富含淀粉、脂肪和维生素，味甜适口，所以是欧美各国饲养畜禽的最主要饲料。中华人民共和国成立后，也仅以品质较差的玉米用作饲料。同时，养殖者也认识到玉米中缺少某些必需氨基酸和矿物质，必须和其他饲料混合使用。

（4）小麦渣　小麦渣是面粉厂的副产品，在磨粉前筛选淘洗掉干瘪及被虫蛀的麦粒，这些麦粒也含有很多野草籽实、土块、砂粒等。饲料成分不固定，质量不一。在中华人民共和国成立初期，其成分虽未经分析，但作为饲料来讲是比较经济。

（5）土粮食　土粮食是收打粮食或粮食市场掉落在地上然后被扫起来的粮食。内含许多砂石、土块，各种粮食都有，人畜利用均不宜，因此多用来喂鸭。

（6）仔鱼　仔鱼是一种小鱼干，富含蛋白质，可以增加产蛋量，一般在鸭销路好时使用。

（7）河虾　北京四郊河沟濠坑很多，出产的小虾不仅营养丰富，而且是一种价廉物美的饲料，经常有人专门打捞出售。

（8）水草　水草主要有虾藻（柳叶草）、眼子菜、金鱼藻、灯笼草、黑藻、浮萍等，含有丰富的维生素及矿物质，是北京鸭不可缺少的青绿饲料。水草产在河渠中，北海、中南海、昆明湖有人专门打捞。如缺少水草，则对鸭产蛋的影响很大。

（9）白菜　多在冬季缺少水草时使用，主要为白菜帮。白菜多汁味好，矿物质含量高，能刺激鸭的食欲，促进其生长。

（10）豆芽皮　豆芽皮是培养豆芽时的一种副产品，内含有维生素及矿物质，也是优良的青绿饲料代用品。

2. 饲料调制　生物有机体需要的营养物质多种多样，需要多种饲料配合使用。北京鸭很早就使用了多种饲料混合饲喂的方法。中华人民共和国成立初期，北京鸭最常使用的饲料是黑豆、高粱、玉米、小米及麦渣。这几种饲料在平常饲喂时有一定的比例：黑豆 30%～40%，玉米 60%，高粱 10%。当然，比例随鸭年龄、季节及产卵情况的变化而变化。在冬季，玉米和黑豆的量应当多一些；夏季玉米和黑豆的量就要相对减少，而小米和麦渣的量相对增加。产蛋旺盛期要增加黑豆和小米的喂量，甚至补充鱼虾。

为了提高鸭对饲料的消化率，饲料在饲喂前要经过简单的调制。北京鸭所用饲料多为粒料，最主要的调制方法为煮熟或浸泡，尤其是黑豆必须要煮熟。水草、青菜也必须切碎后才能饲喂。

但应当指出的是，在中华人民共和国成立之前北京鸭的饲养方法是比较科学和先进的；但之后，饲养技术逐渐得到了发展，却仍墨守成规，饲养方法未加改良，饲料多为粒料。同时，几种饲料的配合比例也较粗放，没有注意矿物质的补给，不利于产蛋。饲料多为细粮，价格高、不经济。

（二）雏鸭的饲料与营养

中华人民共和国成立初期，北京鸭育雏多采用大规模专业化的人工育雏法，北京鸭的生产是循环流水作业方式，立体化育雏，这一点进步很大。在饲养方面，所使用的饲料按雏鸭年龄和需要配合饲粮。

北京雏鸭的饲养时间为 60～70 d，此期间内又分两个时期，即育雏期（20～25 d）和中雏期（40～45 d）。中雏期以后即进行填鸭，然后出售。

1. 育雏期的饲养

（1）饲料种类　过去北京鸭育雏期主要使用 3 种饲料：小米、绿豆和水草，一直到中华人民共和国成立时期都很少变更。

① 小米　小米是我国北方主要的杂粮作物，气味芬芳、适口，可消化养分很丰富，蛋白质含量较玉米的高，也含有一定量的矿物质及维生素，是雏禽最适宜的饲料。小米喂前要适当调制，方法是将小米用焖饭的方法煮熟，软硬

适度，约七八成熟即可，即所说的"横口食"。煮时锅内水最好能没过小米3 cm，火力也不要太强，要经常移动锅，当锅内飘出香味时，大概已到七八成熟。为了减少黏性，北京"鸭子房"曾喜欢用"陈粟""仓谷"或张家口西北地区出产的小米。这种小米黏性小，最宜饲喂雏鸭，同时价格也比较便宜。

② 绿豆　在育雏期间，绿豆是绝不可少的饲料。雏鸭吃后发育速度快、肉嫩、毛色有光泽。绿豆调制好后有一种香味，可以刺激鸭的食欲，促进其生长。喂前将绿豆破碎成2～4瓣，用水浸泡，当豆瓣充分涨开并散发出香味时即可。浸泡的时间因水温和季节的不同而不同。水温为80～100 ℃时约浸泡2 h，用冷水浸泡则需4～8 h。

③ 水草或青菜　北京鸭可采食的水草主要包括虾藻、叶藻、黑藻、金鱼藻、灯笼草、浮萍等。这些水草盛产于颐和园内的昆明湖、北京城内的北海、城垣附近的河渠内。当水草缺乏时，可多投喂大白菜。但白菜水分含量太高，不宜多喂，以免发生腹泻。水草及青菜喂前都必须切碎，雏鸭年龄越小越应切得更碎。

（2）饲喂方法　雏鸭孵出后，即移至草囤子中，放在温度较高的地方，过24 h左右再开始喂食，不要太晚或太早。开食后前2 d仅投喂小米饭，将小米饭放在陶土制的浅盘中，然后放在草囤子内。开始最好教鸭吃食，用盆饲喂或将少许饭粒沾在雏鸭的毛上，雏鸭看到后即啄食。这种方法称为"弹毛食"。开食后的前2 d要将浅盘放在草囤内，让雏鸭自由采食，所以又称为"蹲食"。

从第3天起不再草囤内饲喂，而定时将饲料放在大木盆内，同时慢慢增加少许绿豆及青绿饲料。在喂食时经常检查雏鸭嗉囊的饱满程度，既不能让其过饱，也不能让其欠量。每次饲喂的时间约为5 min，不能太长。假如任其自由采食，则雏鸭会喜食绿豆而剩下小米，因此应当养成雏鸭不挑食的习惯。

日粮内小米饭、绿豆瓣和水草的比例，随雏鸭年龄的不同而不同，但均要现喂现配。育雏期鸭各阶段饲料的配制比例见表4-2。

表4-2　育雏期各阶段饲料配制比例（%）

日龄（d）	精饲料	青绿饲料
1～5	80	20
6～10	70	30
11～15	60	40
16～25	50	50

给雏鸭饲喂的都是熟食，含水分很多，前 2 d 无需给水，以后每次喂食后，将雏鸭移至另一木盆中，盆内放水，水深 2～3 cm，供鸭洗浴，同时饮水。

2. 中雏期的饲养 雏鸭经育雏期后，即进入中雏期，此时体重为 250～300 g。中雏期是雏鸭生长最迅速的时期，此阶段要求雏鸭长骨架和肌肉，不希望长脂肪。因此，在饲料的种类方面及各种饲料配合的比例方面都有变化。绿豆逐渐被黑豆替代，小米逐渐换成玉米、小麦渣或其他土粮食。水草及青菜的喂量也应大大增加。

黑豆中的脂肪含量丰富，饲喂量要适宜，过多饲喂易使雏鸭长脂肪。同时，黑豆在饲喂前要磨碎和煮熟。玉米中的脂肪及碳水化合物含量均较高，因此饲喂量不宜过多；玉米粒大，喂前也需要破碎，然后煮熟。小麦渣是一种很好的饲料，价格便宜，用它来弥补黑豆和玉米的缺点很合适，使用前也应该煮熟。饲料中青绿饲料与精饲料的比例最高可达到 7：3。

精饲料与青绿饲料的比例随雏鸭年龄的不同而不同，在 40 d 左右时青绿饲料的喂量达到最高峰，以后慢慢减少，精饲料喂量则相对增加。各时期的比例见表 4-3。

表 4-3　中雏期各阶段饲料配制比例（％）

日龄（d）	精饲料	青绿饲料
21～30	40	60
31～40	30	70
41～50	40	60
51～60	70	30

在此期间，每天每只鸭平均饲喂精饲料 120 g，青绿饲料 120～150 g。中雏期 45 d 每只鸭共需精饲料 5 500 g，青绿饲料 5 500～7 000 g。

（三）填鸭的饲料与营养

填鸭是一种特殊的强制给鸭育肥的方法。育肥鸭的目的主要在于改进肉的品质，在较短的时间内迅速增加鸭的体重，增加养鸭人的经济收益。我国劳动人民在长期的养殖实践中总结出北京填鸭这一特色育肥方式。经过填肥的鸭，其肌肉纤维间均匀地分布着脂肪，且脂肪为白色，肌肉为红色，两者相间构成了美丽的花纹，这就是一般所说的"间花"，同时在皮肤下也填满一层厚厚的脂肪。未育肥的鸭，就没有这种现象。北京烤鸭之所以鲜嫩、多汁、适口，与鸭的填肥有分不开的关系。现将中华人民共和国成立时期填鸭常用饲料及饲料的调制与配合加以总结。

1. 常用饲料　育肥用的饲料应以碳水化合物饲料为主，并要注意蛋白质的供给。饲料影响肉的品质、外观，使用时也应当注意。中华人民共和国成立时期北京填鸭最常用的饲料有以下几种。

（1）土面　土面是面粉厂磨粉时飞扬遗落在地上后经收集起来含有一部分尘土的面粉。土面价格低廉，是当时填鸭最主要的一种饲料。土面的品质差异很大，有时可能由数种面粉组成。平常用土面填鸭时的使用量占饲喂量的50%～70%。

（2）荞麦面　荞麦面营养价值高，是一种很好的育肥饲料，但被鸭采食后易上火，因此夏季应注意用量，平常使用量占填料的30%。

（3）高粱　高粱中的碳水化合物和蛋白质含量高，可用于北京填鸭长油长肉。高粱多用粒料，具有吸水作用，使填饲料软硬适中，同时延长在鸭肠道内的消化时间，占比约3%；也可以使用高粱面，约占饲料的15%。

（4）黑豆　黑豆富含脂肪，同时蛋白质含量最高。为了使鸭增重速度快，或填大肥鸭，有时也用一些黑豆。黑豆用前经破碎煮熟后混于料中，配合比例为3%左右。

（5）大米糠　填鸭有时也使用一些大米糠，其含有较丰富的蛋白质、脂肪及矿物质，但含纤维也很多，因此用量不能太多，否则会影响填肥效果，用量约占饲料的15%。

（6）高粱糠　细糠成分与大米糠相同，过去很少使用，用时占饲料的25%～30%。

（7）玉米粉　北京鸭的皮肤为白色，假如填肥时采用黄玉米，则可使皮肤颜色变为黄色。故作为烤制鸭原料的北京鸭不采用玉米粉填饲，必须采用时添加量不应超过10%。

中华人民共和国成立时期，全聚德烤鸭店的师傅介绍，日本人将鸭分为4组，采用不同的饲料做过试验，结果表明用土面和高粱面混合起来填肥的效果最好，但没有文献可查。

2. 饲料调制　填鸭用的饲料绝大部分是粉料，为了更容易消化，还应用沸水将其烫熟。中华人民共和国成立后的一段时间，填鸭用的饲料仍需制作成"剂子"，用于北京鸭育肥。剂子的调制方法如下。

将配合好的饲料放于大缸或盆中，混合均匀，注入沸水，急速搅拌成稠糊状，再加入少许高粱粒。停留片刻，当高粱粒及面被水充分浸入后，面即变成软硬适度。面与水的比例大致为 1:(0.5~1)。烫面需要技术和经验，面的软硬度影响剂子制作的速度。面太软，做出的剂子也软，填鸭不容易，鸭吃后易饿；面太硬，易伤害鸭的嗓子。面烫好以后，用力揉搓，然后做成一团一团的，在两手掌中搓成长 4~5 cm、粗 1.5~2 cm 的棒状，俗称"剂子"。做剂子时手应沾一点水，这样可避免面沾手，增加做剂子的速度，同时做出的剂子表面光滑，容易填喂。剂子应为圆形，两头钝齐。每 20 个剂子重 500 g，500 g 干面可做 30 个剂子。

剂子应当每天做，冬天可 2 d 做 1 次。如果搁置时间长，则剂子表皮会干裂，填饲时易伤害鸭的嗓子，引起发炎。做剂子完全为手工，每分钟可做 15~18 个。中华人民共和国成立后西郊农场有发明制作剂子的机器模型，每分钟可做剂子 5 000 个以上。

三、改革开放以后

20 世纪 80 年代，随着我国的逐步开放，饲料工业起步，科学技术也逐步应用到养殖生产中，北京鸭的饲养有了较大进步。主要表现在两个方面：一是动物营养学的进步极大地促进了北京鸭饲料的配制水平；二是机械化、工厂化技术在饲料工业和养殖生产中的应用发展迅速，极大地促进了北京鸭的营养配制水平和饲喂水平。北京鸭的养殖已经呈现出专业化、机械化、现代化、科学化等特点。

（一）常用饲料与营养需要

1. 常用饲料　随着动物营养学的进步，人们对于饲料的营养成分有了深入的了解，对营养成分的认识深入到蛋白质、氨基酸、维生素、酶等，更为关键的是将此应用到北京鸭的饲料配制中。在实际生产中，把饲料分为能量饲料、蛋白质饲料、维生素饲料、矿物质饲料等，并以机械化生产配制北京鸭饲料，不仅提高了效率，而且饲料质量也得到了明显提高。

在实际生产中，常用的能量饲料包括玉米、麦类（大麦、小麦、黑麦、燕麦）、稻米、其他禾本科谷物、糠麸类、块根块茎、瓜薯类。常用的蛋白质饲料有豆饼、豆粕、花生饼、芝麻饼、其他油籽饼（向日葵籽饼、棉籽饼、亚麻仁饼、菜籽饼等）、鱼粉、骨肉粉、血粉、羽毛粉，以及其他动物性饲料（蚕蛹、河虾、鱼虫等）等。维生素饲料也不仅仅为天然的青绿植物，人工合成的维生素也较为广泛地应用到北京鸭的养殖中。天然的维生素饲料包括青菜、青草、胡萝卜、水草、浮萍等。矿物质饲料则包括骨粉、贝壳粉、蛋壳粉、石粉、碳酸钙、磷酸钙、食盐等，这些均为鸭体需要的常用矿物质饲料。

2. 北京鸭的营养需要量　饲料配制的进步得益于对北京鸭营养需要的研究。20 世纪 80 年代，人们对于北京鸭的营养需要量有了进一步了解，并且制定了详细的北京鸭营养需要量。

（1）能量需要　鸭是恒温动物，不管外界环境的温度如何变化，它都能通过自身的调节作用来保持体温不变。鸭维持机体的基本生命活动时需要消耗能量，呼吸循环、血液循环、维持内分泌水平、维持肌肉紧张等生理活动时也需消耗能量，这些维持正常的生命活动所需要的能量称为维持能量或维持需要。鸭采食的营养物质中的能量如果和维持需要相等，则仅能维持鸭的生命，不能生产产品——长肉、产蛋、配种、繁殖等。只有当采食的营养物质中的能量超过维持需要时，超过的那一部分才能用于生产产品。此时，从业人员亦了解北京鸭是以能定食的禽类，因此饲料中能量与蛋白质及其他营养物质之间的适宜比例十分重要。

（2）蛋白质需要　蛋白质是构成鸭体各部分组织器官的主要成分，在鸭体内部其他物质不能转化为蛋白质，因此蛋白质是鸭体维持生命和生产的重要物质。合理利用蛋白质饲料，对发挥鸭的生产能力、提高经济效益具有重大意义。

蛋白质由多种氨基酸组成。有些氨基酸在动物体内可以合成，或者可以由其他氨基酸转化代替，有些必须从饲料中获得，即分为非必需氨基酸和必需氨基酸。北京鸭养殖的必需氨基酸有 12 种，即蛋氨酸、苏氨酸、赖氨酸、色氨酸、组氨酸、精氨酸、异亮氨酸、亮氨酸、苯丙氨酸、缬氨酸、甘氨酸和胱氨酸（其中，胱氨酸可由蛋氨酸转化代替）。同时，鸭体各种组织的蛋白质都是由各种氨基酸按照一定比例合成的，必需氨基酸不仅供应数量要充足，而且比例要合理，北京鸭的第一限制氨基酸为蛋氨酸。

20 世纪 80—90 年代北京鸭对能量和蛋白质的需要量见表 4 - 4。

表 4 - 4　20 世纪 80—90 年代北京鸭对能量和蛋白质的需要量

营养成分	雏鸭 (0～3 周龄)	生长鸭 (4～8 周龄)	填 鸭	后备鸭	种鸭 (24 周龄以后)
代谢能（kcal*/kg)	2 800～3 000	2 800～3 000	3 000	2 600	2 700
粗蛋白质（%）	21～22	16～17	14～15	14.5	17
赖氨酸（%）	1.1	0.83	0.75	0.53	0.80
蛋氨酸（%）	0.4	0.30	0.27	0.20	0.28
蛋氨酸＋胱氨酸（%）	0.70	0.55	0.50	0.46	0.60
色氨酸（%）	0.24	0.18	0.16	0.16	0.19

注：* 非法定计量单位，1 cal≈4.186 J。

资料来源：刘序详和王馨珠（1989）。表 4 - 5 和表 4 - 6 资料来源与此同。

（3）维生素需要　人们认识到，维生素是动物新陈代谢过程的媒介和某些酶的辅基，对维持生命、生长、发育、繁殖等生理功能的发挥至关重要。维生素在饲料中的含量虽然很少，但却有很重要的作用。体内维生素不足时，鸭代谢严重紊乱，正常的生理功能受到破坏，生长发育迟缓，繁殖性能下降，对疾病的抵抗力降低，易导致维生素缺乏症。

现阶段，已知鸭所需要的维生素有 13 种，按其在液体中溶解的特性分为脂溶性维生素和水溶性维生素两大类。维生素 A、维生素 D、维生素 E、维生素 K 为脂溶性维生素，它们必须溶解于脂肪中才能被鸭消化和吸收。维生素 B_1、维生素 B_2、维生素 B_3、维生素 B_6、维生素 B_{11}、维生素 B_{12}、烟酸（PP）、生物素（H）和胆碱被称为水溶性维生素。采用机器搅拌混合维生素时，也应该分两级拌和，即将维生素先用少量饲料充分拌和均匀预混后，再加到搅拌机中，进行拌和。

20 世纪 80—90 年代北京鸭对维生素的需要量见表 4 - 5。

表 4 - 5　20 世纪 80—90 年代北京鸭对维生素的需要量

营养成分	雏鸭 (0～3 周龄)	生长鸭 (4～8 周龄)	填 鸭	后备鸭	种鸭 (24 周龄以后)
维生素 A（IU/kg）	4 000	4 000	4 000	3 000	4 000
维生素 D_3（mg/kg）	400	400	400	300	500

（续）

营养成分	雏鸭 （0～3 周龄）	生长鸭 （4～8 周龄）	填　鸭	后备鸭	种鸭 （24 周龄以后）
维生素 B₂（mg/kg）	4	4	4	4	4
泛酸（mg/kg）	11	11	11	11	11
烟酸（mg/kg）	15	15	15	12	40
维生素 B₆（mg/kg）	2.6	2.6	2.6	2.5	3.0

（4）矿物质元素需要　　钙是骨骼和蛋壳的主要成分。如果缺乏，鸭会出现软骨症，导致生长迟缓；产蛋鸭会产薄壳蛋，并导致产蛋率下降。钙在代谢过程中也有重要作用，血液中含有一定浓度的钙离子，有维持肌肉、神经和心肌正常活动，调节体内酸碱平衡的作用。缺乏时会导致代谢病，甚至死亡。

磷对鸭的骨骼和体细胞的形成，体内营养物质的转化和利用及蛋的形成都有重要作用。鸭的消化道短，饲料在其中的停留时间短。植物中的植酸磷难于溶解，故消化吸收能力差。年龄越小的鸭对植酸磷的利用率越低，通常雏鸭只能吸收利用植酸磷的 30% 左右。植物性饲料含磷总量中能被鸭吸收利用的那一部分叫做可利用磷。

鸭需要的微量元素很多，在饲料中可能引起不足而需要考虑补充的微量元素有锰、铁、铜、锌、钴、碘、钴、硒等。鸭对这些元素的需要量很低，但其作用却很大。微量元素需要量极微，必须按鸭营养标准规定的含量在饲料中直接添加，防止过量添加而中毒。

饲料中加入微量元素的具体做法和加入维生素的方法一样，应采用分级拌和的方式，一定要拌和均匀，以便使每只鸭都能比较均匀地食入微量元素。同时，也可防止一些有毒微量元素化合物（如亚硒酸钠）因拌和不均匀致使少数鸭食入过量而中毒。

20 世纪 80—90 年代北京鸭部分矿物质元素需要量标准见表 4-6。

表 4-6　20 世纪 80—90 年代北京鸭部分矿物质元素需要量标准

矿物质	雏鸭（0～3 周龄）	生长鸭（4～8 周龄）	填　鸭	后备鸭	种鸭（24 周龄以后）
钙（%）	0.8～1	0.7～0.9	0.7～0.9	0.8～0.9	2.75～3.0
可利用磷（%）	0.5～0.7	0.4～0.6	0.4～0.6	0.5～0.6	0.5～0.6
食盐（%）	0.35	0.35	0.35	0.35	0.35
锰（%）	40	40	40	30	50
镁（%）	500	500	500	350	500

（二）北京鸭不同阶段的饲料特点

1. 育雏期饲料　北京鸭雏鸭的生长速度十分迅速，因此必须要提供充足的饲料营养物质，才能满足其生长发育的需要。关于饲料营养水平，已在前面述及。饲养雏鸭最好采用直径2～3 mm的颗粒料，1周内的雏鸭最好喂给破碎料。在没有颗粒料的情况下，可以喂给混合粉碎饲料。小型鸭场可采用食盘给料，第1周龄每昼夜饲喂8次。以后每周减少1次，至第4周每天饲喂5次，每次饲喂时用少量的水将粉碎料拌湿，每千克饲料约需水0.3 kg，拌成半干半湿的状态，均匀地撒在食盘中饲喂。

青绿饲料（优质牧草、水草、菜类等）质量较好，来源有保障的小型鸭场或个体养鸭户可以在饲料内掺喂青绿饲料，以代替或部分代替维生素添加物。青绿饲料饲喂前需洗净、切碎，拌在粉碎的精饲料内。同时，所用青绿饲料必须新鲜，要现切、现拌、现喂。青绿饲料拌入量应随鸭龄而逐渐增加，1～2日龄的雏鸭不要饲喂青绿饲料，第3天可掺极少量切细的青绿饲料，1周龄掺入量为精饲料的20%，2周龄增至30%，直至青绿饲料与精饲料的比例达到1∶1。

2. 育成期（或称生长期、中鸭）饲料　4周龄以后至7～8周龄这个阶段的鸭称为生长鸭或中鸭，鸭由育雏舍转到生长鸭舍进行饲养。此时鸭相对增重速度较雏鸭阶段慢，但是绝对增重速较快。通常4周龄的鸭体重为1 200 g，育雏期平均日增重为41 g，8周龄体重可达2 750 g，生长鸭阶段平均日增重达55.4 g。这个阶段的鸭不仅体重增速度快，同时骨骼、肌肉、羽毛生长速度也很快，所以需要给鸭提供充足的营养、清洁的环境和适当的运动场地，以促进骨骼、肌肉和羽毛生长。

这个阶段的鸭最好采用直径为3～5 mm的颗粒料。干粉状混合料也可以，不过采食量没有颗粒料的大，而且粉状饲料易散落浪费，故鸭的生长速度和饲料转换率均比采用颗粒料的低些。

3. 育肥期饲料　填饲一般在40～42日龄、体重达1.7 kg以上时进行。在饲养条件差的养殖场，有时需要45～49日龄，体重才能达到1.6 kg，这时也必须填饲。

填饲用的饲料应当含有较高的能量（每千克12 558 kJ左右），能量蛋白比为190～200。所用的饲料必须粉碎得较细，以便调制后能顺利地通过唧筒

（填鸭时用的泵）吸进和压出饲料。由于填饲用的饲料主要是玉米，加水调制后容易沉淀，故饲料中必须含有一定量的能起粘连作用的粉状料，通常为土面，它在饲料总量中应占 10%～15%（表 4 - 7）。由于填饲是人工塞入的饲喂方法，鸭对饲料没有任何选择的机会，饲料中的有害异物也会随之塞进食道，损伤鸭的消化道和其他内脏，造成伤亡。因此，必须把有可能混入尖利异物（铁钉、竹刺、尖玻璃或金属物等）和不易消化并能堵塞消化道的杂物（麻绳、毛发等）的饲料进行过滤，以除去有害杂物。

表 4 - 7 20 世纪 80—90 年代填鸭饲料配方示例

成分	玉米	大麦	小麦面粉	麸皮	鱼粉	骨粉	碳酸钙	食盐	豆饼
配比（%）	59.0	4.8	15.0	2.2	5.4	1.9	0.4	0.3	11.0

这一时期，填鸭已经不用特定制作成条块状或者圆柱形的饲料（又称剂子），而是粥状的饲料。饲料是按配方配制好加水搅拌成的黏稠样物质，料和水的比例约为 1:1。填饲料应在填饲前 1 h 加水浸泡，并保持合适的温度，将饲料泡软，这样饲料易搅匀和易消化。每次浸泡的饲料要一次用完，以免发酵变质。

同时，填鸭也基本使用机器操作，生产中多种多样的填饲机已经出现并应用。

4. 生产鸭肝时的饲料　北京鸭具有较好的产肥肝性能。用普通育成鸭生产肥肝，成绩好但耗料多，获得的肥肝多属重量 400 g 以下的二三级肝。然而，用淘汰的种鸭生产肥肝，虽然肥肝也多属二三级肝，但无需特定培育，综合成本较低。20 世纪 80 年代，一般用 35 kg 玉米就可获得 1 kg 肥肝，当时售价可达 30～40 元。每只鸭填饲耗料玉米约 9 kg，填饲后体重增加约 1.9 kg。

用于填饲的鸭必须有 90～100 日龄及以上。生产鸭肝的饲料主要包括颗粒料和粉料，其调制和填喂方法如下。

（1）整粒玉米　填饲前必须用热水煮沸 5 min 左右，捞出后立即加入干料重量 1%～2% 的脂肪，以起到润滑作用，促进颗粒料进入嗉囊内，同时也增加饲料的能量。之后加入 0.5%～1% 的食盐，趁热拌和均匀，在料温不烫手时倒入填饲漏斗内。每隔 8～10 h 填饲 1 次，每天填 2～3 次。填饲常用金属螺旋填饲管。

（2）粉碎玉米（玉米粉）　填饲前按 1 份玉米粉加 0.8～1 份水的比例，加

0.5%～1%的食盐拌匀，如能加入1%～2%的动物油脂，则可增加饲料的能量，填饲效果会更好。但玉米粉不如玉米粒那样需要油脂作滑润剂，故不加油脂不影响填饲，这是填饲玉米粉的一个优点。玉米粉加水后体积较大，虽然填饲量受到影响，然而粉碎后的玉米消化速度较快，故可每隔6 h填饲1次，每天填饲4次。填饲方法与普通填鸭完全相同，只是由于料拌得较稠，填饲速度要慢一些。通常半番鸭填饲期为3～4周，平均体重达4.8 kg；淘汰的北京鸭填饲3周，平均体重可达4.5 kg。

第二节　现代北京鸭的饲料与营养

20世纪末至今，我国肉鸭产业的发展特点是：一方面迅猛发展，但同时更受到了国外肉鸭品种的猛烈冲击，北京鸭市场份额急剧缩小。另一方面，我国科研和养殖人员积极开展北京鸭全方位的研发与实践，在北京鸭科研与养殖方面取得了不少进步，主要表现在：一是肉鸭养殖机械化、集约化、专业化、精准化水平不断提高；二是对北京鸭营养需要的研究日趋深入，发布了我国的肉鸭饲养标准；三是饲料工业发展迅速，肉鸭饲料发展较快；四是丰富和发展了北京鸭的饲养方式和育肥方式，北京鸭的生长周期大幅缩短，生产效率大幅提高；五是对北京鸭的生理特点更加了解，对饲料营养了解得更加透彻，营养调控在分子甚至基因水平得到了部分实现。下面就将现代北京鸭的营养需要和常用饲料与日粮作详细介绍。

一、营养需要

（一）各阶段的生理特点

1. 育雏期　0～2周龄为北京鸭育雏阶段，此时北京鸭的特点有：一是雏鸭羽毛快速生长，具有一定的抗寒能力，但抗寒能力差，对环境温度的变化敏感；二是活泼好动，代谢旺盛，生长发育速度快；三是免疫器官不断发育，免疫功能不断提高但仍不完善，抗病能力低；四是消化器官部分发育，肌胃功能仍然较差。

针对育雏期北京鸭的上述特点，在营养需求方面，要注意：一是重视维生素、矿物质等与抗体生成密切相关营养素的供给，确保满足雏鸭生长过程中的免疫需求；二是提供均衡全面的营养，为雏鸭体重的快速生长、器官组织的快速发育、骨骼和羽毛的快速生长等提供营养物质。

2. 生长期　3～5周龄为北京鸭的生长期，此阶段肉鸭以骨架、腿肌、胸肌生长为主体。北京鸭在生长期的生长速度十分迅速，每日平均增重可达到100 g以上，因此应十分重视此阶段北京鸭对饲料营养的需求。

针对生长期北京鸭的上述特点，其营养需求要注意：一是为生长期北京鸭的快速生长提供充足的能量；二是提供充足的蛋白质、矿物质、维生素等营养物质，并且要注意营养物质间的合理比例，在为北京鸭提供充足营养的同时，防止不良症状的发生。

3. 育肥期　第5或者第6周龄为北京鸭的育肥期。此阶段肉鸭以胸肌和腿肌生长为主，以胸肌生长速度较快。北京鸭在育肥期的生长依然迅速，平均日增重可达到70～80 g。因此，应特别重视此阶段的营养需要。

填鸭是中国北京鸭独特的生产方式，产品用于加工烤鸭。填鸭所用饲料为粉料，填饲期一般为7 d。填鸭的营养需求应特别注意能量供给。填鸭饲料中的70%～80%为能量饲料，以玉米、高粱、面粉为主，10%左右为糠麸类，8%为油饼类，其余为矿物质饲料。

目前，北京鸭免填技术也实现了较好的效果。通过品种改良，结合饲料合理调制，北京鸭在自由采食的条件下，其皮脂沉积也可达到北京烤鸭的品质标准。

（二）主要营养物质需求

1. 能量需要　北京鸭的一切活动，如呼吸、心跳、血液循环、生长、体温调节、神经传导、肌肉活动、生产产品、使役等都需要能量。能量是鸭最重要的营养物质，主要来源于饲料中的碳水化合物、脂肪和蛋白质三大养分中的化学能，其中碳水化合物是最经济的能量来源。鸭的能量需要量以代谢能表示，是饲料总能减去粪能、尿能，以及消化道可燃气体的能量后剩余的能量，其中鸭产生的可燃气体可忽略不计。

鸭的能量需要量主要由维持需要、生产需要和环境温度决定。维持需要和生产需要是实际估算肉鸭代谢能需要量时的主要因素，环境温度影响北京鸭的能量需要量和采食量。一般而言，两者随环境温度的升高而降低，因而北京鸭日粮应根据环境温度变化调整其能量水平。

北京鸭是以能为食的动物，有较强的饲粮能量浓度适应性，可以根据饲粮能量浓度来调节采食量。饲喂高能饲粮时，北京鸭的采食量减少，这虽满足了其对能量的需要，却降低了蛋白质及其他营养物质的绝对食入量进而影响生长速度和产蛋量。饲喂低能日粮时，北京鸭的采食量增加，但会出现北京鸭饲料转化效率显著降低的现象。北京鸭肉鸭日粮的适宜能量浓度为 12 133～12 552 J/kg。

2. 水分需要　水分是鸭体的重要组成成分。鸭体内含水量约 75%，成年鸭体内含水量为 60%～65%。其中，鸭肉和骨骼中的含水量在 45% 以上，鸭蛋和血液中的含水量在 70% 以上。

水是北京鸭必需的营养物质之一，水能维持鸭体温正常。因此，无论从营养需求，还是代谢需求，以及生活习性方面，北京鸭都需要充足的水。鸭饮水不足可导致采食量下降、生长减缓。清洁水的持续供应是北京鸭正常生长的关键。北京鸭的饮水量与采食量、日粮类型、饲养方式及季节温度密切有关，通常饮水量为采食量的 4～5 倍。

3. 蛋白质需要

（1）蛋白质的结构与功能　蛋白质是由蛋氨酸、赖氨酸、色氨酸、苏氨酸等 20 多种氨基酸按一定顺序排列组成的，具有一定空间结构和特异功能的生物大分子。鸭体内一切组织器官都含有蛋白质，且以蛋白质为主要组成成分和功能成分。在鸭体内，几乎所有的酶和肽类激素均为蛋白质，参与调节体内物质代谢、机体生长发育、繁殖等各种功能。各类抗体是蛋白质，能发挥保护机体、抵抗疾病侵袭的作用。蛋白质参与各种营养物质的转运过程。当鸭体内碳水化合物和脂肪缺乏时，蛋白质可以氧化分解，为机体提供能量。因此，蛋白质是维持鸭正常生命活动重要的营养物质。

当蛋白质不足时，会对肉鸭产生诸多不利影响。例如，鸭体生长减慢或停滞，抗病力降低，体重减轻，甚至死亡；当蛋白质过量时，鸭体内易发生尿酸盐沉积，引发痛风，并导致蛋白质浪费，饲料成本提高。另外，高蛋白质日粮会增加肉鸭的氮排泄量，加大对环境的污染。日粮蛋白质水平每降低 1 个百分点，氮排泄量可降低 8% 左右。

（2）氨基酸需要　蛋白质经消化后，先转变为游离氨基酸和肽被吸收进入血液，再经肝脏和其他组织器官重新合成机体所需的各种蛋白质。因此，蛋白质需要的实质主要是对氨基酸的需要。鸭的氨基酸需要量受体重、日龄、生产性能、环境温度、日粮能量浓度等因素的影响，配制鸭日粮时应该充分考虑上述因素。

氨基酸分为必需氨基酸和非必需氨基酸。北京鸭所需的必需氨基酸包括蛋氨酸、赖氨酸、色氨酸、苏氨酸、异亮氨酸、亮氨酸、组氨酸、精氨酸、苯丙氨酸、缬氨酸、胱氨酸、酪氨酸和甘氨酸，这些氨基酸必须由饲料供给。因此，必需氨基酸含量直接关系饲料蛋白质品质的好坏。

氨基酸平衡对于鸭的蛋白质合成十分重要。当鸭体内任一种必需氨基酸缺乏时，蛋白质合成都会发生障碍。因此，优质蛋白质饲料不仅含有丰富的必需氨基酸，而且要求各种必需氨基酸的比例适宜。在鸭日粮中，含硫氨基酸最易缺乏并依次影响其他氨基酸的利用，被称为第一限制性氨基酸，其次是赖氨酸、色氨酸或苏氨酸等。因而在日粮中合理添加蛋氨酸、赖氨酸、色氨酸等必需氨基酸能有效提高饲料蛋白质的利用率。

4. 碳水化合物需要　碳水化合物是多羟基的醛、酮或其简单衍生物，以及能水解产生上述产物的化合物的总称。因来源丰富、成本低而成为动物生产中的主要能源，在动物饲粮中占一半以上。碳水化合物在常规营养分析中包括无氮浸出物和粗纤维。

（1）无氮浸出物　主要由易被动物利用的淀粉、菊糖、双糖、单糖等可溶性碳水化合物组成，另外还包括水溶性维生素等其他成分。常用饲料中无氮浸出物的含量一般在50％以上，基本来自植物性饲料，是鸭能量的主要来源。淀粉是最重要的无氮浸出物，也是最经济的能源物质，经消化道分解为葡萄糖后可被吸收利用。供给育肥鸭充足的淀粉，能有效提高肉鸭皮下脂肪的含量。

（2）粗纤维　包括半纤维素、纤维素、木质素、果胶等成分。对于北京鸭而言，一方面消化道中没有能消化分解纤维素、木质素和果胶的相关酶，仅其盲肠微生物能消化部分半纤维素；另一方面粗纤维素具有改善日粮结构、刺激胃肠蠕动、防止啄癖的作用。因此，实际生产中建议雏鸭的日粮中粗纤维含量应低于3.0％，生长育肥肉鸭日粮中粗纤维含量不宜超过6.0％。同时，日粮粗纤维素含量过高，将促进食物在消化道中的排空速度，导致养分吸收率降低。

在鸭体供能过程中，碳水化合物优先被利用，之后为脂肪和蛋白质。因此，保证充足的碳水化合物供给和适当的能量蛋白质比，有助于减少肉鸭分解蛋白质或氨基酸，避免造成蛋白质浪费。此外，代谢剩余的能量和碳水化合物通常被转化为脂肪。

5. 脂肪需要 脂肪是组成组织器官的重要成分,肝脏是合成肉鸭体内脂肪的主要器官,几乎全部脂肪都在肝脏中合成。脂肪的重要功能是作为体内贮存能量的重要物质,多贮存于皮下、肌肉、肠系膜和肝脏的周围,发挥保护内脏器官、防止体热散发的作用。此外,脂肪还有其重要的不可替代的营养作用,如供给鸭体必需脂肪酸、作为脂溶性维生素的溶剂等。脂肪的代谢能是淀粉的 2.2~2.4 倍。添加脂肪(通常是油脂)可以提高日粮的代谢能含量、改善日粮的适口性、降低粉尘,并缓解夏季肉鸭的热应激反应。

脂肪酸是组成脂肪的重要成分,分为饱和脂肪酸和不饱和脂肪酸。在动物生产中还可以分为必需脂肪酸和非必须脂肪酸。其中,亚油酸(十八碳二烯酸)、亚麻酸(十八碳三烯酸)和花生四烯酸(二十碳四烯酸)3 种不饱和脂肪酸是鸭体不能合成的,必须从饲料中获得。花生四烯酸可从亚油酸转变而来,亚麻酸不是鸭的必需脂肪酸,故一般认为鸭的必需脂肪酸只有亚油酸。当饲料中的必需脂肪酸不能满足需要时,皮肤出现角质鳞片,毛细血管脆弱,免疫力下降,生长发育受阻,繁殖性能下降等。此外,亚油酸对产蛋鸭的营养影响较大,产蛋鸭缺乏亚油酸时会出现产蛋率降低、蛋重小、种蛋孵化期间胚胎早期死亡率增高等。建议鸭饲料中亚油酸含量为 1.5%~2%。

6. 矿物质需要 矿物质是动物营养中的一大类无机营养素,现已确认动物体组织中含有 40 余种矿物质元素。但是并非动物体内的所有矿物质元素都在体内起营养代谢的作用,动物生理过程和体内代谢必不可少的称之为必需矿物质元素。

矿物质元素在动物体内的功能是逐渐发展的。在鸭体中,矿物质元素主要存在于骨骼和其他组织器官中,是维持鸭正常生长、发育、产蛋和繁殖所必需的生命物质。矿物质对于调节体内体液平衡、酸碱平衡,维持渗透压具有重要作用。此外,矿物质元素还发挥激活体内酶系统、维持肌肉和神经正常传导及功能的重要作用。

必需矿物质元素按在动物体内的含量或需要不同分为常量矿物质元素和微量矿物质元素两大类。常量矿物质元素一般指在动物体内含量高于 0.01% 的元素,主要包括钙、磷、钠、钾、氯、镁、硫 7 种。微量矿物质元素一般指在动物体内含量低于 0.01% 的元素,已知的有铁、锌、铜、锰、碘、硒、钴、钼、氟、铬和硼。矿物质元素在鸭体内的需要量虽然少,但作用大,容易出现缺乏和中毒危害,所以掌握矿物质需要量十分重要。

（1）钙和磷　钙和磷是动物体内必需的矿物质元素，在鸭配合饲料中的用量较大。在肉鸭体内，钙和磷可占体重的 1%～2%，其中多存在于骨骼中。骨中钙约占骨灰的 36%，磷约占 17%。正常的钙磷比为 2：1 左右，但随年龄和营养状况不同，钙磷比也有一定变化。体内钙、磷代谢密切相关，日粮中磷含量较高时会影响钙的吸收与排泄，增加钙的需要量。因此，应该注意保持日粮钙、磷比例适宜。

钙是构成鸭骨骼的主要成分。在机体内，钙参与血液凝固、肌肉收缩全过程，参与维持体液酸碱平衡和心肌正常功能，发挥维持神经系统的正常传导功能。肉鸭钙缺乏时，首先发生软骨症，危害严重。但是，肉鸭对高钙的耐受性较差，过量的钙会抑制雏鸭对日粮中二价金属离子铜、铁、锰、锌的吸收，导致生长发育速度减慢。肉鸭日粮中钙的需要量约为 0.85%，种鸭对钙的需要量较高，产蛋期的钙需要量为 2%～3.1%。此外，在高温或高能条件下，日粮钙水平应适当提高。石粉、贝壳粉、磷酸氢钙等均是钙的良好来源。

磷也是构成鸭骨骼的主要成分。在所有矿物质元素中磷的生物功能最多。第一，与钙一起参与骨、齿结构组成；第二，参与体内能量代谢和氧化磷酸化过程，是 ATP 和磷酸肌酸的组成成分；第三，以磷脂形式促进脂类物质和脂溶性维生素的吸收；第四，以磷脂形式构成细胞膜，保证生物膜的完整性；第五，作为遗传物质 DNA、RNA 和一些酶的结构成分，参与许多生命活动过程，对于生命的发生、发育和生长具有重要作用；第六，以磷酸盐的形式作为缓冲物质，参与维护机体酸碱平衡。鸭缺乏磷时，会出现生长缓慢、食欲减退、骨质松脆、产蛋量降低等症状。脱氟磷酸盐、骨粉、磷酸钙等，是常用的含磷饲料，但一般均同时含有钙的成分。在植物性饲料中，植酸磷是磷的重要存在形式。植酸磷不能被鸭消化利用，鸭对植物性饲料磷的消化率约为 20%。小麦和麦麸中含植酸酶，磷的消化率为 40%～45%。

肉鸭日粮磷的需要量约为 0.55%，其育雏期、生长期及种鸭产蛋期对磷的需要量略高，可达 0.60%～0.65%。此外，非植酸磷的含量也要综合考虑，并且要适当添加植酸酶来提高日粮磷的消化率，降低饲料成本。植酸酶还可以超量添加，对于其他营养物质的吸收也具有积极作用。

（2）钠、钾和氯　这 3 种元素主要分布在体液和软组织中。钠主要分布在细胞外，大量存在于体液中，少量存在于骨中。钾主要分布在肌肉和神经细胞内。氯在细胞内外均有分布。钠离子、钾离子和氯离子对维持鸭体内的渗透压、酸碱平衡和肌肉正常功能的发挥起重要作用。另外，钠还能促进食欲，调节心脏活动；钾还是维持神经和肌肉兴奋的重要因子，能够传递兴奋。

日粮中缺钠时，鸭心肌功能易发生障碍，造成肌肉收缩无力、生长停滞、产蛋量下降；缺氯时食欲下降，生长缓慢；缺钾时，肌肉收缩无力，运动失调。通常，对食盐的采食量过量易发生中毒。国产鱼粉中食盐含量较高，应防止中毒事件发生。鸭日粮中食盐含量以 0.3% 为宜，而鸭饲料中一般不缺钾。

（3）镁　动物体内各组织器官中均含有镁离子，约占动物体的 0.05%，其中 60%～70% 存在于骨骼中。骨中镁含量的 1/3 以磷酸盐形式存在，2/3 吸附在矿物质元素结构表面。在非反刍动物中一般经小肠吸收。镁作为必需矿物质元素之一，其功能有：一是参与骨骼组成；二是作为酶的活化因子，或直接参与酶的组成，或为辅酶（磷酸酶、氧化酶、激酶、肽酶和精氨酸酶）参与体内转氨基、脱氨基等作用；三是参与 DNA、RNA 和蛋白质合成；四是调节神经肌肉兴奋功能，保证神经肌肉的正常功能。缺乏镁时，鸭会出现生长缓慢、心跳加快、呼吸频率提高、神经肌肉高度兴奋等现象。但是，普通饲料中镁含量较高，一般不会发生镁缺乏症。

（4）硫　动物体内约含 0.15% 的硫，其少量以硫酸盐的形式存在于血液中，大部分以有机硫形式存在于肌肉组织、骨及蛋白质中。有机硫在动物营养中有重要意义，是蛋白质的组成成分之一，对蛋白质分子结构的稳定性起十分重要的作用。以硫作为主要成分的物质中，蛋氨酸是鸭的必需氨基酸，硫胺素是鸭体内必需的营养素，鸭体内许多种酶的结构中含有疏基，对生化反应起调节作用。鸭羽毛中胱氨酸和半胱氨酸含量丰富，对维持羽毛的韧性和弹性都有重要作用。

缺乏硫时，鸭表现为机体消瘦，爪、毛、羽生长速度缓慢；种鸭出现产蛋率下降、蛋重减轻、生长缓慢、饲料转换率降低等现象。目前，各国对鸭日粮中硫的需要量研究得较少，并未给出确切的需要量。实际生产中，要注重考虑含硫氨基酸和硫胺素的含量。

（5）铁　铁是重要的营养素。铁在动物不同组织和器官中的分布差异很大，60%～70% 分布于血红蛋白中，2%～20% 分布于肌红蛋白中，0.1%～0.4% 分布在细胞色素中，约 1% 存在于转运载体化合物和酶系统中。肝、脾和骨髓是主要的贮铁器官。

在鸭体内，铁主要有两方面的营养生理功能：第一，是组成血红蛋白的成分之一，承担着为机体输送氧气的任务；第二，是各种氧化酶的组成成分，参与细胞氧化和磷酸化过程。缺乏铁时，鸭会发生营养性贫血，血液中血红蛋白含量和红细胞压积显著降低。鸭对铁的需要量约为 60 mg/kg。谷物类、饼粕类和鱼粉中含有丰富的铁。

（6）铜　鸭体内平均含铜 2～3 mg/kg，其中的 50% 以上存在于肌肉组织中。肝是体内铜的主要贮存器官。消化道各段都能吸收铜，但主要吸收部位在小肠。

铜的主要营养生理功能有 3 个方面：第一，作为金属酶组成部分直接参与体内代谢，这些酶包括细胞色素氧化酶、尿酸氧化酶、氨基酸氧化酶、酪氨酸酶、过氧化物歧化酶、铜蓝蛋白质等；第二，与铁发挥协同作用，共同促进血红蛋白合成和红细胞成熟；第三，作为骨细胞、胶原蛋白和弹性蛋白形成不可缺少的元素，参与骨的形成。缺乏时，鸭会出现采食量减少、生长速度降低、羽毛生长不良等现象。北京鸭日粮铜的需要量约为 10 mg/kg，其中硫酸铜是最常用的铜源。此外，碱式氯化铜、蛋氨酸铜等新型铜产品也在种鸭饲料中获得了较好的应用。

（7）锰　动物体内含锰量低，为 0.2～0.3 mg/kg。骨及内脏中锰的含量较高，肌肉中锰的含量较低。鸭消化道各段均能吸收锰，但锰主要在十二指肠被吸收。

锰的主要营养生理作用是在碳水化合物、脂类、蛋白质和胆固醇代谢中作为酶活化因子或组成部分，参与细胞氧化磷酸化、脂肪合成等生化反应，维持鸭生长。此外，锰是维持大脑正常代谢功能必不可少的物质。缺锰时，雏鸭腿骨粗短，关节肿大，易发生脱腱症。鸭对锰的最低需要量约为 80 mg/kg，肉鸭和产蛋期种鸭对锰的需要量约为 100 mg/kg。谷物籽实、饼粕类饲料中均含有一定量的锰元素，硫酸锰是常用的无机含锰离子添加剂，蛋氨酸锰、甘氨酸锰是有机微量添加剂产品。

（8）锌　禽类体内锌含量在 10～100 mg/kg 范围内，锌在体内的分布不均衡，骨骼肌中的锌占体内总锌量的 50%～60%，骨骼中约占 30%，其余分布于皮毛和内脏器官中。鸭对锌的吸收部位主要发生在小肠。

锌作为必需微量元素主要有 4 个方面的营养生理作用：第一，作为酶的组成成分，在碳酸酐酶、脱氢酶、肽酶等诸多酶中，发挥着催化分解、合成和稳定酶蛋白质四级结构和调节酶活性的多种生化作用；第二，参与胱氨酸和酸性黏多糖代谢，维持上皮细胞和皮毛的正常形态；第三，维持胰岛素等多种激素的正常作用；第四，维持生物膜的正常结构和功能，防止生物膜遭受氧化损害和结构变形，锌对膜中正常受体的功能有保护作用。缺锌时，鸭采食量减少、生长缓慢、骨骼短粗、关节肿大、羽毛生长不良。正常情况下，普通日粮中锌的含量接近肉鸭锌需要量的临界点时肉鸭不会发生锌缺乏症；但在高缺锌地区，鸭可能发生锌缺乏症。此外，高钙日粮会降低鸭对锌的吸收。肉鸭对锌的需要量约为 60 mg/kg（以体重计）。动物性饲料、饼粕类饲料和糠麸中含有丰富的锌。硫酸锌是肉鸭日粮常用的锌补充剂，亦有蛋氨酸锌、甘氨酸锌等饲料添加剂产品。

（9）硒 鸭体内含硒 0.05～0.2 mg/kg（以体重计），肌肉中总硒含量最多，肾、肝中硒浓度最高，体内硒一般与蛋白质结合存在。硒最重要的吸收部位是十二指肠。

硒最重要的营养生理作用是参与谷胱甘肽过氧化物酶（gluthathione peroxidase，GSH-Px）的组成，能够催化细胞内的氧化还原反应，清除代谢产生的自由基，对细胞内的生物活性物质和细胞膜具有保护作用。肝中此酶活性最高，骨骼肌中最低。硒与维生素 E 在防治肌肉萎缩与渗出性素质方面有协同作用，可以相互补偿。

缺硒能引起鸭心肌受损，心室扩大，心肌收缩无力，心包积水，血管的通透性降低；引发腹水症、渗出性素质和白肌病。鸭对硒的需要量为 0.2～0.3 mg/kg。我国大部分地区为缺硒地带，饲料中硒含量较低，肉鸭饲料必须补硒，但饲料中硒的添加量也必须符合国家相关标准。亚硒酸钠是常用的补硒剂，但其毒性很强，必须严格控制添加量，并在饲料中搅拌均匀后使用。酵母硒作为有机硒，其利用率高，安全性好，在鸭养殖中的应用越来越广泛。

（10）碘 鸭体内含碘 0.2～0.3 mg/kg（以体重计），分布于全身组织细胞中，其中 70%～80% 存在于甲状腺内。碘在消化道各部位都可被吸收，以碘化物形式存在的碘吸收率较高。

碘作为必需微量元素的最主要功能是参与甲状腺素的生成。此外，参与体内的能量代谢、维持神经肌肉的基本功能、促进皮肤与羽毛的生长发育，对繁殖、生长、发育、红细胞生成、血液循环等起调控作用。缺碘时，鸭甲状腺合成甲状腺素的能力受阻，甲状腺发生代偿性实质增生而表现肿大。北京鸭日粮碘的需要量为 0.3～0.4 mg/kg。碘化钾是饲料常用的补碘剂。

7. 维生素需要　维生素是动物代谢所必需但需要量极少的一类小分子有机化合物。在动物体内一般不能合成，必须由饲粮提供或提供其前体物。维生素依据其溶解性可以分为脂溶性维生素和水溶性维生素。脂溶性维生素包括维生素 A、维生素 D、维生素 E 和维生素 K，水溶性维生素包括维生素 B_1（硫胺素）、维生素 B_2（核黄素）、维生素 B_3（泛酸）、维生素 B_6（吡哆醇）、维生素 B_{12}（钴胺素）、烟酸、叶酸、生物素、胆碱等。鸭体内除盲肠内的微生物能合成一定量的水溶性维生素外，其他维生素均不能被合成或合成量极少，不能满足鸭的需要，必须通过外源添加供给。

鸭对维生素的需要量虽然少，但维生素对维持鸭的生命活动至关重要。当维生素缺乏时，鸭出现代谢紊乱，生长发育受到严重影响。下面就各种维生素的生物学功能、缺乏和过量后的症状，以及其日粮需要量进行介绍。

（1）维生素 A　维生素 A 有视黄醇、视黄醛和视黄酸 3 种衍生物，每种都有顺、反 2 种构型，其中以反式视黄醇效价最高。维生素 A 与视觉关系密切，与视蛋白结合后生成的视紫红质，是对弱光敏感的感光物质。维生素 A 具有保护组织细胞膜的完整性，维持呼吸系统、消化系统和生殖系统黏膜细胞正常生理功能的作用。当维生素 A 缺乏时，鸭会出现精神不振、羽毛蓬松、眼睛红肿、夜盲症、生长发育不良等症状。

维生素 A 存在于动物性饲料中，植物性饲料中主要为维生素 A 的前体物质胡萝卜素。青绿饲料，如胡萝卜、苜蓿、青菜、青草中含有丰富的胡萝卜素，它们在鸭体内能转变为维生素 A。因此，放牧鸭群一般不会发生维生素 A 缺乏症。但是，维生素 A 易被氧化，易造成工厂化养殖的鸭发生维生素 A 缺乏症，因此工厂化养鸭时建议日粮中添加高于需要量的维生素 A。

在动物营养中，1 IU 维生素 A 相当于 $0.3~\mu g$ 视黄醇或 $0.344~\mu g$ 维生素 A 醋酸酯或 $0.55~\mu g$ 维生素 A 棕榈酸盐或 $0.6~\mu g$ β-胡萝卜素。雏鸭和青年鸭的维生素 A 最低需要量为每千克日粮 1 500 IU/kg（以日粮计）。

（2）B 族维生素

① 维生素 B_1　维生素 B_1 又称硫胺素，主要在十二指肠被吸收。维生素 B_1 在肝脏经 ATP 作用被磷酸化被转变成活性辅酶焦磷酸硫胺素（羧辅酶），如过量摄入则可使血液硫胺素水平上升，但只能在体内少量贮存。

维生素 B_1 的主要功能是参与碳水化合物代谢，需要量也与碳水化合物的摄入量有关。维生素 B_1 也可能是神经介质和细胞膜的组成成分，参与脂肪酸、胆固醇和神经介质乙酰胆碱的合成,影响神经节细胞膜中钠离子的转移,降低磷酸戊糖途径中转酮酶的活性,进而影响神经系统的能量代谢和脂肪酸的合成。当维生素 B_1 缺乏时,鸭表现为食欲减退,体重减轻,羽毛失去光泽,发生多发性神经炎,角弓反张呈"望星空"状,频繁痉挛。鸭对日粮中维生素 B_1 的需要量约为 2 mg/kg。

维生素 B_1 在糠麸、草粉、饼粕、酵母中的含量丰富。日粮中含有一定量的糠麸和豆粕时,鸭一般不会出现维生素 B_1 缺乏症。

② 维生素 B_2 维生素 B_2 又称核黄素。饲料中的核黄素大多以黄素腺嘌呤二核苷酸和黄素单核苷酸的形式存在。核黄素参与体内物质代谢和能量代谢,对细胞内发生的氧化还原反应、电子传递过程和细胞呼吸过程有重要作用。饲料中的核黄素结构相对不稳定,易被光、热、氧气等破坏,是导致鸭维生素 B_2 缺乏的原因之一。核黄素缺乏时,鸭足爪向内弯曲,用跗关节行走,腿软弱无力,种鸭的产蛋量和孵化率下降。

核黄素在麦麸、米糠、玉米、大麦、豆粕、酒糟等饲料中的含量丰富,但稳定性差,易被破坏。因而,鸭日粮中需要补充核黄素,适宜的添加量约为 10 mg/kg,在产蛋期种鸭日粮中的添加量可为 15 mg/kg。

③ 维生素 B_3 维生素 B_3 又称烟酸或尼克酸,是辅酶Ⅰ(NAD)和辅酶Ⅱ(NADP)的组成成分,在碳水化合物、脂肪、蛋白质和生物氧化过程中起主要作用,尤其是在体内供能代谢的反应中起重要作用。NAD 和 NADP 也参与视紫红质的合成。鸭能量代谢旺盛,对烟酸的需要量较高。缺乏烟酸时,鸭表现为食欲不振,羽毛松散、无光,关节肿大。

鸭体内烟酸与色氨酸存在显著的互作关系。日粮中色氨酸含量高时,烟酸的需要量较低;色氨酸含量低时,烟酸的需要量较高。鸭烟酸的最低需要量约为 20 mg/kg,建议日粮中添加量为 50 mg/kg。

烟酸在谷物饲料、糠麸、饼粕、酵母、青草中含量丰富。

④ 维生素 B_5 维生素 B_5 又名泛酸。泛酸钙是该维生素的纯品形式,为白色针状物。饲料中的维生素 B_5 大多以辅酶 A 的形式存在,少部分是游离的。只有游离形式的泛酸及其盐和酸能在小肠中被吸收。维生素 B_5 是细胞内辅酶 A 的组成部分,直接参与碳水化合物、脂肪、蛋白质和能量的代谢。当维生素 B_5 缺乏时,雏鸭生长受阻;羽毛生长不良;进一步表现为皮炎,眼睑出现颗粒状的细小结痂并粘连在一起,嘴周围也有痂状的损伤;胫骨短粗,严重缺

乏时可引起死亡。泛酸与维生素 B_{12} 的互作关系显著。

维生素 B_5 在麦麸、饼粕、苜蓿、谷物籽实中含量较多，但在玉米中的含量较少。稳定性差，受热易破坏。鸭饲料中维生素 B_5 的适宜添加量不低于 10 mg/kg。

⑤ 维生素 B_6 维生素 B_6 有 3 种不同的化学结构，包括吡哆醇、吡哆醛和吡哆胺，它们可以互相转化。维生素 B_6 的功能主要与蛋白质代谢的酶系统相联系。维生素 B_6 作为氨基转移酶的辅酶完成转氨基作用，也具有脱羧作用和脱硫作用，因此维生素 B_6 是蛋白质和氨基酸代谢过程中十分重要的一种辅酶；维生素 B_6 也参与碳水化合物和脂肪的代谢。当维生素 B_6 缺乏时，鸭食欲不振，生长缓慢，出现神经性运动失调和痉挛。

维生素 B_6 广泛存在饲料中，在谷物及其副产物、酵母、干草、苜蓿中的含量较高，鸭一般不易发生维生素 B_6 缺乏症。鸭饲料中维生素 B_6 的需要量约为 4 mg/kg。

⑥ 维生素 B_{12} 维生素 B_{12} 是维生素中最复杂且唯一含有金属元素的一种维生素，又称钴胺素。在体内主要以二脱氧腺苷钴胺素和甲钴胺素两种辅酶的形式参与多种代谢活动，主要参与嘌呤和嘧啶的合成、甲基的转移、某些氨基酸的合成，以及碳水化合物和脂肪的代谢。因此，维生素 B_{12} 与核酸的生物合成，碳水化合物、脂肪、氨基酸和能量的代谢都有密切关系。在动物体内，维生素 B_{12} 与叶酸、泛酸、胆碱、蛋氨酸等营养素有一定的协同作用。当缺乏维生素 B_{12} 时，雏鸭表现为食欲不振、消瘦、生长停滞、动作不协调；种鸭孵化率降低，新孵出的雏鸭骨骼异常。在全植物性日粮中，添加钴胺素能提高饲料利用率，促进肉鸭生长。鸭对维生素 B_{12} 的需要量与日粮中叶酸、泛酸、蛋氨酸和能量含量有关，建议添加量约为 20 μg/kg（以日粮计）。

自然界中只有微生物（除酵母外）能够合成维生素 B_{12}。动物性饲料，如鱼粉、肉骨粉、血粉、动物内脏粉中维生素 B_{12} 含量丰富，但植物性日粮中维生素 B_{12} 较为缺乏。当给鸭饲喂全植物性日粮时，必需添加维生素 B_{12}。

（3）维生素 D 维生素 D 有维生物 D_2（麦角钙化醇）和维生物 D_3（胆钙化醇）2 种活性形式。麦角钙化醇的前体是来自植物的麦角固醇，胆钙化醇来自动物的 7-脱氢胆固醇。维生素 D_2 和维生素 D_3 分别由其前体经紫外线照射转变而来。在家禽中，维生素 D_3 的效价比维生素 D_2 高 30～40 倍。维生素 D 的主要吸收部位是小肠。

维生素 D 的主要功能是促进肠道内的钙、磷吸收，提高血钙和血磷水平，促进骨的钙化及蛋壳的形成。在维生素 D 缺乏时，鸭的骨骼发育受阻，生长发育不良，鸭喙、腿骨、鸭掌等部位变软弯曲，发生佝偻病；种鸭产蛋率、种蛋受精率和孵化率及蛋壳品质均会降低。

在动物营养中，1 IU 的维生素 D 相当于 $0.025\ \mu g$ 维生素 D_3 的活性。由于鸭表皮组织和羽毛中的 7-脱氢胆固醇经紫外线照射后，可以转变为维生素 D_2，因此放牧鸭群一般不发生维生素 D 缺乏症。在舍饲条件下，应注意给鸭补充维生素 D。雏鸭和青年鸭对维生素 D_3 的需要量为 $200\sim500\ IU/kg$（以日粮计）。

（4）维生素 E 维生素 E 又称生育酚，是一组化学结构近似的酚类化合物。自然界中存在 α-生育酚、β-生育酚、γ-生育酚、δ-生育酚、ζ_1-生育酚、ζ_2-生育酚、η-生育酚和 ε-生育酚共 8 种具有维生素 E 活性的生育酚，其中以 α-生育酚活性最高。α-生育酚是一种黄色油状物，不溶于水，易溶于油、脂肪、丙酮等有机溶剂。植物油和谷物胚芽中含有丰富的维生素 E，青绿饲料和饼粕类饲料中含有一定量的维生素 E。维生素 E 在小肠中变成微胶粒（micellar form）后被吸收，且与其他脂溶性维生素及油脂之间存在吸收竞争关系。

维生素 E 是一种很好的生物抗氧化剂，具有消除体内代谢产生的自由基、保护细胞膜的稳定性、防止脑软化等功能；能促进前列腺素的生成，维持生殖器官的正常功能；与硒协同，能加强肌肉组织的代谢，维持机体免疫功能；维持体内多种酶结构的稳定性，提高酶的活性。当维生素 E 缺乏时，可能引起肌肉和其他组织器官产生渗出性素质、肌肉营养不良；公鸭睾丸退化，配种能力下降；母鸭受精率、产蛋率和种蛋孵化率降低。鸭对日粮中维生素 E 的需要量为 $10\sim40\ mg/kg$，其中育雏期和生长期需要量为 $20\ mg/kg$，产蛋期需要量为 $30\sim40\ mg/kg$。

（5）维生素 K 维生素 K 又叫凝血维生素。天然的维生素 K 有 2 种：一种是在苜蓿中提出的油状物，称为维生素 K_1；另一种是在腐败鱼肉中获得的结晶体，称为维生素 K_2。维生素 K 的化学性质都较稳定，能耐酸、耐热，但对光敏感，也易被碱和紫外线分解。

维生素 K 最重要的作用是参与凝血，能促进凝血酶原和其他凝血因子的合成，促进血液凝固。此外，维生素 K 还参与骨的钙化。相对于其他动物品种饲料中维生素 K 含量丰富及盲肠微生物合成维生素 K 的能力，家禽尤其是雏鸭更容易出现维生素 K 缺乏。当维生素 K 缺乏时，鸭体易患出血病，血液凝固时间延长，组织出血，诱发贫血症。产蛋鸭缺乏维生素 K 时，所产的蛋和孵出的雏鸭维生素 K 含量也少，而且凝血时间延长。因此，在雏鸭和产蛋期种鸭日粮中应着重添加维生素 K，适宜添加量为 2～2.5 mg/kg。

（6）生物素　生物素又称为维生素 H。在鸭体内糖、蛋白质和脂肪代谢过程中，生物素的主要功能是"羧化和脱羧"。当缺乏生物素时，鸭体内蛋白质和脂肪代谢发生障碍，表现为脂肪肝和肾综合征；鸭脚、喙、眼、皮肤干裂，易患皮炎；骨骼畸形，胫骨粗短是其典型症状。鸭对生物素的需要量为 100～200 μg/kg，建议产蛋期种鸭日粮中的添加量为 200 μg/kg。

生物素在玉米及各种饼粕中含量丰富，但小麦中生物素的利用率极低。生物素遇到高温、碱、氧化剂时易失去活性。

（7）叶酸　叶酸由一个蝶啶环、对氨基苯甲酸和谷氨酸缩合而成，在一碳单位的转移中是必不可少的，以辅酶形式参与体内物质代谢过程。叶酸参与嘌呤、嘧啶、胆碱的合成和某些氨基酸的代谢。叶酸缺乏可使嘌呤和嘧啶的合成受阻，核酸形成不足，使红细胞的生长停留在巨红细胞阶段，最后导致巨红细胞贫血；同时也影响血液中白细胞的形成，导致血小板和白细胞减少。叶酸对于维持免疫系统功能的正常也是必需的。当缺乏叶酸时，鸭表现为精神不振，生长速度缓慢，造血功能障碍、贫血，胃肠道损伤、消化吸收功能减弱，胫骨弯曲、运动失调。鸭对叶酸的需要量约为 0.5 mg/kg。

由于叶酸广泛存在于动植物饲料中，因此鸭一般很难出现叶酸缺乏症。

（8）维生素 C　维生素 C 又称抗坏血酸，具有抗氧化性，能够清除鸭体内代谢产生的自由基，使细胞膜免受损伤。由于维生素 C 具有可逆的氧化性和还原性，因此它广泛参与机体的多种生化反应。已被阐明的维生素 C 最主要的功能是参与胶原蛋白合成。在热应激条件下，补加维生素 C 能够增强肉鸭体质。给发病鸭群补加维生素 C 能改善其体况，提高其抗病力。维生素 C 是常用的抗应激剂，适当补充能有效降低各种不良刺激带来的应激反应。由于鸭体内能够合成维生素 C，因此不易发生缺乏症。

（9）胆碱　胆碱是季胺类化合物，呈碱性，其活性形式为乙酰胆碱。饲料中的胆碱主要以卵磷脂的形式存在，较少以神经磷脂或游离胆碱的形式出现。在鸭体内，胆碱是磷脂和卵磷脂的组成成分，能促进肝脏中脂肪的转运；胆碱是一种神经介质，可传递神经冲动，对维持神经、心血管、消化器官等的功能具有重要作用；胆碱还是体内甲基的供体，为体内合成代谢提供甲基，参与核酸、蛋氨酸、肌酸等的合成。当胆碱缺乏时，鸭生长缓慢，易发生脂肪肝；胫骨短粗，关节肿大，运动失调，俗称滑腱症。

天然饲料中都含有胆碱，饼粕、玉米、小麦、鱼粉、酵母等饲料中胆碱含量丰富。此外，甜菜碱和高剂量的蛋氨酸可以降低胆碱的用量，高脂肪低蛋白质日粮会提高鸭对胆碱的需要量。鸭对胆碱的需要量约为 1 000 mg/kg。

（三）主要营养物质需求关系

各类营养物质在动物体内发挥着重要作用，但动物体是一个有机整体，各类营养物质在动物体内并不是孤立地起作用的，它们之间存在着复杂的关系。这些关系可概括为四类：一是协同作用；二是颉颃作用；三是相互转变；四是相互替代。因此，日粮中的各类营养物质应该作为一个整体考虑，尽量制备平衡日粮，以经济、有效地开展生产。

1. 能量和其他营养物质的关系　饲粮中适宜的能量和蛋白质比例是配制日粮中重要考虑的一个因素。两者比例不当会影响营养物质的利用效率，从而影响动物的生长和代谢。在所有动物中，鸭对能量浓度的主动调节能力较强。饲喂高能饲粮时，鸭会以能量摄入为限而减少采食量，会降低其他营养物质的绝对食入量，从而影响生长繁育。当饲喂低能饲粮时，鸭会以能量摄入为标准而增大采食量，所以会浪费一定的饲料，降低养殖报酬。蛋白质含量过高和过低时，都会降低能量利用率。因此，为尽量减少能量饲料和蛋白质饲料浪费，必须综合考虑鸭日粮中能量和蛋白质水平，使饲粮中的能量及蛋白质保持合理的比例。

饲粮中能量的利用率也与氨基酸种类和平衡有较大关系。当饲粮中苏氨酸、亮氨酸和缬氨酸缺乏时，能量代谢水平下降。但是当氨基酸供应过量时，过量的氨基酸被氧化之后的氮以尿素的形式被排出体外，导致额外的能量损失。畜禽对氨基酸的需要量随能量浓度的提高而增加，保持氨基酸与能量的适宜比例对提高饲料利用率十分重要。

在矿物质中，磷对能量的有效利用起重要作用。因为在机体代谢过程中，释放的能量可以高能磷酸键形式贮存在 ATP 及磷酸肌酸中，需用时再释放出来。镁也是能量代谢所必需的矿物质元素，因为镁是焦磷酸酶、ATP 酶等的活化剂，并能促使 ATP 的高能键断裂而释放出能量。此外，还有较多的微量元素（锰）间接地与能量代谢有关。

B族维生素中几乎所有维生素都与能量代谢直接或间接有关，因为它们作为辅酶的组成成分参与动物体内三大有机物质的代谢。其中，硫胺素与能量代谢的关系最为密切。硫胺素不足，能量代谢效率明显下降；饲粮能量水平增加时，硫胺素需要量提高。此外，烟酸、核黄素、泛酸、叶酸等都与能量代谢有关。

2. 蛋白质与氨基酸之间的关系　一般认为，畜禽蛋白质的营养实质上是氨基酸的营养。只有当组成蛋白质的各种氨基酸同时存在且按需求比例供给时，动物才能有效地合成蛋白质。饲粮中缺乏任何一种氨基酸，即使其他必需氨基酸含量充足，机体蛋白质合成也不能正常进行。一方面，鸭饲粮中必需氨基酸的需要量取决于饲粮中的粗蛋白质水平；另一方面，饲粮粗蛋白质需要量取决于氨基酸的平衡状况。依次平衡第一至四限制性氨基酸后，饲粮的粗蛋白质需要量可降低 2%～4%。

3. 氨基酸之间的关系　组成蛋白质的各种氨基酸在机体代谢过程中亦存在协同、转化、替代、颉颃等关系。蛋氨酸既可转化为胱氨酸，也可能转化为半胱氨酸，但均不可逆。因此，蛋氨酸能满足总含硫氨基酸的需要，但是蛋氨酸本身的需要量只能由蛋氨酸满足。半胱氨酸和胱氨酸间则可以互变。苯丙氨酸转化成酪氨酸后，可以满足机体对酪氨酸的需要，但酪氨酸不能转化为苯丙氨酸。由于上述关系，在考虑必需氨基酸的需要时，可将蛋氨酸与胱氨酸、苯丙氨酸与酪氨酸合并计算。

氨基酸间的颉颃作用发生在结构相似的氨基酸间，因为它们在吸收过程中共用同一转移系统，存在相互竞争。最典型的具有颉颃作用的氨基酸是赖氨酸和精氨酸。饲粮中赖氨酸过量会增加精氨酸的需要量。当雏鸭饲粮中赖氨酸过量时，精氨酸可缓解因赖氨酸过量所引起的失衡现象。亮氨酸与异亮氨酸因化学结构相似，也有颉颃作用。亮氨酸过多可降低异亮氨酸的吸收率，使异亮氨酸排出量增加。此外，精氨酸和甘氨酸可消除由于其他氨基酸过量所造成的有害作用，这种作用可能与它们参加尿酸的形成有关。

4. 蛋白质与脂肪及碳水化合物之间的关系　蛋白质可在动物体内转变成碳水化合物。组成蛋白质的各种氨基酸除亮氨酸外，均可经脱氨基作用生成 α-酮酸，然后沿糖的异生途径合成糖；糖在代谢过程中可生成 α-酮酸，然后通过转氨基作用转变成非必需氨基酸。

组成蛋白质的各种氨基酸，均可在动物体内转变成脂肪。生酮氨基酸可以转变为脂肪。生糖氨基酸亦可先转变为糖，然后再转变成脂肪。脂肪组成中的甘油可先转变为丙酮酸和一些酮酸，然后经转氨基作用而转变为非必需氨基酸。

对家禽来说，碳水化合物和脂肪对蛋白质具有"庇护作用"。充分供给碳水化合物或脂肪，就可保证家禽对能量的需要，避免或减少蛋白质作为供能物质的分解代谢，有利于机体的氮平衡，增加氮的贮留量。

5. 蛋白质、氨基酸与矿物质之间的关系　在半胱氨酸和组氨酸存在的情况下，肠道中锌的吸收量增加。苏氨酸、赖氨酸、色氨酸、蛋氨酸等能促进锌的吸收，但作用极小。饲粮中含硫氨基酸不足会使家禽需硒量增高，而提高饲粮中含硫氨基酸含量可减轻因缺硒所引起的症状。硒也与含硫氨基酸的代谢有关。在动物体内由蛋氨酸转变为半胱氨酸过程中，硒起着关键性的作用。高蛋白质和某些氨基酸，特别是赖氨酸，可促进钙、磷的吸收。当赖氨酸供给量从正常需要水平降为需要量的 85％时，钙的吸收率从 71.32％降为 54.33％，磷的吸收率从 57.8％降到 38.6％。此外，半胱氨酸可促进铁的吸收，全价蛋白质有利于铁的吸收。精氨酸与锌有颉颃作用。硫、磷、铁等元素作为蛋白质的组成成分，直接参与蛋白质代谢。某些微量元素是蛋白质代谢酶系的辅助因子，缺乏时将影响蛋白质代谢。由于锌参与细胞分裂及蛋白质的合成过程，因此给动物补锌有助于促进蛋白质的合成。

（四）北京鸭营养需要量

1. 商品代北京鸭营养需要量　商品代北京鸭依据其生长发育及生产性能特点，通常分为育雏期、生长期和育肥期 3 个阶段，其中育肥期在实际生产中又分为自由采食与填饲两种形式。各阶段的营养需要量见表 4 - 8，体重与饲料消耗量见表 4 - 9。

表 4 - 8　商品代北京鸭各阶段营养需要量

营养指标	育雏期（1～2 周）	生长期（3～5 周）	育肥期（6～7 周）	
			自由采食	填　饲
鸭表观代谢能（MJ/kg）	12.14	12.14	12.35	12.56
粗蛋白质（％）	20.00	17.50	16.00	14.50
钙（％）	0.90	0.85	0.80	0.80
总磷（％）	0.65	0.60	0.55	0.55
非植酸磷（％）	0.42	0.40	0.35	0.35

（续）

营养指标	育雏期（1～2周）	生长期（3～5周）	育肥期（6～7周）	
			自由采食	填　饲
钠（%）	0.15	0.15	0.15	0.15
氯（%）	0.12	0.12	0.12	0.12
赖氨酸（%）	1.10	0.85	0.65	0.60
蛋氨酸（%）	0.45	0.40	0.35	0.30
蛋氨酸＋胱氨酸（%）	0.80	0.70	0.60	0.55
苏氨酸（%）	0.75	0.60	0.55	0.50
色氨酸（%）	0.22	0.19	0.16	0.15
精氨酸（%）	0.95	0.85	0.70	0.70
异亮氨酸（%）	0.72	0.57	0.45	0.42
维生素 A（IU/kg）	4 000	3 000	2 500	2 500
维生素 D_3（IU/kg）	2 000	2 000	2 000	2 000
维生素 E（IU/kg）	20	20	10	10
维生素 K_3（mg/kg）	2	2	2	2
维生素 B_1（mg/kg）	2.00	1.50	1.50	1.50
维生素 B_2（mg/kg）	10	10	10	10
烟酸（mg/kg）	50	50	50	50
泛酸（mg/kg）	20	10	10	10
维生素 B_6（mg/kg）	4	3	3	3
维生素 B_{12}（mg/kg）	0.02	0.02	0.02	0.02
生物素（mg/kg）	0.15	0.15	0.15	0.15
叶酸（mg/kg）	1	1	1	1
胆碱（mg/kg）	1 000	1 000	1 000	1 000
铜（mg/kg）	8	8	8	8
铁（mg/kg）	60	60	60	60
锰（mg/kg）	100	100	100	100
锌（mg/kg）	60	60	60	60
硒（mg/kg）	0.30	0.30	0.20	0.20
碘（mg/kg）	0.40	0.40	0.30	0.30

注：营养需要量数据以饲料干物质含量87%计。

资料来源：《肉鸭饲养标准》（NY/T 2122—2012）。表4-9至表4-13资料来源与此同。

表 4-9　商品代北京鸭体重与饲料消耗量

周　龄	体重（g）	每只每周耗料量（g）	每只累计耗料量（g）
0	60	0	0
1	250	220	220
2	730	700	920
3	1 400	1 300	2 220
4	2 200	1 530	3 750
5	2 800	1 800	5 550
6	3 250	1 800	7 350
7	3 700	1 800	9 150

注：体重与耗料量数据均为自由采食条件下获得，耗料量数据由公、母鸭相同比例混合饲养获得。

2. 北京鸭种鸭营养需要量　依据北京鸭种鸭生长发育及生产性能特点，将其饲养期分为育雏期、育成前期、育成后期、产蛋前期、产蛋中期和产蛋后期 6 个阶段。北京鸭种鸭各阶段的营养需要量见表 4-10，体重与饲料消耗量数据见表 4-11。

表 4-10　北京鸭种鸭各阶段营养需要量

营养指标	育雏期（1~3 周）	育成前期（4~8 周）	育成后期（9~22 周）	产蛋前期（23~26 周）	产蛋中期（27~45 周）	产蛋后期（46~70 周）
鸭表观代谢能（MJ/kg）	11.93	11.93	11.30	11.72	11.51	11.30
粗蛋白质（%）	20	18	15	18	19	20
钙（%）	0.90	0.85	0.80	2.00	3.10	3.10
总磷（%）	0.65	0.60	0.55	0.60	0.60	0.60
非植酸磷（%）	0.40	0.38	0.35	0.38	0.38	0.38
钠（%）	0.15	0.15	0.15	0.15	0.15	0.15
氯（%）	0.12	0.12	0.12	0.12	0.12	0.12
赖氨酸（%）	1.05	0.85	0.65	0.80	0.95	1.00
蛋氨酸（%）	0.45	0.40	0.35	0.40	0.45	0.45
蛋氨酸＋胱氨酸（%）	0.80	0.70	0.60	0.70	0.75	0.75
苏氨酸（%）	0.75	0.60	0.50	0.60	0.65	0.70

（续）

营养指标	育雏期 （1~3 周）	育成前期 （4~8 周）	育成后期 （9~22 周）	产蛋前期 （23~26 周）	产蛋中期 （27~45 周）	产蛋后期 （46~70 周）
色氨酸（%）	0.22	0.18	0.16	0.20	0.20	0.20
精氨酸（%）	0.95	0.80	0.70	0.90	0.90	0.95
异亮氨酸（%）	0.72	0.55	0.45	0.57	0.68	0.72
维生素 A（IU/kg）	6 000	3 000	3 000	8 000	8 000	8 000
维生素 D_3（IU/kg）	2 000	2 000	2 000	3 000	3 000	3 000
维生素 E（IU/kg）	20	20	10	30	30	30
维生素 K_3（mg/kg）	2.00	1.50	1.50	2.50	2.50	2.50
维生素 B_1（mg/kg）	2.00	1.50	1.50	2.00	2.00	2.00
维生素 B_2（mg/kg）	10	10	10	15	15	15
烟酸（mg/kg）	50	50	50	50	60	60
泛酸（mg/kg）	10	10	10	20	20	20
维生素 B_6（mg/kg）	4	3	3	4	4	4
维生素 B_{12}（mg/kg）	0.02	0.01	0.01	0.02	0.02	0.02
生物素（mg/kg）	0.20	0.10	0.10	0.20	0.20	0.20
叶酸（mg/kg）	1	1	1	1	1	1
胆碱（mg/kg）	1 000	1 000	1 000	1 500	1 500	1 500
铜（mg/kg）	8	8	8	8	8	8
铁（mg/kg）	60	60	60	60	60	60
锰（mg/kg）	80	80	80	100	100	100
锌（mg/kg）	60	60	60	60	60	60
硒（mg/kg）	0.20	0.20	0.20	0.30	0.30	0.30
碘（mg/kg）	0.40	0.30	0.30	0.40	0.40	0.40

注：营养需要量数据以饲料干物质含量 87% 计。

表 4-11　北京鸭种鸭每只体重与饲料消耗量

周龄	体重（g）		母鸭		公鸭	
	母鸭	公鸭	每周耗料量（g）	累计耗料量（g）	每周耗料量（g）	累计耗料量（g）
0	60	60	0	0	0	0
1	245	260	175	175	184	184
2	610	640	420	595	441	625
3	1 060	1 150	630	1 225	662	1 287

（续）

周　龄	体重（g）		母　鸭		公　鸭	
	母　鸭	公　鸭	每周耗料量（g）	累计耗料量（g）	每周耗料量（g）	累计耗料量（g）
4	1 345	1 470	840	2 065	882	2 169
5	1 560	1 740	875	2 940	919	3 088
6	1 720	2 060	896	3 836	941	4 029
7	1 870	2 245	910	4 746	956	4 985
8	2 015	2 450	924	5 670	970	5 955
9	2 160	2 580	945	6 615	992	6 947
10	2 290	2 695	945	7 560	992	7 939
11	2 365	2 780	945	8 505	992	8 931
12	2 400	2 845	959	9 464	1 007	9 938
13	2 450	2 905	959	10 423	1 007	10 945
14	2 535	2 970	980	11 403	1 029	11 974
15	2 580	3 020	980	12 383	1 029	13 003
16	2 645	3 070	980	13 363	1 029	14 032
17	2 680	3 110	1 015	14 378	1 066	15 098
18	2 725	3 150	1 015	15 393	1 066	16 164
19	2 805	3 190	1 015	16 408	1 066	17 230
20	2 870	3 230	1 015	17 423	1 066	18 296
21	2 935	3 270	1 085	18 508	1 139	19 435
22	3 000	3 310	1 155	19 663	1 213	20 648
23	3 055	3 340	1 225	20 888	1 286	21 934
24	3 090	3 370	1 295	22 183	1 360	23 294
25	3 125	3 400	1 365	23 548	1 433	24 727
26	3 150	3 420	1 470	25 018	1 544	26 271
27	3 170	3 450	1 505	26 523	1 580	27 851

注：0～3周龄体重与耗料量数据为自由采食条件下获得，3周龄以后体重与耗料量数据为限饲条件下获得。耗料量数据由公、母鸭单独饲养获得。

3. 肉蛋兼用型肉鸭营养需要量　依据肉蛋兼用型肉鸭生长发育及生产性能特点，将其饲养期分为育雏期、生长期和育肥期3个阶段，各阶段的营养需要量见表4-12。

表 4 - 12　肉蛋兼用型肉鸭各阶段营养需要量

营养指标	育雏期（1～3周）	生长期（4～7周）	育肥期（8周至上市）
鸭表观代谢能（MJ/kg）	12.14	11.72	12.14
粗蛋白质（%）	20.00	17.00	15.00
钙（%）	0.90	0.85	0.80
总磷（%）	0.65	0.60	0.55
非植酸磷（%）	0.42	0.38	0.35
钠（%）	0.15	0.15	0.15
氯（%）	0.12	0.12	0.12
赖氨酸（%）	1.05	0.85	0.65
蛋氨酸（%）	0.42	0.38	0.35
蛋氨酸＋胱氨酸（%）	0.78	0.70	0.60
苏氨酸（%）	0.75	0.60	0.50
色氨酸（%）	0.20	0.18	0.16
精氨酸（%）	0.90	0.80	0.70
异亮氨酸（%）	0.70	0.55	0.45
维生素 A（IU/kg）	4 000	3 000	2 500
维生素 D_3（IU/kg）	2 000	2 000	1 000
维生素 E（IU/kg）	20	20	10
维生素 K_3（mg/kg）	2	2	2
维生素 B_1（mg/kg）	2.00	1.50	1.50
维生素 B_2（mg/kg）	8	8	8
烟酸（mg/kg）	50	30	30
泛酸（mg/kg）	10	10	10
维生素 B_6（mg/kg）	3	3	3
维生素 B_{12}（mg/kg）	0.02	0.02	0.02
生物素（mg/kg）	0.20	0.20	0.20
叶酸（mg/kg）	1	1	1
胆碱（mg/kg）	1 000	1 000	1 000
铜（mg/kg）	8	8	8
铁（mg/kg）	60	60	60

（续）

营养指标	育雏期（1～3周）	生长期（4～7周）	育肥期（8周至上市）
锰（mg/kg）	100	100	100
锌（mg/kg）	40	40	40
硒（mg/kg）	0.20	0.20	0.20
碘（mg/kg）	0.40	0.30	0.30

注：营养需要量数据以饲料干物质含量87%计。

4. 肉蛋兼用型种鸭营养需要量　依据肉蛋兼用型肉鸭种鸭生长发育及生产性能特点，可将其饲养期分为育雏期、育成前期、育成后期、产蛋前期、产蛋中期和产蛋后期6个阶段，各阶段的营养需要量见表4-13。

表4-13　肉蛋兼用型种鸭各阶段营养需要量

营养指标	育雏期（0～3周）	育成前期（4～7周）	育成后期（8～18周）	产蛋前期（19～22周）	产蛋中期（23～45周）	产蛋后期（46～72周）
鸭表观代谢能（MJ/kg）	11.93	11.72	11.30	11.51	11.30	11.30
粗蛋白质（%）	19.50	17.00	15.00	17.00	17.00	17.50
钙（%）	0.90	0.80	0.80	2.00	3.10	3.20
总磷（%）	0.60	0.60	0.55	0.60	0.60	0.60
非植酸磷（%）	0.42	0.38	0.35	0.35	0.38	0.38
钠（%）	0.15	0.15	0.15	0.15	0.15	0.15
氯（%）	0.12	0.12	0.12	0.12	0.12	0.12
赖氨酸（%）	1.00	0.80	0.60	0.80	0.85	0.85
蛋氨酸（%）	0.42	0.38	0.38	0.38	0.40	0.40
蛋氨酸+胱氨酸（%）	0.78	0.70	0.55	0.68	0.70	0.72
苏氨酸（%）	0.70	0.60	0.50	0.60	0.60	0.65
色氨酸（%）	0.20	0.18	0.16	0.20	0.18	0.20
精氨酸（%）	0.90	0.80	0.65	0.80	0.80	0.80
异亮氨酸（%）	0.68	0.55	0.40	0.55	0.65	0.65
维生素A（IU/kg）	4 000	3 000	3 000	8 000	8 000	8 000
维生素D$_3$（IU/kg）	2 000	2 000	2 000	2 000	2 000	3 000
维生素E（IU/kg）	20	10	10	20	20	20
维生素K$_3$（mg/kg）	2.00	2.00	2.00	2.50	2.50	2.50

（续）

营养指标	育雏期 （0～3周）	育成前期 （4～7周）	育成后期 （8～18周）	产蛋前期 （19～22周）	产蛋中期 （23～45周）	产蛋后期 （46～72周）
维生素 B_1（mg/kg）	2.00	1.50	1.50	2.00	2.00	2.00
维生素 B_2（mg/kg）	10	10	10	15	15	15
烟酸（mg/kg）	50	30	30	50	50	50
泛酸（mg/kg）	10	10	10	20	20	20
维生素 B_6（mg/kg）	3	3	3	4	4	4
维生素 B_{12}（mg/kg）	0.02	0.02	0.02	0.02	0.02	0.02
生物素（mg/kg）	0.20	0.20	0.10	0.20	0.20	0.20
叶酸（mg/kg）	1	1	1	1	1	1
胆碱（mg/kg）	1 000	1 000	1 000	1 500	1 500	1 500
铜（mg/kg）	8	8	8	8	8	8
铁（mg/kg）	60	60	60	60	60	60
锰（mg/kg）	100	100	80	100	100	100
锌（mg/kg）	40	40	40	60	60	60
硒（mg/kg）	0.20	0.20	0.20	0.30	0.30	0.30
碘（mg/kg）	0.40	0.30	0.30	0.40	0.40	0.40

注：营养需要量数据以饲料干物质含量87%计。

二、常用饲料与日粮

饲料是养殖的物质基础，饲料的成本占北京鸭养殖成本的70%左右。本部分内容主要介绍北京鸭养殖中常用的饲料原料及其营养特性、用法用量及常用饲料的饲用价值，并对北京鸭的饲料类型及其合理加工、典型日粮配方加以概述。

（一）常用饲料

鸭需要的营养物质主要来源于饲料。饲料在鸭体内经过消化吸收及同化作用后转化为组织器官的成分及产品。鸭常用饲料分为能量饲料、蛋白质饲料、矿物质饲料、饲料添加剂等。

1. 能量饲料　能量饲料指干物质中粗蛋白质含量低于20%、粗纤维含量低于 18％的饲料，主要包括谷物类籽实、糠麸类饲料，以及块根、块茎和瓜类 3 类饲料。能量饲料在鸭日粮中的用量为 55％～75％。

谷物类饲料包括玉米、小麦、大麦、燕麦、高粱、稻谷等。糠麸类饲料主要包括小麦麸、大麦麸、米糠、玉米糠、高粱糠、谷糠等，它们都是谷实经过加工形成的一些副产物。块根、块茎及瓜类饲料包括薯类（甘薯、马铃薯和木薯）、菊芋、南瓜、胡萝卜、甜菜及其加工副产物糖蜜和甜菜渣等。下面对北京鸭养殖中使用的主要能量饲料作一介绍。

（1）玉米 玉米是优质且经济性极好的能量饲料，其中易消化的碳水化合物、营养物质消化率及代谢能值高，饲用价值很高。玉米的蛋白质含量为7.0％～9.0％，脂肪含量为 2.5％～4.5％，含量较低；钙、铁、铜、锰、锌、硒等元素含量较低；维生素 A、B 族维生素和维生素 E 的含量较高，而维生素 B_2、烟酸、维生素 D、维生素 K 等含量缺乏；玉米中缺乏赖氨酸和色氨酸。最新推广的饲料玉米——高油玉米的脂肪含量高达 8.0％，高赖氨酸玉米的蛋白质和赖氨酸含量高达 12.5％和 0.52％。

玉米的饲用价值高，但当玉米中的水分含量高于 14％时容易霉变，所以要注意防止其霉变。玉米的质量主要取决于玉米淀粉的含量和品质。饲料酶制剂可以有效降解玉米中的抗营养因子，提高玉米的能量和蛋白质消化率，改善鸭的生产性能。木聚糖酶、蛋白酶和淀粉酶组成的优化配方，能有效降解饲料中的抗营养成分，改善玉米品质。

玉米在鸭日粮中的用量约为 60％。高温季节玉米的喂量可以适当减少，而蛋白质饲料的喂量应适当提高。发霉玉米适口性降低，黄曲霉毒素含量高，不仅可降低肉鸭的生产性能，而且具有致畸、致癌、致突变的作用。因此，禁止在肉鸭日粮中使用发霉玉米。

（2）高粱 高粱是较好的能量饲料，其能量和蛋白质含量与玉米的接近。但是，由于高粱中含有 0.2％～0.5％的单宁，味苦，适口性差，并能引起动物便秘，因此去除单宁是高粱作为能量饲料大量使用的前提。用高粱饲喂雏鸭时，日粮配比中一般在 15％以下为宜。通常情况下，高粱在日粮中的用量可以为 20％左右。当使用低单宁高粱且添加特异性酶制剂后，可以根据饲料原料行情适当提高高粱所占比例，但建议不宜过多添加。

（3）小麦 小麦中蛋白质含量较高，B 族维生素含量丰富，易消化，代谢能含量仅次于玉米。但是，小麦的非淀粉多糖含量高、黏度大，会降低日粮的消化率。当前，饲料配方中可以用小麦代替一部分玉米，即根据原料行情，并发挥小麦蛋白质、总磷、赖氨酸、蛋氨酸含量比玉米高的优势，用小麦替代玉米作为能量饲料。同时，可适当降低配合饲料中的豆粕用量。用小麦作为能量饲料时，要配合使用非淀粉多糖酶及相关维生素，保证饲料利用率及产品品质。依据实践经验，建议小麦在鸭日粮中的用量不宜超过 30%。

（4）稻谷　稻谷的粗纤维含量较高，可达 8.0%，代谢能约为 11.0 MJ/kg，粗蛋白质为 7%～8.5%。稻谷外壳坚硬，木质化程度高，鸭不能消化。稻谷在种鸭日粮中的用量一般为 20%～30%。糙米为去壳的稻谷，粗纤维含量约为 1.0%，代谢能约为 14.0MJ/kg。糙米和碎米在鸭日粮中的用量约为 30%。

（5）糠麸类饲料　糠麸类饲料包括碾米，是制粉加工的主要副产品。糠麸类饲料蛋白质含量比较高，一般为 12%～17%。由于糠麸类饲料除有籽实皮外，主要是胚，故脂肪含量高达 7.5%～22%，同时含有丰富的铁和锰，B 族维生素含量也丰富。糠麸类饲料虽然价格低廉，但也有不足之处。一是氨基酸不平衡，一般赖氨酸含量相对较高，蛋氨酸含量较低；二是不饱和脂肪酸含量较高，高温、高湿易酸败，不易贮藏；三是含钙量偏低，虽含磷高但主要是植酸磷，利用率不高；四是含有丰富的 B 族维生素，但缺乏维生素 A、维生素 C 和维生素 D；五是糠麸类饲料中含有胰蛋白酶抑制剂、植酸和其他抗营养因子，不利于营养物质的消化和吸收，但新鲜的糠麸含有植酸酶，有利于磷的利用。研究与实践表明，产蛋鸭糠麸类饲料在日粮中的用量不宜超过 10%。

（6）次粉　次粉又称黑面、黄粉、下面、三等粉等，主要是小麦加工的一种副产物，由糊粉层、胚乳及少量细麸组成。此外，也有其他谷物加工后形成的次粉，但是主要以小麦次粉为主。小麦次粉富含蛋白质、膳食纤维、维生素和矿物质，含有 30% 左右的淀粉，粗蛋白质含量为 12.5%～17%。小麦次粉中含有畜禽生长所需的 13 种必需氨基酸，其中蛋氨酸、赖氨酸、苏氨酸含量均高于玉米和小麦，粗纤维含量亦高于玉米和小麦，能够有效促进鸭的肠道蠕动。次粉中的磷 70% 以植酸盐的形式存在，不易被鸭吸收，需要添加植酸酶。但是，次粉也易形成黏性食糜，影响消化，成分变异较大，用以配制饲料易造成鸭生产性能的不稳定。目前，小麦次粉通常作为能量饲料使用，建议在鸭饲料中的用量不超过 25%。

2. 蛋白质饲料　饲料干物质中粗蛋白质含量在 20% 以上、粗纤维含量小于 18% 的饲料称为蛋白质饲料。蛋白质饲料包括植物性蛋白质饲料、动物性蛋白质饲料及单细胞蛋白质饲料 3 类。大豆、豆粕与豆饼、花生饼粕、棉籽粕、菜籽粕、玉米蛋白粉等为常见的植物性蛋白质饲料，鱼粉、肉骨粉、血粉、羽毛粉等为常见的动物性蛋白质饲料，酵母、蓝藻、小球藻等属于单细胞蛋白质饲料。下面对几种常用的蛋白质饲料作一介绍。

（1）大豆　大豆中的蛋白质含量较谷实类高，故消化能高。大豆还含有很多的油分，其能量价值甚至超过谷实中能量高的玉米。大豆约含 35％的粗蛋白质，17％的粗脂肪，有效能值也较高，不仅是一种优质蛋白质饲料，同时在调配肉鸭饲料时也可作为高能量饲料利用。但是，生大豆中含有抗胰蛋白酶、脲酶、凝集素、植酸、大豆抗原等抗营养因子，不宜饲用。此处仅对熟大豆或膨化大豆等进行介绍。

熟大豆或膨化大豆都是优质的蛋白质饲料，经预处理后去除了大部分的抗营养因子，其蛋白质和氨基酸消化率增高，可饲用性增强。另外，大豆中氨基酸组成相对均衡、粗纤维含量低、代谢能高，因此可在鸭饲料中有效替代豆粕。饲用熟大豆或膨化大豆能够提高蛋重，显著改善蛋黄中脂肪酸的组成，提高肌肉及蛋中的亚油酸、亚麻酸等不饱和脂肪酸的含量，降低饱和脂肪酸含量，从而提高鸭肉与鸭蛋的营养价值。熟大豆或膨化大豆在肉鸭日粮中的用量可达到 10％～20％。

（2）豆粕与豆饼　大豆饼粕蛋白质生物学价值很高，是优良的蛋白质饲料，粗蛋白质含量高达 40％～50％。大豆饼粕的氨基酸组成合理，其中赖氨酸在各种饼粕类饲料中的含量最高，占干物质的 3％以上；色氨酸含量也比较高，但蛋氨酸含量不高，与玉米等谷实类配合可起到氨基酸互补作用。豆饼的消化率也比较高，约为 82％，而且具有芳香味，适口性好。

同样，生豆粕和豆饼中也含有一定水平的抗胰蛋白酶、脲酶、凝集素、植酸、大豆抗原等抗营养因子，因此也需进行预处理。其中，湿热处理是加工生大豆或生豆粕的常用方法，能有效破坏各种抗营养因子的结构，提高饲用价值。经适当热处理的优质大豆饼粕具有芳香味，适口性好，使用时只有添加蛋氨酸才能满足动物的营养需要。经处理后的豆粕或豆饼在鸭日粮中的用量一般为 15％～35％。

（3）花生饼粕　花生饼粕是优质的蛋白质饲料，氨基酸消化率高，同时还具有味香甜、适口性好的特性。花生仁饼粕的粗蛋白质含量为 45％以上，但品质略差，以球蛋白为主；精氨酸含量可达 4.5％以上，是饼粕类饲料中氨基酸含量的最高者；粗纤维含量为 4.0%～5.5%；粗脂肪含量为 5%～8%，故能值较高，其代谢能值为 12.55 MJ/kg，是饼粕类饲料中代谢能的最高者。钙少磷多且不平衡，与大豆饼粕相同；富含 B 族维生素，但维生素 D、维生素 C 和胡萝卜素含量低。

花生饼粕本身无毒素，但易感染黄曲霉毒素而导致禽类中毒，因此贮藏时切忌发霉变质。发霉变质的花生饼粕对动物肝脏、心脏具有极强的破坏作用，可抑制肉鸭生长，导致死亡，故禁止在肉鸭饲料中使用发霉变质的花生饼粕。此外，由于花生饼粕中的氨基酸组成不平衡，因此使用时与精氨酸含量低的菜籽饼粕、血粉、鱼粉搭配效果更好。花生饼粕一般用于鸭的育肥期，生长前期尽量不添加。肉鸭日粮中的用量一般为 10%～20%。

（4）菜籽粕　菜籽粕含蛋白质 33%～37%，氨基酸组成相对平衡，含硫氨基酸丰富，赖氨酸含量较低，氨基酸消化率低于豆粕和花生粕。普通菜籽粕中含有丰富的硫代葡萄糖苷、芥子碱、单宁、植酸等抗营养因子。硫代葡萄糖苷可分解为毒性较强的异硫氰酸苯酯、噁唑烷硫酮，危害动物的甲状腺、肝脏和肾脏。普通菜籽粕在日粮中的用量不宜超过 5%。"双低"油菜是近年来推广的油菜新品种，"双低"菜籽粕中的硫代葡萄糖苷和芥子碱含量较低，营养价值较高，是优质蛋白质饲料，在日粮中的用量可达 15%。

（5）棉籽粕　棉籽粕含粗蛋白质 33%～44%，含蛋氨酸、赖氨酸较低，并含有棉酚、植酸等抗营养因子。优质棉籽粕脱壳、脱绒、脱脂率高，蛋白质含量高达 44%。劣质棉籽粕脱壳、脱绒、脱脂率低，粗纤维含量高达 13% 以上，棉酚和植酸含量高，氨基酸消化率较低，不宜用作肉鸭饲料。在含棉籽粕的日粮中，加入 0.5% 硫酸亚铁可减轻棉酚对鸭的毒害作用。

（6）鱼粉　优质鱼粉含蛋白质 62%～65%，赖氨酸 4.5%～5.2%，蛋氨酸 1.4%～1.6%，钙 5%～7%，磷 2.5%～3.5%。优质鱼粉氨基酸组成比例平衡，消化率高，微量元素铁、硒、碘及维生素 B_{12}、维生素 B_2 含量丰富，是优质的蛋白质饲料。国产的劣质鱼粉蛋白质含量为 30%～42%，粗脂肪含量为 5%～12%，食盐含量达到 3%～7%，组胺、大肠埃希氏菌、沙门氏菌含量严重超标。劣质鱼粉中的大肠埃希氏菌、组胺等可诱发肉鸭胃肠炎、输卵管炎、腹膜炎等疾病。因此，肉鸭日粮中禁止使用劣质鱼粉。优质鱼粉是肉鸭良好的蛋白质来源，但价格昂贵，在饲料中的应用逐渐减少。肉鸭日粮中优质鱼粉的使用量约为 3%。

（7）肉骨粉　肉骨粉是屠宰场生产的副产品，是屠宰场将动物组织可食部分剔除后，用剩余的新鲜骨骼、碎肉、内脏、皮、脂肪等为主要原料，经过高温加热后，干燥粉碎获得的产品。肉骨粉中含蛋白质47%～53%，钙9%～13%，磷4.5%～5.5%。肉骨粉的营养成分及其价值取决于原料组成、加工方法、脱脂程度、贮藏期等。肉骨粉中脂肪含量高，易氧化酸败，易被大肠埃希氏菌、沙门氏菌感染，因此宜在新鲜时使用。肉骨粉中的赖氨酸含量高，蛋氨酸、色氨酸含量较低，氨基酸消化率为75.0%～85.0%。建议新鲜肉骨粉在肉鸭日粮中的用量以3.0%左右为宜。禁止在肉鸭日粮中使用酸败、发霉变质的肉骨粉。

（8）羽毛粉　羽毛粉含粗蛋白质80.0%～85.0%，粗脂肪2.0%～3.5%，粗灰分2.8%。羽毛粉中蛋氨酸、赖氨酸含量低，胱氨酸含量高，蛋白质品质较差，氨基酸消化率低。肉鸭日粮中一般不使用羽毛粉。

3. 矿物质饲料　矿物质饲料主要提供鸭需要的常量元素钙、磷、钠、钾、氯等。

（1）钙与磷　石粉、贝壳粉与蛋壳粉是鸭常用的高钙类饲料。石粉和贝壳粉中含钙33.0%～38.0%，蛋壳粉中含钙32.0%～35.0%。鸭日粮中石粉、贝壳粉或蛋壳粉的用量约为1%。在选用石粉时，应特别注意石粉的粒度和有毒有害元素含量。鸭日粮中添加的石粉应过40目筛，适宜的石粉粒度有助于提高鸭肌胃的研磨力。石粉的有毒有害元素含量应低于国家标准，如氟含量低于0.2%，铅含量低于0.001%等。

磷酸氢钙和骨粉是常用含磷、含钙饲料。磷酸氢钙中含磷16.5%～18.0%、含钙22.0%～24.0%，优质蒸制骨粉中含磷12.0%～13.5%、含钙21.0%～25.0%。在使用磷酸氢钙时，氟含量应低于0.18%。劣质骨粉中磷的含量只有6.0%～8.0%，而钙含量高达30.0%左右，脂肪含量较高，易氧化酸败，大肠埃希氏菌严重超标。因此，肉鸭饲料中禁止使用劣质骨粉。优质骨粉在日粮中的用量为1.5%～2.0%，磷酸氢钙用量为1.3%～1.5%。

（2）钠、钾与氯　食盐由钠离子和氯离子组成，是鸭日粮中常用的钠、氯补充剂。植物中钠、氯含量较低，在全植物性日粮中必须补充食盐，用量一般为0.3%。鱼粉中食盐含量较高，在含鱼粉的日粮中应将鱼粉中的食盐计算在内。植物性饲料中钾离子含量较高，无需补充钾盐。

4. 饲料添加剂　饲料添加剂用量甚微，直接用在饲料中不仅技术上有困难，而且很难保证其使用效果，通常都是将饲料添加剂作为原料生产出各类预混合饲料，再用于配合饲料中。根据使用目的将饲料添加剂分为营养性饲料添加剂和非营养性饲料添加剂。

（1）营养性饲料添加剂　营养性饲料添加剂是指在配合饲料中加入的、微量的、具有营养作用的一类添加剂，包括氨基酸、维生素和微量元素。

① 氨基酸　目前用作饲料添加剂的氨基酸主要有蛋氨酸和赖氨酸，色氨酸、苏氨酸、异亮氨酸等尚未普遍用作饲料添加剂。在普通肉鸭日粮中，蛋氨酸和赖氨酸分别是第一和第二限制性氨基酸。无鱼粉或低鱼粉日粮中必须添加蛋氨酸，以豆粕为主的蛋白质饲料中赖氨酸可以添加很少或不加。常规家禽日粮中氨基酸添加量为 0.05%～0.30%。目前，氨基酸添加剂的主要形式有固态和液态两种。

蛋氨酸和赖氨酸是日粮配制中最需考虑的氨基酸，色氨酸及苏氨酸也应加以重视。蛋氨酸又名甲硫氨酸，是含硫的氨基酸，鱼粉中含有丰富的蛋氨酸。目前，用作氨基酸添加剂的产品有 DL-蛋氨酸、DL-蛋氨酸羟基类似物及其钙盐等。配合饲料中常用的是 L-赖氨酸盐酸（$C_6H_{14}N_2O_2 \cdot HCL$），L-赖氨酸含有 98.5% 以上的 L-赖氨酸盐酸。色氨酸为玉米饲料的第二限制性氨基酸，为大豆饼粕饲料的第三限制性氨基酸。作为饲料添加剂的色氨酸有化学合成的 DL-色氨酸和发酵法生产的 L-色氨酸。L-色氨酸有 100% 生物活性。苏氨酸是白色或黄色结晶，稍有气味，易溶于水，从氨基酸平衡的角度适当添加 L-苏氨酸，也能获得较好的生产性能。

② 维生素　维生素是肉鸭日粮中必须添加的饲料添加剂。常用的维生素包括维生素 A、维生素 D、维生素 E、维生素 K、胆碱，以及维生素 B_1、维生素 B_2、烟酸、泛酸、吡哆醇、生物素、维生素 B_{12} 等 B 族维生素。生产中，将多种维生素按照肉鸭需要量配制成复合维生素，均匀加入到饲料中。

在养殖生产中，维生素 A 包括饲用维生素 A 制剂和 β-胡萝卜素制剂，其中的维生素 A 制剂分为维生素 A 油、包被型维生素 A 制剂（微粒胶囊）、微粒粉剂。维生素 D 分为维生素 D_2 和维生素 D_3，维生素 D_3 对禽类的活性远超过维生素 D_2，且稳定，因此饲料中添加的多用维生素 D_3，需经过特殊防氧化和包被处理；维生素 K_3 目前作为饲料添加剂的有亚硫酸氢钠甲萘酯、亚硫酸氢钠甲萘醌和亚硫酸二甲基嘧啶甲萘醌，其活性成分为甲萘醌；维生素 B_1 添加剂的主要商品形式有盐酸硫胺素、硝酸硫胺素；维生素 B_2（核黄素）的主要商品形式为核黄素及其酯类，常用规格有 96%、55% 和 50% 共 3 种剂型；泛酸（维生素 B_5）在饲料添加剂中常以泛酸钙形式使用，是无色粉状结晶；胆碱是人和动物体内许多生理过程所必需的营养物质，常见的胆碱盐类，如氯化胆碱和其他盐类、柠檬酸盐等均被认为是稳定的安全产品，尤其是氯化胆碱，现已成为家禽配合饲料中不可缺少的添加剂。

③ 微量元素　鸭对各种微量元素，如铜、铁、锌、锰、硒、碘、钴、铬的需要量很少，但生理作用显著，不可缺少。微量元素在饲料中的含量较低，不能满足肉鸭的营养需要，需要补充。饲料级的硫酸铜、硫酸亚铁、硫酸锌和硫酸锰分别补充铜离子、铁离子、锌离子、锰离子；亚硒酸钠、硒酸钠或有机硒补充硒；碘化钾补充碘；氯化钴补充钴；氯化铬或有机铬（酵母铬、吡啶甲酸铬、烟酸铬等）补充铬。

随着饲料技术的发展，有机微量元素或者蛋白源的微量元素产品发展迅猛，在家禽生产中也得到了较好的应用效果。同时，两者的安全性好、利用率高，在日粮配制中可以结合消费市场、养殖情况适当应用新型微量元素。

（2）非营养性饲料添加剂　非营养性添加剂种类繁多，包括防病生长促进剂、酶制剂、抗氧化剂、益生素、防霉剂、微生态制剂等。

① 防病生长促进剂　防病生长促进剂的主要作用是提高肉鸭健康水平和抗病力，刺激其生长，提高饲料利用率。常用的防病生长促进剂有饲用抗生素、抗菌药物和益生素。

② 酶制剂　酶制剂是近几年发展起来的新型饲料原料，主要有植酸酶、木聚糖酶、β-葡聚糖酶、α-淀粉酶、蛋白酶、纤维素酶、脂肪酶、果胶酶、葡萄糖氧化酶等。在日粮中添加外源酶制剂不仅可以破坏饲料中的植物细胞壁，使得被细胞壁包裹的淀粉、蛋白质等营养物质被释放后可以与肠道内内源酶充分接触，而且可以补充内源酶分泌的不足，进而提高饲料的消化率。同时，酶制剂可以使非淀粉多糖中的化学键断链，将其变成易于消化的片段，加快排空速度，提高饲料在肠道中的转化效率，降解饲料中的抗营养因子。植酸酶能提高饲料植酸磷的消化率和利用率，是目前应用最为成熟的酶制剂；木聚糖酶和 β-葡聚糖酶能提高小麦木聚糖和葡聚糖的消化率；其他酶制剂分别依据其作用机制，在提高饲料消化率、改善消化功能方面发挥着重要作用。通常，酶制剂对北京填鸭增重、胸肌重、肌胃重和粗蛋白质表观消化率都有显著影响，对北京填鸭皮脂重、皮脂率的影响有待进一步研究。此外，酶制剂的使

用尤其要结合日粮类型及日粮组成进行添加和配伍，尽量充分发挥酶制剂的作用，促进养殖增产、增效。

③ 抗氧化剂 抗氧化剂的作用主要是保护饲料中易氧化的营养物质免遭氧化破坏，延长饲料保存时间。常用抗氧化剂有乙氧基喹啉、二丁基羟基甲苯、丁基羟基茴香醚、没食子酸丙酯等。

④ 益生素 益生素是一类用于改善动物肠道微生态环境，提高动物消化道健康水平和消化能力的有益微生物制剂。益生素添加剂能够改变肠道微生物的组成结构，消除或抑制病原菌活动；能够改善消化道内生理环境，提高消化酶活性，促进饲料消化；益生素能在消化道黏膜表面形成保护层，保护肠黏膜的完整性和正常生理功能；益生素在肠内代谢时，能合成多种 B 族维生素，有利于提高动物健康水平。总之，使用益生素能提高肉鸭的生产性能，降低发病率，减少抗生素的使用量。益生素的添加量应根据产品的活菌种类、含量等因素确定。

⑤ 防霉剂 在高温、高湿条件下，饲料容易成为霉菌及其他微生物的培养基。霉菌在饲料中大量繁殖能引发饲料发霉变质，产生大量霉菌毒素，降低饲料的营养价值。防霉剂是防止霉菌在饲料中生长繁殖、预防饲料发霉变质的一类添加剂，包括丙酸及丙酸盐、甲酸及甲酸盐、山梨酸等，其添加量一般为 0.05%～0.1%。

⑥ 微生态制剂 微生态制剂是指运用微生态学原理，利用对宿主有益无害的益生菌或益生菌的促生长物质，经特殊工艺制成的制剂，具有改善动物肠道微生物区系、快速构建肠道微生态平衡等积极作用。目前，微生态制剂已在家禽养殖业中得到广泛使用，并有逐步取代传统添加剂的趋势。但是，其在水禽特别是北京鸭上的研究报道并不多，仅有的研究主要集中在乳酸菌的使用上。乳酸菌是一类发酵菌的总称，产物为乳酸，它能够促进鸭生长、调节胃肠道正常菌群、维持菌群平衡，从而改善胃肠道功能，提高饲料转化率。填鸭工艺会对北京鸭的消化功能造成一定的不良影响，导致饲料消化不完全、腹泻等胃肠道功能紊乱现象。研究表明，在北京鸭填饲料中添加乳酸菌对北京填鸭有积极影响。为了使乳酸菌发挥生理保健功能，需要其活性菌数超过 10^7 CFU/mL，研究人员选择了一种活菌数为 1.2×10^8 CFU/mL 的乳酸菌产品用于北京鸭填饲期试验，结果表明从提高生产性能和抗应激作用上来说，乳酸菌能够提高北京填鸭的成活率、成品率和出栏均重，降低出残率；从改善肠道功能上来

说，乳酸菌能够缓解北京填鸭腹泻，改变其粪便状态。

（二）常用饲料的营养价值

鸭常用饲料营养成分和代谢能含量分别见表4-14和表4-15。

表4-14 鸭常用饲料营养成分和代谢能含量

饲料名称	干物质 （%）	粗蛋白质 （%）	粗脂肪 （%）	粗纤维 （%）	钙 （%）	磷 （%）	非植酸磷 （%）	代谢能 （MJ/kg）
玉米（2级）	86	7.8	3.5	1.6	0.02	0.27	0.05	13.47
小麦	88	13.4	1.7	1.9	0.17	0.41	0.21	12.72
高粱	86	9	3.4	1.4	0.13	0.36	0.09	12.3
次粉	87	13.6	2.1	2.8	0.08	0.48	0.17	12.51
小麦麸（1级）	87	15.7	3.9	6.5	0.11	0.92	0.32	5.69
大豆粕	89	44.2	1.9	5.9	0.33	0.62	0.16	10
棉籽粕（2级）	90	43.5	0.5	10.5	0.28	1.04	0.26	8.49
菜籽粕	88	38.6	1.4	11.8	0.65	1.02	0.25	7.41
花生仁粕（2级）	88	47.8	1.4	6.2	0.27	0.56	0.17	10.88
玉米蛋白粉	91.2	51.3	7.8	2.1	0.06	0.42	0.15	14.27
鱼粉	90	60.2	4.9	0.5	4.04	2.9	2.9	11.8
苜蓿草粉	87	17.2	2.6	25.6	1.52	0.22	0.22	3.64
石粉					35.84	0.01		
贝壳粉					32～35			
磷酸二氢钙					15.9	24.58		
磷酸氢钙（2个结晶水）					23.29	18		
骨粉（脱脂）					29.8	12.5		

资料来源：《中国饲料成分及营养价值表》（2016）。表4-15资料来源与此同。

表4-15 鸭常用饲料的氨基酸含量（%）

饲料名称	干物质	粗蛋白	精氨酸	组氨酸	异亮 氨酸	亮氨酸	赖氨酸	蛋氨酸	胱氨酸	苏氨酸	色氨酸
玉米（2级）	86	7.8	0.37	0.2	0.24	0.93	0.23	0.15	0.15	0.29	0.06
小麦	88	13.4	0.62	0.3	0.46	0.89	0.35	0.21	0.3	0.38	0.15
高粱	86	9	0.33	0.18	0.35	1.08	0.18	0.17	0.12	0.26	0.08

饲料名称	干物质	粗蛋白	精氨酸	组氨酸	异亮氨酸	亮氨酸	赖氨酸	蛋氨酸	胱氨酸	苏氨酸	色氨酸
次粉	87	13.6	0.85	0.33	0.48	0.98	0.52	0.16	0.33	0.5	0.18
小麦麸（1级）	87	14.3	0.88	0.37	0.46	0.88	0.56	0.22	0.31	0.45	0.18
大豆粕	89	44.2	3.38	1.17	1.99	3.35	2.68	0.59	0.65	1.17	0.57
棉籽粕（2级）	90	43.5	4.65	1.19	1.29	2.47	1.97	0.58	0.68	1.25	0.51
菜籽粕	88	38.6	1.83	0.86	1.29	2.34	1.3	0.63	0.87	1.49	0.43
花生仁粕（2级）	88	47.8	4.88	0.88	1.25	2.5	1.4	0.41	0.4	1.11	0.45
玉米蛋白粉	91.2	51.3	1.48	0.89	1.75	7.87	0.92	1.14	0.76	1.59	0.31
鱼粉	90	60.2	3.57	1.71	2.68	4.8	4.72	1.64	0.52	2.57	0.7
苜蓿草粉	87	17.2	0.74	0.32	0.66	1.1	0.81	0.2	0.16	0.69	0.37

（三）常用饲料类型

科学的饲料配方、合理的加工工艺、优质的饲料原料是确保配合饲料品质的3个基本要素。饲料加工一般包括原料接收与清理、饲料粉碎、饲料剂量、混合、制粒与膨化、打包等步骤。经加工的饲料通常有3种类型，分别为粉料、破碎料及颗粒料。这3种饲料是饲养鸭采用的主要类型。

1. 常用饲料类型

（1）粉料 粉料是将各种饲料加工粉碎成粉状，再加上糠麸饲料、维生素、微量元素等均匀搅拌而成的。从营养角度看，粉料的营养比较完善，适于饲喂雏鸭、种鸭和产蛋鸭。但由于鸭边吃料边喝水，故粉料易落在水中使水变得浑浊，且通常浪费较多。目前，我国多采用湿拌粉料的方式喂鸭，通常在生长期和育肥期（包括填鸭）使用。

（2）碎料 碎料是将各种饲料组分分别加工成小的碎块后再混合到一起的饲料。这种形式的饲料比粉料的利用率高，浪费少。碎料通常在1~3日龄的雏鸭中使用，且采取自由采食、少喂勤添的饲喂策略。

（3）颗粒料 颗粒料是将各种饲料粉碎成粉状后，根据鸭各生长阶段的生理特点，经制粒工艺制成的大小不同的颗粒饲料。饲喂颗粒料时，鸭无法选择饲料种类，可以保证鸭的营养摄入和避免出现饲料浪费。颗粒料主要应用在育雏后期、生长期及育肥期。其中，育雏后期的颗粒料直径为2 mm左右，生长期和育肥期的颗粒料粒度可以增加到 3 mm 左右。

2. 北京鸭填饲料　　填饲的方式分为人工填饲和机械填饲两种，均是将配制好的填饲料填入鸭的嗉囊内。现在，北京填鸭多采用机械填饲，机械填饲又分为手动和电动两种。填饲周期缩短，一般 32～35 日龄的北京鸭填饲 5～10 d 即可上市，也有 28 d 开始填饲、35 d 出栏的北京鸭。机械填饲使用的填饲料为水稀料，就是将混合粉料加沸水急速搅拌成稠粥状，使配合的饲料能相互黏结。粉料必须粉碎得较细，以便调制后能顺利通过唧筒，吸进和压出饲料，较大的饲料颗粒会阻塞唧筒的进出阀门，造成压不出料或压出的饲喂量不准确。一般料和水的比例为 1∶1，不能太稀或太稠，料太稀会导致北京鸭填饲量小，影响其增重速度；料太稠会导致填饲料吸入困难，对鸭生长不利。同时，填饲料应保证初填期稍稀，后期稍稠。为了促进北京鸭消化填饲料，应在填饲前 4 h 左右将饲料先用水湿好，到时直接使用。天热时可不必事先用水泡，或只浸泡 1～2 h 即可；天冷时可在每顿填饲后，即把下一次的料泡上。这样可以将饲料泡软，易搅匀和易消化。注意每次浸泡的饲料要一次用完，以免发酵变质，引发疾病。

3. 注意事项　　填饲料质量最为关键，要保证料的干净、清洁和卫生。饲料中含有的有害异物会随着机器塞进鸭的食道，损伤鸭的消化道和其他内脏，严重时会造成伤亡。因此，必须把饲料用筛子过滤一下，除去有可能混入的尖利异物（铁钉、竹刺、尖玻璃或金属物等），以及不易消化并能堵塞消化道的杂物（麻绳、毛发等）。另外，要保证填饲料的质量，无霉变、结块、虫害等现象发生，防止饲料卫生指标不合格。

填饲料饲喂要注意合理填饲。开填第 1 天，每次填饲的稠粥状饲料的重量应为北京鸭体重的 1/12，以后每天可多填饲 30～50 g 湿料，随后逐步增加到每次 300～500 g 湿料。可以根据具体情况灵活调整填饲量，如果有 90% 的鸭在下一次填饲前 1～2 h 食道就已经没有食物了，那么可适当增加填饲量；如果填饲前 1 h 还有 1/3 的鸭子食道内有存料，那么应当适当减少填饲量。在北京鸭消化状况良好的凉爽季节可以根据情况增加填饲量，但增加量不宜过多，因为过量填饲会造成北京鸭消化不良，同时体重增长过快，明显增加瘫残鸭的数量。一旦出现消化不良的情况，则可以在填料中加入 0.03% 的碳酸氢钠或酵母片。

4. 配方要求　　北京鸭填饲期饲料以含碳水化合物较多的粮食类为主。蛋白质水平可以适当降低，为 13%～14%，但不可过低。因为通常开始填肥时，鸭还处于长身体的时期，骨骼和肌肉发育不完善，需要一定量的蛋白质营养帮助其生长发育。如果蛋白质含量过低，则其营养物质来源会以长脂肪的糖类饲料为主，无法满足鸭体对蛋白质的需要，导致营养不平衡，降低北京鸭的抗逆性，容易造成脂肪肝、瘫痪甚至死亡。同时，应保证较高的饲料代谢能（12.54 MJ/kg 以上）和较高的饲料消化率，其干物质表观消化率应大于 80%。

填饲料最好根据填肥前后期对不同饲料配方加以调整，这样可以更好地提高北京鸭的屠体质量。填肥前期，主要目的是保证骨骼和肌肉发育完善，保证后期填鸭品质高，不瘫痪，正品率高。此时期饲料中的粗蛋白质水平最好能达到 15%～16%，这样能够保证鸭群健壮；同时，可以适当增加麸皮的用量，提高粗纤维含量，防止北京鸭出现"过料"现象（顶食）。

填肥后期，主要目的是保证填鸭皮下脂肪积聚，提高填鸭肥度。此时期饲料中粗蛋白质水平可以降低，同时要增加含淀粉较多的饲料用量，保持北京鸭能获得较高的代谢能，使其充分积聚脂肪、热量。通过此种方法生产出的北京填鸭，增重快、体格大、质量高，且不容易出现残鸭。

（四）典型日粮配方

1. 配制原则 日粮配制要按照动物的营养需要，结合饲料原料的特性，科学地制定饲料配方。同时，日粮配制必须考虑日粮的经济性，以配制出成本适宜、保质保量的饲料。此外，可操作性也是必要原则，太过小众、不易获得的饲料原料不宜作为常用饲料。

（1）科学性 饲料配合的理论基础是现代动物营养与饲料学，科学性主要表现在饲料标准上，它概括了其基本内容，列出了动物在不同生理阶段和生产水平下对各类营养物质的需求量。但是，日粮配合的科学性更要结合饲料资源和生产实际综合考虑。鸭日粮配制应根据鸭的周龄、生产性能、气候条件等确定鸭的采食量和营养需要量，制定适宜的营养浓度；根据地区性饲料资源特点、饲料的品质和适口性，确定使用的饲料原料种类；计算饲料配方，确定饲料加工工艺方案。饲料配制技术涵盖了动物营养物质代谢、消化生理、饲养技术与饲料原料营养特性、使用方法、质量控制等知识内容，具有高技术性和严密的科学性。

（2）经济性　科学的日粮配制技术是高品质与高经济效益的有机结合，饲料产品应既满足动物的营养需要，又尽可能地降低饲料成本，追求最大收益。高效益在于提高饲料的消化率，降低排泄物中氮、磷的含量。在日粮配制中应用计算机配方软件等新的配方技术，可以有效提高日粮配制效率和效益。通过对配方实现营养、成本和效益的配合与筛选，优化饲料配方，找出最佳组合原料，实现有限资源的最佳分配、多种物质的互补作用，达到饲料成本最小化、收益最大化的目标。目前，国内外饲料配方软件主要有英国的 format 软件、美国的 brill 软件和 Mixit 软件等，国内的配方软件主要有资源配方师——refs 系列配方软件、三新智能配方系统等。

（3）可操作性　配方在选用原料时，应具有可操作性，要求饲料原料品质稳定、数量充足、价格适宜，具有地方资源优势。设计一个合理的饲料配方除要选择特定材料的饲料原料外，还要考虑其生产工艺是否具有可操作性，生产工艺是否会对营养成分产生不良影响，是否会破坏维生素、酶制剂的作用等。对于养殖户，还要考虑自己的设备情况，如设备简单的可先购买浓缩料，再由自己配制全价料。

2. 典型配方　经过查阅相关资料，北京鸭及填饲期一般饲料配方见表 4-16 和表 4-17。

表 4-16　商品代肉鸭实用日粮配方（%）

项　目	育雏期 （0～2 周龄）	生长期 （3～5 周龄）	育肥期 （6～7 周龄）	填饲期 （6～7 周龄）
营养成分				
玉米	60.2	67.0	72.0	60.0
次粉	—	—	—	20.0
小麦麸	—	—	—	—
大豆粕	29.0	24.0	19.0	11.4
花生粕	5.0	5.0	5.0	5.0
优质鱼粉	2.0	—	—	—
石粉	1.2	1.2	1.2	1.0
磷酸氢钙	1.3	1.5	1.5	1.3
食盐	0.3	0.3	0.3	0.3
添加剂	1.0	1.0	1.0	1.0

（续）

项　目	育雏期 （0~2周龄）	生长期 （3~5周龄）	育肥期 （6~7周龄）	填饲期 （6~7周龄）
合计	100.0	100.0	100.0	100.0
营养成分				
代谢能（MJ/kg）	11.92	12.26	12.55	12.55
粗蛋白质（%）	21.0	18.0	16.5	14.5
蛋氨酸（%）	0.50	0.40	0.30	0.30
蛋氨酸＋胱氨酸（%）	0.80	0.74	0.58	0.55
赖氨酸（%）	1.05	0.85	0.70	0.65
钙（%）	0.95	0.85	0.85	0.80
总磷（%）	0.62	0.60	0.60	0.60
非植酸磷（%）	0.40	0.38	0.38	0.35
颗粒料直径（mm）	1.50	1.5~3.5	3.5~4.0	—

表4-17　北京鸭填饲期饲料配方实例汇总（%）

饲料原料	玉米	大麦	高粱	麸皮	米糠	豆饼	菜籽饼	土面	双面粉	大麦渣	小麦渣	鱼粉	砺粉	骨粉	碳酸钙	食盐	资料来源
1	55.0	11.5	—	5.0	—	5.0		20.0				2.0	1.0			0.5	
2	55.0	8.5	—	—	—	12.0		20.0				2.0	1.0	1.0		0.5	
3	40.0	18.0	5.5	10.0	—	9.0		10.0				4.0	2.0	1.0		0.5	《北京鸭》
4	40.0	23.5	15.0	10.0	—	7.0								4.0		0.5	
5	28.7	—	23.9	7.7	6.7	28.7								3.8		0.5	
6	59.0	4.8	—	2.2	—	11.0		15.0				5.4	—	1.9	0.4	0.3	《北京鸭
7	60.0	—	10.8		4.0			15.0				3.5		1.4		0.3	生产手册》
8	50.0	—	5.0	7.0	—	10.0		10.0	10.0			5.0	1.0	1.6		0.4	
9	50.0	—	12.0	13.0				10.0			10.0					0.5	《北京鸭
10	55.0	5.0		8.0	10.0	10.0		5.0				5.0		1.5		0.5	饲养与
11	52.0	—	5.0	12.0		15.0			10.0			3.0	1.0	1.5		0.4	繁育》
12	45.0	—	7.0	8.0	8.0	11.0		10.0	5.0			3.0		1.0		0.5	
13	55.0	—	5.0	10.0		9.0					15.0	5.0	1.0	1.6		0.4	

第五章
北京鸭饲养管理

第一节 不同历史时期北京鸭的养殖

随着养殖科技的进步及养殖环境的变化，北京鸭的饲养管理也发生了变化。早年北京的风土条件，非常适合北京鸭的生长和发育，因为有较多可供北京鸭放养的河流、小溪和草泽。而且一年中炎热的天气较短，在冬季常常保有不结冻的水面，北京鸭和环境生态系统形成了密不可分的关系，水质的不同、饲料来源的不同，形成了不同的"北京鸭-环境"生态系统，如汤山水系、玉泉山水系、莲花池水系、护城河水系、鱼藻池水系、运粮河水系等。在近百年内，北京鸭的养殖数量虽然有所增加，但生产规模很小，多以鸭子房（个体养鸭户）的形式分布于玉泉山及汤山一带。1926—1932 年北京鸭的养殖进入到一个繁盛期，英国人在天津开办合记洋行，将北京鸭收购、屠宰后冷藏运回英国，同时利用贷款预购的方式，在京津两地收购北京鸭。但是之后北京鸭的养殖不断衰减，到 1949 年前全北京市的填鸭生产数量不足 6 000 只。北京鸭开始出现小规模集中饲养，养殖主体主要以农民和小型国营养殖场为主，并开始旱养模式的探索。进入到 20 世纪 80 年代，北京鸭养殖已初具规模，达到 300 多万只，并且开始了北京鸭的系统选育工作。

一、民国时期的北京鸭养殖

民国时期，北京鸭的养殖主要采取放养模式，而且当时的养殖者对饲养环境要求十分严格，一定要在水域的周围，并且要在俗称"暖河筒""肥河筒"的水域类型中养殖，"动水的"和"静水的"各有优劣，但是"臭河底""冰冻河流"是不适宜放养的环境。最适宜的养殖场地应该是水质清洁良好、深浅宽窄适宜、水草鱼虾繁多、冬季不封冻和不干涸、有天然的遮阴树林和可以防风的陡岸山丘的水域。在流动的水域里放养北京鸭，其优点是水质好，冬季水域内不容易结冰，而且一般情况下流水不容易干涸。但是在流动的水里，鸭子不容易捕捉鱼虾等食物，而且流动的水域里一般会有船只，也影响北京鸭的生长。在静水的环境中养殖，方便北京鸭安静地休憩，而且在这种环境下水草丰盛、鱼虾较多，适合北京鸭采食。但是这种环境下的水质较差，而且水位会随降水的变化而变化，冬季水面容易结冰。最适合的养殖环境是在动、静水相通的地方，这种地方既兼有动水和静水的优点，而且还能相互互补。例如，北京郊区的莲花池，虽然是静止的湖泊，但是有流水进入，冬季湖面结冰后冰下仍有流水，这种地方被认为是最适合北京鸭养殖的环境。此时的北京鸭养殖按照传统分为 4 个阶段，分别为小雏鸭期、中雏鸭期、大雏鸭期、填饲期，在养殖上俗称"鸭黄""撒地""返白""匀鸭"。

（一）小雏鸭期的饲养管理

小雏鸭期也叫"鸭黄"，这个阶段需要经过 2 周或者 2 周以上的饲喂，直到橙黄色的胎羽脱落。通常采用极其简单的稻草囤，即用草席做成育雏器，根据容积的大小放入适当数目的雏鸭，草囤 3 个为 1 套，按大小分为"套 1""套 2""套 3"，草囤的形状是囤底较窄，中腰外凸，囤口略小，上盖微呈凸形，中心部分留有气孔，方便空气流通。囤内的温度因小雏鸭体温而升高，囤内的空气也会因为温度的升高而变浑浊，同时空气会陆续从围孔逸出，形成负压，外面的新鲜空气也会进入到围中，形成空气对流，保证空气新鲜。如果发现小雏鸭聚集在一起，说明温度过低，可以堵住通气孔；如果温度过高，可以把通气孔全部打开，使热空气散出。囤喂期一般是 7 d，如果外界温度过低，可以适当延长时间。小鸭出壳后在 48 h 内要保持在 32～38 ℃的温度。传统的方法是将草囤放在火炕头，使囤底接受火炕的高温后再传递到小雏鸭的腹部；2 d 后再将草囤移到炕梢，以降低囤内的温度，使温度保持在 30～35 ℃。养殖者可以通过观察囤内小雏鸭的聚散情况进行温度调节。囤喂期小雏鸭的饲料主要为小米、绿豆、水草等。在小雏鸭出壳的 12～24 h 内，仅饲喂小米饭，不加绿豆和水草，有时加入 1～2 个煮熟的鸭蛋。小雏鸭出壳后的 3～4 d，饲喂小米饭、绿豆渣和煮熟鸭蛋的混合物，其含量分别为 70%、20% 和 10%。待到 5～7 d 后将饲料改为小米饭、绿豆渣、河虾和白菜，其含量分别为 67％、20％、10％和 5％。每天喂食 6 次左右。

1 周后，小雏鸭可以转入到苇簌内进行饲养。苇簌是以芦苇的茎编制而成，通常饲养时间为 10 d，此时苇簌中的温度要控制在 21～26 ℃。如果外界温度过低，则可以把苇簌放在暖架上，也就是所谓的"上架"。这个阶段的饲料主要以小米、绿豆、水草为主，另外增加小麦，同时添加小米、绿豆、小麦、河虾和水草，其含量分别为 45％、25％、15％、10％和 5％。此时小雏鸭的饲料主要以熟食为主，即使喂生食，也需要用水浸泡到适当的程度。

（二）中雏鸭期的饲养管理

雏鸭出生半个月以后即开始转入圈养，圈养期约为 5 周。小雏鸭被饲养到 2～3 周以后，鸭体的皮下脂肪逐渐增多，御寒性和抵抗力均增强，养鸭人开始将雏鸭放到圈里饲养，也就是俗称的"撒地"。在此过程中，雏鸭开始换羽，白色的羽毛增多，黄色的羽毛脱落，即俗称的"返白"。首先在翅膀上长出白色羽毛，之后在胸部两侧伸出，养鸭人俗称"四片瓦"或者"四块玉"。在圈养的过程中，必须在圈内铺设垫草，垫草的目的在于使地面干燥而且柔软。通常养殖者会用稻草或者麦秸。圈内垫草厚度要达到 7～10 cm，圈外垫草厚度要达到 3～5 cm。平时圈舍内的垫草每日更换 1 次，如果遇到雨雪天，则每日更换 2 次。更换垫草的原则是"见湿见干"，见湿就是洗澡，见干就是保持垫草的干燥，适合鸭栖息。北京鸭的养殖过程中既要注意保持适当的阳光照射，但是为了避免暴晒，也要注意在圈舍内搭设凉棚，符合"有阳有阴"的原则。此阶段的饲料依然以小米、绿豆和水草为主，只是增加青绿饲料的喂量，可以加入小麦渣、黄豆头之类的杂粮。"小麦渣"是面粉厂加工剩余的麦胚，"大麦漂"是经酒坊、磨坊用水漂出的不成熟的或者被虫蚀的大麦，其中小米饭、小麦渣、黄豆头、绿豆渣、河虾和水草的含量分别为 35％、30％、10％、10％、5％和 10％。

（三）大雏鸭期的饲养管理

在大雏鸭期基本也是圈养，但是在这个阶段饲料中需要加入黑豆，而且鲜水草量也需要增加到 70％，其中小米饭、小麦、黑豆、绿豆渣和水草所占的比例为 50％、20％、15％、5％和 10％。北京鸭食用了含有小麦类的饲料后，鸭体逐渐丰满，肌肉变得富有弹力，小麦中的糖类通过转化变成脂肪，并在鸭的体内沉积起来。饲喂黑豆的作用主要是促进北京鸭的骨骼发育，养殖者称之为"放胚子"。因为黑豆里除了含蛋白质和脂肪外，还有大量的钙和磷，可以促进骨骼发育。黑豆在调制中也需要煮熟，煮到用手轻捏可以使黑豆外皮脱落的程度即可。

（四）填鸭的饲养管理

北京鸭的育肥是北京鸭养殖中的重要环节，是为了使屠宰的北京鸭在肌肉的纤维组织中夹杂着白色的脂肪，使北京鸭的肉质红白相间，即俗称的"间花"。填鸭通常是在饲养到 50 日龄后开始，通常采取的方法是"净填法"和"边填边喂法"。"净填法"就是从一开始就采用填饲，每日填喂 3 次；"边填边喂法"就是仍然用圈喂期的饲料来喂鸭，只是将每日 4 次改成 2 次，另外 2 次改为填饲。经过 1 周后，填鸭的食道因为填饲的原因变得不能伸缩，填鸭不能自动采食，这时就必须采取填饲的方式，改为"净填法"。边填边喂时期及之后的净填前期，共约 3 周时间，也可称为"填肥前期"；此后还有 3 周时间的净填，可称为"填肥后期"。在这个阶段饲料的调制应该容易消化，因此大部分的饲料都是用粉剂做成湿料。

二、中华人民共和国成立初期的北京鸭养殖

随着中华人民共和国的成立，北京烤鸭成为劳动人民喜爱的食品之一，并且促使北京鸭的生产得到了很大发展，由过去零星分散的小生产养殖改为全民或集体的大规模鸭场，管理技术和机械化程度也有了很大改进。之前北京鸭的填饲需要用玉米、黑豆、高粱、土面等饲料用手工搓成粒状的"剂子"，逐只填饲，每人每天最多能填饲 150 只，生产 1 只体重为 2.5 kg 的北京鸭需要花费 15 kg 的粮食和 90～120 d 时间。目前生产同样一只北京鸭只需 9～10 kg 粮食，饲养周期缩短到 60 d，使用电动填饲机，每人每天可完成 1 000 只北京鸭的填饲。在这个阶段，形成较为完善的养殖体系，包括育雏、饲料配方等。在此养殖过程中，主要采取水旱圈养的方式，即在运动场的前方设置水池，天气炎热的情况下，雏鸭可以随时到水中洗浴和游泳，即常见的"见湿见干"。

三、现代北京鸭养殖

为发挥北京鸭最大的生产潜力，提高北京鸭产品质量，必须从饲养方

式、环境管理、关键养殖技术等方面进行规范化、标准化养殖，确定北京鸭不同生长阶段适宜的养殖参数，实现北京鸭的健康养殖。根据养殖阶段进行划分，1～21日龄的鸭为雏鸭，22日龄到填饲前的鸭为中鸭，后期的鸭为填鸭。

第二节　饲养管理

一、接雏前的准备工作

1. 育雏舍的检修及设备准备工作　育雏舍检修的目的是为了保温，凡是门、窗、墙、顶棚有损坏的地方都要及时修好。在保温的前提下，要做好通风换气工作，并要调整好灯光（按每平方米3 W），使光照均匀。取暖设备要安装好，要备好料盘、饮水器。

2. 消毒　凡是雏鸭接触的地方必须保持清洁和卫生。育雏舍内外及饲养用具要在接雏前消毒，可先用5%氢氧化钠溶液消毒，再用清水冲洗。如是采用地面或火炕饲养，首先应将旧垫草或粪土清除干净，铺上新沙土，再用5%氢氧化钠溶液或25%生石灰水喷洒消毒。如采用网上育雏，则应修补好底网和周围有破损的地方，修补处如有翘起的铁丝应将其按压平整，以免刮伤鸭脚或皮肤，同时将网上和地面的粪便清扫干净。

3. 预温　雏鸭入舍前应提前12 h将舍内温度升至30～33℃，待网床干燥后，进行入舍前的最后一次消毒。温度表应悬挂在高于雏鸭5～8 cm处，并开始观测昼夜温度变化情况。待温度恒定后要求温度达到30～33℃，舍内温度最低不得低于30℃，最高不得超过33℃。

4. 饲料的准备　饲料在接雏前一定要准备好，目的是使雏鸭一进入育雏舍就能吃到营养全面的饲料，而且要保证整个育雏期饲料水平的稳定，一般每只鸭到21日龄需要备料1.5 kg左右。

二、接雏

1. 鸭苗的选择　初生鸭苗质量的好坏直接影响肉鸭今后的生长发育。因此，必须重视鸭苗的选择，尽量选择同一批次孵化中同一时间内大批出壳的雏鸭。雏鸭的体重、大小均匀，符合品种要求，一般在58 g左右。雏鸭的绒毛整洁，富有光泽，呈鲜黄色，嘴、腿、蹼呈橘红色或橘黄色，两腿不跛、健壮有力；表现活泼好动、眼大有神、反应灵敏。用手握时感到其身体饱满，腹部大小适中、柔软，脐部收缩良好，抓在手中挣扎有力，鸣声响亮。凡是绒毛短而被沾污、腹部膨大、脐部突出且有出血痕迹、跛脚、行动迟钝、肓眼、畸形和体重过轻的雏鸭，均不宜选留。

需要注意的是雏鸭出壳后应该及时从孵化机内捡出，在孵化室晾干羽毛后，要尽快转入育雏舍。尽量缩短在孵化室内的停留时间，以免雏鸭不能及时饮水、开食，导致死亡。

2. 鸭苗的运输　运输初生雏鸭的基本原则是迅速、及时、舒适、安全。雏鸭要安全运输到目的地，途中必须做到"防冷、防热、防压、防闷"。

（1）装雏鸭的工具，可用纸箱或筐箩。将雏鸭放入铺有稻草的纸箱或筐箩内，按每平方米可容纳125只左右准备。初生雏鸭最好能在出壳后12 h内运到目的地，如果远距离运输则不宜超过48 h，以免途中因脱水造成死亡。

（2）炎热季节运输雏鸭，应选择清晨和夜间进行，每行进20～30 min就要观察雏鸭的神态，并拨动雏鸭，以防其拥挤、打堆而造成伤亡。如发现雏鸭张口喘气，则是受热气闷的表现，可在树荫下打开纸箱或筐箩通气，以防雏鸭在途中被闷死。冬季运输时要注意保温，可在纸箱、筐箩周边加盖棉被。

三、雏鸭的饲养管理

1. 育雏的温度　育雏舍合适而平稳的温度是提高雏鸭成活率的关键。小鸭进入育雏舍后，开始即给予较高的温度，以后随着小鸭的生长，逐渐降低温度（不同日龄所需温度见表5-1）。温度下降的快慢应视小鸭的体质强弱而定，

表5-1　育雏期温度（℃）

日　龄（d）	育雏方式		
	高温育雏	适温育雏	低温育雏
1～3	32～35	21～24	27～30
4～6	30～32	20～21	24～27
7～10	27～30	18～20	21～24
11～15	24～27	17～18	18～21
16～20	21～24	16～17	16～18
＞21	＜18	14	＜16

注：此温度指地面上方6～8 cm处的温度。

体壮的下降快一些，相反则慢些。一般要求夜间温度高于白天 1～2 ℃为好，这对小鸭休息较为有利。还有一种情况，温度表显示的温度合适，但由于垫草太少或潮湿，雏鸭出现"扎堆"现象，此时应及时加温或更换垫草。

育雏分为高温育雏、低温育雏和适温育雏 3 种方法。高温育雏时，雏鸭生长迅速，饲料利用率高，但体质较弱，而且对房舍和保温条件要求高，成本较高。低温育雏时，雏鸭生长速度较慢，饲料利用率低，但体质强壮，对饲料管理条件要求不高，相对成本较低。适温育雏，是温度在高温和低温之间，从目前饲养效果看，以适温育雏效果最好，其优点是温度适宜，雏鸭感到舒服，鸭发育良好且均匀，生长速度也比较快，体质健壮。各饲养者可根据自己的实际情况，灵活运用。

有经验的饲养者，根据雏鸭的表现即可判断温度对其是否合适。雏鸭对不同温度的表现可见表 5-2。

表 5-2　雏鸭对不同温度的表现

	温度过高	温度合适	温度过低
表现症状	若鸭群自动远离热源，烦躁不安，来回奔跑，翅膀张开，张嘴喘气，则为温度过高的表现。长时间持续高温，容易造成鸭体质软弱、抵抗力降低等	雏鸭表现为三五成群，悠闲自若，或单只躺卧，或伸腿、伸头颈，呈舒展状，食后静卧无声	雏鸭缩脖，集聚成堆，互相挤压，尖叫，极易被压残和压死

部分地区采取高温育雏的方法，就是在接雏时育雏室的温度为 35 ℃，1 周后下降到 28～30 ℃，2 周后下降到 21～24 ℃，这种育雏方法的优点是雏鸭生长发育速度快、耗料少。在北京地区的饲养管理条件下，采取这种育雏方式后 25 日龄的雏鸭平均体重能够达到 600～700 g，但缺点是燃料成本比较高，需要配备较好的通风设备。此外，在此育雏方法中雏鸭一般不和室外接触，体质差，容易患感冒等疾病，有时也会因营养不足导致较高的死亡率。

低温育雏方式，就是将接雏时的温度控制在 24 ℃，4～6 日龄下降到22～23 ℃，7～10 日龄下降到 20～21 ℃，11～15 日龄下降到 10～18 ℃，16～20 日龄下降到 13 ℃，20 日龄后视外界温度的变化而进行调整。这种育雏方式的优点是雏鸭身体状况较好，生长发育平衡，不容易出现个体差异明显的现象，节省燃料，雏鸭能较早外放。缺点是容易导致雏鸭因为"扎堆"而造成死亡，而且与其他两种育雏方式相比，采取此种育雏方式时饲料消耗较大，同时雏鸭的增长速度较慢，25日龄雏鸭体重比高温育雏的鸭轻50～100 g。

在育雏过程中需要注意的是，温度过低会导致雏鸭扎堆，严重时会导致其伤残和死亡；温度过高时，雏鸭会远离热源，频繁张嘴喘气，抗病力差。只有温度适宜时，雏鸭才会出现伸腿伸腰、三五成群、静卧无声的现象，或有规律地吃食、饮水，每隔5～10 min"叫群"运动1次。

2. 湿度　鸭虽属水禽，离不开水，但在育雏期间，舍内要保持干燥、清洁、通风。在过分潮湿且又遇高温的情况下，不仅鸭体不适，还容易导致病菌繁殖，使雏鸭感染各种疾病，如地面散养潮湿的垫草易导致雏鸭下痢、曲霉菌病等。因此，舍内的相对湿度应保持在50%～70%。

3. 通风换气　雏鸭虽小，但体温高，呼吸快，如果群体数量大，房舍矮小，排出的二氧化碳会急剧增多；同时，粪便分解、发酵而产生的有害气体会刺激眼、鼻和呼吸道黏膜，不仅影响雏鸭健康，严重时还会造成其死亡。因此，育雏室一定要经常通风换气，保持空气新鲜。北方冬季天气寒冷，育雏舍为了保温，常关闭过严，影响新鲜空气流通，因此应特别注意。

4. 光照　太阳光照具有促进雏鸭对钙的吸收和骨骼的生长，刺激消化系统分泌以增进食欲、促进新陈代谢等作用。夜间或自然光照不足时，可用人工光照代替或弥补。雏鸭在1～3日龄内需要24 h的光照，4日龄可降至20 h以内，4周龄后白天主要靠日光、夜间提供鸭能看清采食的光度即可。

5. 饲养密度　雏鸭的生长速度和增重与饲养密度关系非常密切。饲养密度过大，生长受阻，个体大小参差不齐，既影响生长和增重，雏鸭又容易患病，甚至加大死亡率；饲养密度过稀，虽然雏鸭的生长发育和增重都较快，但圈舍的利用率不高。因此，饲养密度必须适中，做到既要充分发挥雏鸭的生长潜力，又可提高养鸭的整体经济效益。雏鸭适宜的饲养密度见表5-3。

表5-3　雏鸭饲养密度

日　龄	饲养密度（只/m²）
1～7	30～20
8～14	20～15
15～21	15～10

6. 饲养与管理　雏鸭运回来后，要尽快卸车。先喂水，再喂饲料。如果运输雏鸭的路程超过5 h，则最好在饮水中加入0.5%～1%的白糖，这样可促进雏

鸭尽快恢复体力。然后按群体大小、体况强弱分群，每群不超过 300 只。雏鸭生长速度很快，以后每周应调整一次群体数，以保持鸭群的生长发育和大小均匀。如采用地面散养，则鸭舍内的垫草要经常更换，以保持干燥和清洁。潮湿的垫草必须晒干后方可再用，已发霉的垫草绝对不能再用。鸭舍温度过低时，雏鸭容易互相挤压，饲养员要及时驱散，避免堆积挤压，因窒息造成死亡，同时立即提高舍内温度。鸭舍采暖设备很多，有暖气、电热、炕热、煤炉热、煤灶热、柴火热等，可根据自身养殖条件、生产规模大小等斟酌而定。饲喂雏鸭的用具也是多种多样。1 周龄内的雏鸭应用低沿浅盘、塑料布等，大小及数量根据鸭群大小而定，尽量以不浪费为宜，通常每盘可供 50 只雏鸭采食。雏鸭稍大后即可用铁盆、瓦盆等，每个食盆可供 100 只雏鸭采食。凡是用于做食盆、食槽的用具，只要不漏水，都可盛水饮用。但这些"代用品"已逐渐被专用的饮水器代替。

7. 注意事项　雏鸭的第一次饮水和采食称为"开水"和"开食"，"开水"和"开食"的时间越早对雏鸭后期的生长发育就越有利。雏鸭出壳后腹腔内还剩余一部分卵黄没有被吸收，依然可以在一段时间内维持雏鸭生长发育所需，但如果能将饲料中的营养和卵黄中的营养同时供给雏鸭，将能大幅提高育雏效果。在雏鸭第一次饮水时，可以将雏鸭分批赶入 40 cm×80 cm 长方形的浅盘或直径 50 cm 的圆盘内饮水。水深以 0.5~1 cm 为宜，在水中可以加入少量抗生素。雏鸭进入育雏舍后要尽快开食，开始时雏鸭需要诱食，将饲料撒在方形或圆形的铁盘、木盘中，让雏鸭随时采食，随吃随撒，引诱雏鸭找食、认食。饲料掉在雏鸭的身上，也可以供其他雏鸭啄食。对于不会采食的雏鸭要人为进行诱导，将它们赶到饲料旁使其采食。在食盘的旁边要放上饮水器，鸭有洗口腔和鼻腔的习惯，这样能够更好地促进食欲，帮助其采食，促进其生长。

四、中鸭的饲养管理

1. 中鸭的饲养　根据北京鸭肉鸭的生长发育规律与实际生产习惯，22~35 日龄阶段称之为中鸭期，中鸭期饲养的好坏直接影响填鸭的生产和品质。在这期间，中鸭体重由 21 日龄的 0.7 kg 左右增长到 35 日龄的 2 kg 以上。进入中鸭期后，鸭体对外界环境的适应能力比雏鸭强许多，食欲非常旺盛，活动量大，死亡率也较低。吃食时有狼吞虎咽之势，食量大增。因此，饲料中的蛋白质含量可相应降低些，但其总营养成分仍可满足鸭体生长需要。这样就可以培育出体躯硕大、骨骼结实、发育健壮的大鸭坯，为日后的填饲期打下良好的基础。

在饲养管理上，相对而言中鸭期的管理比较粗放，但也不可粗心大意。从雏鸭舍刚转到中鸭舍后的第1周内，舍内地面应铺垫草，冬天要铺厚些，时间也应略延长，炎热季节则不必铺垫草。运动场上需要有荫蔽凉棚，夏季可避烈日与雨水，冬季可挡风雪。运动场内还应有照明设施，但不必太亮，只要能供鸭夜间采食及管理人员观察鸭群动态即可。中鸭饲喂次数为每6 h一次，即每昼夜4次。饲料种类应由雏鸭料逐渐过渡改为中鸭料，可采用掺着喂的方式，避免突然改变。中鸭阶段的饲喂方法，应该本着"只只吃饱，个个压食"的原则。所谓"压食"，就是从形态上每只鸭子一边吃食，一边摆脖子下咽的姿态，有经验的饲养员中流传着"下大食，长大个"的说法。喂料时要尽量让鸭多吃、吃足，这样可使鸭长得快、长得大。

中鸭期虽然管理较粗放，但要求房舍也应具备防风雨和适当的保温条件。因雏鸭到中鸭阶段环境、温度的突然变化易造成感冒，所以一定要把温度调整好，使其有一个温度梯度的适应过程，避免迅速降温导致鸭群感冒或者发育不良。对待鸭群中偏弱的个体，可采取单独饲养的方式，以提高其生长发育速度。可以在料槽的附近放几只盛满清水的水盆，让鸭随吃随饮，同时也可以清洁口腔、鼻腔，促进食欲。

2. 中鸭的青绿饲料补饲　中鸭时期补充青绿饲料十分重要，常用的是水生植物，也可以是青草等陆生植物。补饲青绿饲料可以节省精饲料的使用量，同时促进鸭的肠道发育，提高中鸭的抗病力和免疫力。中鸭青绿饲料的补饲量和精饲料的饲喂量相关，如果精饲料的质量比较差，则要相应减少青绿饲料的使用量。

五、填鸭的饲养管理

填鸭是我国劳动人民在几百年前就创造出来的一种快速育肥方法，其目的是在短期内促进鸭体的增重。中鸭养到5周龄时，通常体重达2 kg以上，开始进入填鸭阶段。大约经7 d的填饲期，体重达3 kg，这是肉鸭达到上市的标准体重。

填鸭阶段是在整个生产过程中最后出成品的关键时期，养鸭户对这一时期的饲养管理普遍极为重视，千方百计地促进鸭体的快速增长，力求养出体重达3 kg左右的一级填鸭产品。

填鸭是北京鸭饲养上特有的工艺，过去一直用手工填饲，从20世纪60年代初，开始使用机器填饲，但仍需要人工辅助。填鸭阶段的饲管理要点如下。

1. 剪脚趾甲　中鸭转入填饲舍后，为了保证填鸭屠体质量，应即刻将鸭趾甲剪去以免互相抓伤，影响肉鸭等级。

2. 分群填饲　开填以前，最好将转入的中鸭按体重大小、体质强弱分群。也可按公、母分群，因为公鸭生长速度一般比母鸭快。中鸭从外观上不易分辨公、母，可通过叫声识别，公鸭声低哑，母鸭声洪亮。分群后应按个体大小掌握填饲量，以求获得较好的育肥整齐度。

3. 填鸭的饲养　与中鸭期生长阶段所需的饲料略有不同，填饲期所用的饲料主要以高能量饲料为主，一般玉米用量常在 70% 左右。填鸭不用颗粒饲料，而是用粉料调成稠粥状，以便于机械填饲。开填初期填料应稍稀，待鸭适应后再逐渐调成稠粥状。饲料最好在填饲前 2～4 h 先用清水泡软。夏天气温高，泡料时间应缩短，以防饲料变质。

第三节　关键饲养技术

一、网上养殖技术

鸭舍面积的大小应根据饲养量的多少而确定。如果饲养 1 000 只肉鸭，则育雏舍需要 8 m²，中鸭舍和成鸭舍需要 240 m²。种鸭、中鸭和成鸭的网床均为高 70 cm，宽 300～400 cm，长可与鸭舍的长度相等。网床可用木架，网用肉食鸡专用塑料网（各地市场均有售），网架外侧设有高 50 cm 左右的栅栏，栅栏的间距为 5 cm。在栅栏内侧设置水槽和食槽（彩图 5-1）。由于此种饲养方式不与外界接触，因此杜绝了传染源，鸭一般很少发生疫病。但为了确保养殖安全，要坚持"预防为主，防重于治"的安全饲养原则。

二、发酵床养殖技术

发酵床养殖技术是利用微生态平衡原理，给北京鸭提供一个优良、健康的生存环境，通过微生物分解转化畜禽排泄物，无需清圈，真正达到零排放，可从源头上控制畜禽养殖造成的环境污染，达到环保畜禽养殖的目的。

发酵床养殖技术首先在日本和韩国得到应用和推广。由于畜禽养殖环境污染日益严重，目前欧洲一些国家也开始研究并推广畜禽的发酵床养殖。自 20 世纪 90 年代开始，我国各地都开展了发酵床养殖畜禽的探索。例如，山东省利用发酵床养殖家禽的面积至少有 50 000 m²。由于发酵床养殖能从源头上解决困扰养殖业的粪污处理难题，因此近年来在国内得到了蓬勃发展。应用结果表明，应用发酵床养殖时畜舍内外环境得到有效控制，畜禽生产性能与常规养殖方式相当，而且粪污能在有益微生物的作用下得到有效分解（彩图 5-2）。

发酵床养鸭采用锯末和稻壳作为垫料，要求垫料新鲜、无霉变。发酵床高度为 40 cm，菌剂接种量为 1 kg/15 m²。为防止水分过大对北京鸭品质的影响，发酵床垫料不加水和任何添加剂，直接与菌剂混合后铺设在鸭舍中。每出栏 2~3 批填鸭对垫料进行一次堆积发酵，要求温度在 50 ℃以上维持 4~5 d。通过饲养试验发现，发酵床养殖的鸭其料重比、日增重与成活率与常规地面上的相当。可减少粪污排放 120 t（每万只填鸭每天产生粪污按 4 t 计算，填饲期按 10 d 计算），减少人工成本约 1/3。

发酵床养殖的废弃垫料通常作为有机肥应用于种植业，其中的重金属积累是影响废弃垫料农用的主要限制性因素。养殖 1 年所用的垫料，其重金属含量虽然随养殖时间的延长而有所增加，但仍然在有机肥标准范围内，可继续作为有机肥用于种植业。

表 5-4　垫料中重金属积累情况

运行时间	砷	铅	铬	镉	汞	铜	锌
1 个月	0.4	1.6	<1	0.03	0.01	11.9	29.6
3 个月	0.4	1.9	2.15	0.04	0.01	16	84.9
7 个月	0.8	3.7	4.31	0.06	0.01	18.7	83.3
12 个月	0.9	4.8	6.32	0.09	0.01	25.9	135.6
有机肥标准	≤15	≤50	≤150	≤3	≤2	≤100	≤400

三、异位发酵床养殖技术

发酵床养殖过程中北京鸭与垫料直接接触，垫料中的水分和霉菌易对北京鸭产生不良影响，如霉菌感染等。为克服传统发酵床的弊端，开发了一种新型的发酵床养殖模式——异位发酵床养殖（彩图 5-3），即采用网床养殖，网床下面铺设垫料，这样可以避免北京鸭直接接触垫料带来的不良影响。与传统地面养殖相比，异位发酵床养殖节省了饲料和人工成本，因此 1 年左右即可收回发酵床建设的投资。垫料至少可以使用 2 年，而网床可以使用 5~10 年。

四、填鸭技术

将调制好的饲料放入填鸭机上部大漏斗箱内，下部出料处套一个粗细可插入鸭颈部的橡皮管，长 20 cm，上侧有一个调节出料量的开关，由一个脚踏板或手压杆控制出食量。填饲前先将每只鸭每次所需的填饲量用开关调试好，然后再进行填饲。初填时料量要少，随后再逐渐增加。切勿忽多忽少，或突然猛增，以防鸭消化不良，甚至被撑死。遇天气闷热、鸭食欲不振时，应减少填饲量或不填饲。

填饲的方法是：首先将小圈内的待填饲赶入填鸭器的小通道内，挡好后用左手捉住鸭，伸直颈，掰开嘴，套进橡皮管（插入约 10 cm 深）直至嗉囊（食管下部的膨大处），踩一下踏板或压一下控制开关，饲料即被填入鸭体内，然后撤除橡皮管。至此，填饲的全部操作过程完成。在操作时特别要注意将鸭体抱稳、固定，勿使其挣扎、扭曲，尤其是颈部一定得伸直，只有这样才能顺利地套入橡皮管，否则容易擦伤食道或嗉囊，甚至将其捅破致鸭死亡。填饲操作技术的要诀可归纳为：开嘴快，压舌准，插管适，进食慢，撤鸭快。操作掌握正确、熟练，不仅速度快，而且比较安全。填饲需用料量，按干粉混合料计算，每昼夜需 250～270 g，分成 4 次填饲。每次填饲时，要先摸摸鸭嗉囊内有无积食（未消化完的饲料），如有积食，再根据积食的多少决定是否少填或停填 1 次，每次填后要给予鸭充足的饮水或马上给其洗浴。

填饲后的鸭，嗉涨体笨，行动迟缓、懒散，如久卧地面，腿脚易瘫痪，胸部也会出现红斑伤痕，此时最好每隔 2～3 h 让鸭活动 1 次。捉鸭时应抓住其嗉部，勿抓其头颈部或翅膀端。因为填饲完的鸭体重、骨软、皮嫩，稍有不慎就易扭伤或骨折，因此要轻抓轻放。

填鸭的劳动量比较大，但一名熟练的填鸭师傅配一名赶鸭、挡鸭的助手，每小时可填 1 000 只鸭。

活填鸭极为娇嫩，运输时难度大，稍不经心则易伤亡。填鸭运输应空腹或填后 2 h 以上方可启运。如果长途运输（6 h 以上），则途中要少量填饲，以避免掉膘。此时，给鸭提供饮水比补料更为重要；如果短途运输，水、料皆不必提供。此外，装笼上车或卸车时，要轻装轻卸。行车时，速度要平稳，尽量避免颠簸和急刹车。夏季天热，应在早、晚行车，以免鸭中暑；冬天则宜在白天行车。雨雪天更要谨慎行车或暂时停车。到达目的地后，必须立即卸车，尤其在夏天更应如此，以免因闷热和挤压造成鸭伤亡。

第六章
北京鸭疫病防控

第一节 概　　述

　　疫病是养鸭的大敌，要使鸭少得病、少死亡，必须从预防入手，建立严格的防疫制度，做好日常饲养管理工作，以防止病害发生。批量饲养的鸭场，应采用"全进全出"的管理制度，即要采取包括"养、防、检、治"的综合防疫措施，消除或切断传染病流行过程中3个环节的相互联系，以预防或控制疫病的发生和流行。这是鸭病防治的基本原则和方法。

　　传染病在鸭群中的流行过程，一般需要3个阶段，一是病原体从已受感染的鸭体（传染源）排出；二是病原体在外界环境中停留；三是病原体通过一定的传播途径，侵入新的易感鸭而形成新的传染源。如此连续不断地发生、发展就形成了传染病的流行过程。因此，传染病在鸭群中的传播，必须具备传染源、传播途径和易感鸭3个基本环节。倘若缺乏任何一个环节，则新的传染既不可能发生，也不可能构成传染病在鸭群中的流行。同样，当流行已经形成时，若切断任何一个环节，流行即告终止。因此，了解传染病流行过程的特点，从中找出规律性的东西，采取相应的措施来中断流行过程的发生和发展，是预防和控制传染病的关键。

第二节　鸭场消毒和防疫

一、常见消毒药

　　消毒药种类繁多，按其性质可分为醇类、碘类、酸类、碱类、卤素类、酚

143

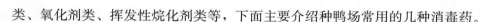

类、氧化剂类、挥发性烷化剂类等，下面主要介绍种鸭场常用的几种消毒药。

1. 氢氧化钠 又称苛性钠、烧碱或火碱，为碱类消毒剂，粗制品为白色不透明固体，有块、片、粒、棒等形状；呈溶液状态的俗称液碱，主要用于场地、栏舍等的消毒。2%～4%溶液可杀死病毒和繁殖型细菌；30%溶液10 min可杀死芽孢，4%溶液45 min可杀死芽孢，如加入10%食盐则能增强杀灭芽孢的能力。实践中常以2%的溶液用于消毒，消毒1～2 h后再用清水冲洗干净。

2. 石灰（生石灰） 为碱类消毒剂，主要成分是氧化钙，将其加水即成氢氧化钙，俗名熟石灰或消石灰，具有强碱性，但水溶性小，解离出来的氢氧根离子不多，消毒作用不强。1%石灰水杀死一般的繁殖型细菌要数小时，3%石灰水杀死沙门氏菌要1 h，对芽孢和结核菌则无效。石灰作为消毒剂的最大特点是价廉易得。实践中，常用20份石灰加水至100份制成石灰乳，用于涂刷墙体、栏舍、地面等，或直接加石灰于被消毒的液体中，或撒在阴湿地面、粪池周围、污水沟等处用以消毒。

3. 赛可新（Selko-pH） 为酸类消毒剂，主要成分是复合有机酸，用于饮水消毒，用量为每升饮水添加1.0～3.0 mL。

4. 农福 为酸类消毒剂，由有机酸、表面活性剂和高分子量杀微生物剂混合而成，对病毒、细菌、真菌、支原体等都有杀灭作用。常规喷雾消毒作1:200稀释，每平方米使用稀释液300 mL；多孔表面或有疫情时，作1:100稀释，每平方米使用稀释液300 mL；消毒池作1:100稀释，至少每周更换1次。

5. 醋酸 为酸类消毒剂，用于空气熏蒸消毒，按每立方米空间3～10 mL，加1～2倍水稀释，加热蒸发。可带畜、禽消毒，用时需密闭门和窗。市售醋酸可直接加热熏蒸。

6. 漂白粉 为卤素类消毒剂，呈灰白色粉末状，有氯臭，难溶于水，易吸潮分解，宜于密闭、干燥处贮存。杀菌作用快而强，价廉而有效，广泛应用于栏舍、饮水、地面、粪池、粪便、污水、车辆、饮水等的消毒。饮水消毒可在1 000 kg河水或井水中加6～10 g漂白粉，10～30 min后即可饮用；地面消毒可先撒干粉再洒水；粪便和污水消毒可按1:5的用量，一边搅拌，一边加入漂白粉。

7. 二氧化氯 为卤素类消毒剂，是国际上公认的新一代广谱强力消毒剂，被世界卫生组织列为A1级高效、安全消毒剂，杀菌能力是氯气的3～5倍，可用于畜禽活体、饮水、鲜活饲料、栏舍空气、地面、设施等的消毒和除臭。本品使用安全、方便，消毒除臭的作用强，单位面积使用费用低。

8. 消毒威（二氯异氰尿酸钠）　为卤素类消毒剂，使用方便，主要用于养殖场地喷洒消毒和浸泡消毒，也可用于饮水消毒。消毒能力较强，可带鸭消毒。使用时按说明书标明的消毒对象和稀释比例配制即可。

9. 二氯异氰尿酸钠烟熏剂　为卤素类消毒剂，本品多用于养蚕消毒及畜禽栏舍、饲养用具的消毒。使用时，每立方米按 2～3 g 计算，置于鸭舍、蚕室中，关闭门窗，点燃后即离开，密闭 24 h 后通风换气即可。

10. 氯毒杀　为卤素类消毒剂，使用方法同消毒威。

11. 百毒杀　为双链季铵盐广谱杀菌消毒剂，无色、无味、无刺激性和无腐蚀性，可带鸭消毒。对多种细菌、真菌、病毒及藻类都有杀灭作用，可用于鸭舍及器具表面的消毒。常用浓度为 0.1%～0.2%，带鸭消毒常用浓度为 0.03%，饮水消毒浓度为 0.01%。

12. 东立铵碘　为双链季铵盐、碘复合型消毒剂，对病毒、细菌、真菌等病原体都有杀灭作用，可供饮水、环境、器械、鸭和种蛋等消毒。饮水、喷雾、浸泡消毒作 1:（2 000～2 500）稀释，发病时作 1:（1 000～1 250）稀释。

13. 菌毒灭　为复合双链季铵盐灭菌消毒剂，具有广谱、高效、无毒等特点，对病毒、细菌、真菌、支原体等病原体都有杀灭作用。饮水消毒作 1:（1 500～2 000）稀释；日常对环境、栏舍、器械消毒（喷雾、冲洗、浸泡）作 1:（500～1 000）稀释；发病时作 1:300 稀释。

14. 40% 甲醛溶液　为醛类消毒剂，有广谱杀菌作用，对细菌、真菌、病毒、芽孢等均有效，在有机物存在的情况下也是一种良好的消毒剂，缺点是有刺激性气味。生产中，以 2%～5% 水溶液用于喷洒墙壁、地面、料槽及用具消毒；房舍熏蒸按每立方米空间用 30 mL，置于一个较大容器内（至少为药品体积的 10 倍），加高锰酸钾 15 g，关好所有门窗，密闭熏蒸 12～24 h 后再打开门窗去味。熏蒸时室温最好不低于 15 ℃，相对湿度在 70% 左右，具体用量如下。

（1）鸭舍　每立方米用 40% 甲醛溶液 21 mL 和高锰酸钾 10.5 g。鸭舍污染特别严重时，甲醛溶液用量可以加倍。

（2）种蛋　每立方米用 40% 甲醛溶液 21 mL 和高锰酸钾 10.5 g，消毒 20 min 后通风换气。

（3）孵化器内种蛋　在孵化后 12 h 内进行，每立方米用 40% 甲醛溶液

14 mL 和高锰酸钾 7 g，消毒 20 min 后打开通风口换气。

15. 过氧乙酸 为氧化剂类消毒剂，纯品为无色澄明液体，易溶于水，是强氧化剂，有广谱杀菌作用，作用快而强，能杀死细菌、真菌、芽孢及病毒。不稳定，宜现配现用。0.04%～0.2%溶液用于耐腐蚀小件物品的浸泡消毒，时间为 2～120 min；0.05%～0.5%溶液用于喷雾消毒，喷雾时消毒人员应戴防护目镜、手套和口罩，喷后密闭门窗 1～2 h；用 3%～5%溶液加热熏蒸，每立方米空间 2～5 mL，熏蒸后密闭门窗 1～2 h。

二、鸭场疫病防疫体系

1. 养殖场消毒

（1）必须贯彻执行以预防为主的方针，建立严格的消毒制度。

（2）养殖场大门、生产区入口处要设消毒池；生产区门口设有更衣消毒室；鸭舍门口设置 1.5 m 长的消毒池，消毒池内的消毒药要每天更换 1 次。消毒药可选择 2%～3%氢氧化钠溶液或 1：400 的消毒威溶液。

（3）人员必须更换消毒过的衣物、鞋帽，用消毒液洗手后方可进场。

（4）场区大环境消毒及空圈消毒时，可选择 2%氢氧化钠溶液、1：400 消毒威溶液、1：300 消毒净溶液；场区大环境消毒时每周至少 2 次，特殊时期每天 1 次。空圈舍消毒根据动物周转情况而定。

（5）鸭舍带鸭消毒时，可选择刺激性和毒性都很低的消毒药，如二氯异氰尿酸钠类（如 1：400 消毒威溶液）、二氧化氯类（1：500 蓝光 A＋B 溶液）、0.2%过氧乙酸溶液进行喷洒。每周 2～3 次，特殊时期每天 1 次。按药物使用说明即可。

2. 生活区消毒

（1）办公室、食堂、宿舍等场所应定期彻底清扫，保持整洁干净，严禁堆放被污染的工作服装、靴、工具等物品。

（2）生活区内、走廊采用喷洒消毒液的方式定期进行消毒，兽医人员负责监督消毒情况并记录。

（3）设立定点垃圾池，及时清理垃圾。

（4）做好灭鼠、灭蚊、灭蝇工作。

3. 生产区消毒

（1）保持道路清洁，无杂物，不得有乱扔的病死鸭，并定期消毒。

（2）生产区内严禁饲养其他畜禽。

（3）被清理出来的粪便在生产区的停留时间不得超过 48 h，粪场清空后应定期消毒。

（4）育雏舍空舍后用高压喷枪冲洗网床上下的粪便、饲料等，竹排子和塑料平网放到消毒池浸泡 12 h 以上，池内消毒液用 3％氢氧化钠溶液浸泡后，再用清水将氢氧化钠溶液冲洗干净，晾干备用。

育雏室在接雏先前 1 d 铺好网床，然后用消毒威 400 倍药液喷雾消毒 1 次。或用熏蒸的方法消毒，每立方米用 40％甲醛溶液 21 mL 和高锰酸钾 10.5 g。消毒达标的鸭舍应设明示牌。

（5）中、成鸭舍（低温间）里外彻底清扫铲净地面上的鸭粪、垫料等杂物，刷净水槽、料槽、填鸭器，清理外圈水槽、水沟，不留死角，用 3％氢氧化钠溶液喷雾消毒，或用消毒威 400 倍药液喷雾消毒。消毒药要交叉使用，并定期更换。消毒达标的鸭舍应设明示牌。

（6）保持孵化室室内整洁和空气清新，每天喷雾消毒 1 次。孵化器与出雏器每次用过后及时清除污物，用 50％百毒杀 2 000～3 000 倍溶液、5％次氯酸钠溶液 1∶500 清洗蛋盘和擦洗孵化器，或用甲醛蒸气熏蒸（每立方米体积用 40％甲醛溶液 48 mL，高锰酸钾 24 g）消毒 20 min 后通风。接雏用盘或箱每次用过后都要用 0.1％新洁尔灭溶液或 5％次氯酸钠溶液、1210 消毒剂 500 倍溶液浸泡后用清水冲洗、晒干后备用。

三、鸭场防疫制度及常用疫苗种类

（一）鸭场防疫制度

1. 熟悉鸭场所在地的疫病流行情况　疫病的发生具有地域性，应通过对鸭场周边地区疫病的调查了解，选择使用相应的疫苗。

2. 排除母源抗体的影响　在购买雏鸭前，应先询问种鸭的免疫情况。对于种鸭已免疫的疫苗，应推算出雏鸭的接种时间，或通过免疫抗体监测提出合理的接种时间。目前鸭场雏鸭免疫失败的原因有相当一部分与母源抗体水平有密切关系。

3. 合理选择疫苗的种类，减少疫苗间的互相干扰　疫苗的种类很多，有活疫苗、灭活疫苗、单价疫苗、多价疫苗、联合疫苗等。它们有各自的优点和缺点，设计免疫程序时应考虑用合理的免疫途径与疫苗类型，以刺激机体产生免疫力。

4. 疫苗的使用剂量、接种途径要适当　根据所用生物制剂的品种不同，采用皮下注射、皮内注射、肌内注射或皮肤刺种、点眼、滴鼻、喷雾、口服等不同的接种方法。油乳剂疫苗副作用大，皮下注射、肌内注射均可。但颈部皮下注射的副作用明显小于腿部肌内注射，且可避免由于雏鸭腿部肌肉不发达，肌内注射容易造成跛行的现象。

5. 其他因素　免疫接种须同药物预防及驱虫相结合，注射疫苗前后 2 d，连续投喂电解多维和维生素 C，可大大提高鸭群的抗应激能力。注射弱毒疫苗类前后 3 d 不宜给鸭投喂抗病毒类中药或西药制品。同时，加强饲养及卫生管理，给予营养均衡的全价饲料，只有这样才能取得最佳的预防效果。

（二）常用疫苗种类和免疫程序

1. 常用疫苗种类

（1）鸭瘟鸡胚化弱毒疫苗　用于预防鸭瘟，是采用鸭瘟鸡胚化弱毒株接种鸡胚或鸡胚成纤维细胞，将收获感染的鸡胚尿囊液、胚体及绒毛尿囊膜研磨或收获细胞培养液，加入适量保护剂，经冷冻真空干燥制成。

（2）鸭瘟-鸭病毒性肝炎二联疫苗　鸭瘟和鸭病毒性肝炎是严重危害养鸭业的两个重要传染病。本二联疫苗可以同时预防鸭瘟和鸭病毒性肝炎，适用于 1 月龄以上的鸭。

（3）鸭腺病毒蜂胶复合佐剂灭活疫苗　鸭腺病毒病是危害种鸭和产蛋鸭的一种严重传染病，发病时可以使产蛋率降低 50% 以上，导致严重的经济损失。本疫苗专门用于预防鸭腺病毒病。本品为淡绿色的混悬液，静置保存时底部有沉淀物。免疫注射后 5～8 d 可产生免疫力。

（4）鸭传染性浆膜炎灭活疫苗　用于预防由鸭疫里默氏杆菌引起的雏鸭传染性浆膜炎，是采用抗原性良好的鸭疫里默氏杆菌菌种接种于适宜培养基，在二氧化碳培养箱中培养，经甲醛溶液灭活，加适当的乳油制成。本品为乳白色均匀乳剂，久置后发生少量白色沉淀，上层为乳白色液体。雏鸭每羽胸部肌内注射 0.2～0.3 mL，用前充分摇匀。免疫期为 3～6 个月。

（5）鸭大肠埃希氏菌疫苗　是由从鸭大肠埃希氏引起的生殖器官病分离的特定致病性血清型大肠埃希氏菌，以及由鸭大肠埃希氏菌引起的败血症分离得到的特定致病性血清型大肠埃希氏菌研制而成，是一种灭活苗，静置保存时上清液清澈透明，底部有白色沉淀物。本疫苗用于后备种鸭及种鸭的免疫。鸭免疫后 10～14 d 产生免疫力，免疫期 4～6 个月。免疫注射后种鸭无不良反应，免疫期间，种蛋的受精率高，种母鸭的产蛋率及孵化率均将提高 10％～40％，雏鸭成活率明显提高。

（6）鸭巴氏杆菌 A 型疫苗　本疫苗是将血清 A 型多杀性巴氏杆菌菌株，按照鸭群中各血清型分布的比例研制而成的专门用于预防鸭巴氏杆菌病的生物制剂。本品为淡褐色悬液，静置时底部有沉淀物，用前摇匀。

（7）禽霍乱弱毒疫苗　本疫苗用于预防家禽（鸡、鸭、鹅）的禽霍乱，是将禽巴氏杆菌 G190E40 弱毒株接种适宜培养基培养，在培养物中加保护剂，经冷冻真空干燥制成。本品为褐色海绵状疏松团块，易与瓶壁脱离，加稀释液后可迅速溶解成均匀混悬液。

（8）重组禽流感 H5 亚型三价灭活疫苗（Re-6 株+Re-7 株+Re-8 株）　本品用于预防 H5 亚型禽流感，7 日龄幼鸭免疫 1 次。

2. 免疫程序　种鸭免疫程序见表 6-1。

表 6-1　种鸭参考免疫程序

日（周）龄	疫苗名称	接种剂量	接种途径
1 日龄	鸭病毒性肝炎弱毒疫苗	1.5 羽份	颈部皮下注射
7 日龄	禽流感油乳剂灭活疫苗（H5-H9）	0.3 mL	颈部皮下注射
2 周龄	鸭疫里默氏杆菌-大肠埃希氏菌油乳剂灭活疫苗	0.5 mL	颈部皮下注射
3 周龄	鸭瘟弱毒疫苗	2.0 羽份	颈部皮下注射
5 周龄	禽霍乱灭活疫苗	0.5 mL	胸部肌内注射
7 周龄	禽流感油乳剂灭活疫苗（H5）	0.5 mL	胸部肌内注射
9 周龄	鸭疫里默氏杆菌-大肠埃希氏菌油乳剂灭活疫苗	0.6 mL	颈部皮下注射
13 周龄	禽流感油乳剂灭活疫苗（H9）	0.6 mL	胸部肌内注射
15 周龄	禽霍乱灭活疫苗	0.6 mL	胸部肌内注射
17 周龄	鸭疫里默氏杆菌-大肠埃希氏菌油乳剂灭活疫苗	0.6 mL	颈部皮下注射
18 周龄	鸭瘟弱毒疫苗	2.0 羽份	颈部皮下注射
19 周龄	副黏病毒-减蛋综合征灭活疫苗	0.8 mL	胸部肌内注射

（续）

日（周）龄	疫苗名称	接种剂量	接种途径
21 周龄	禽流感油乳剂灭活疫苗（H5－H9）	0.7 mL	颈部皮下注射
22 周龄	鸭病毒性肝炎弱毒疫苗	2.0 羽份	胸部肌内注射
37 周龄	禽流感油乳剂灭活疫苗（H5）	0.7 mL	颈部皮下注射
40 周龄	鸭瘟弱毒疫苗	4.0 羽份	饮水
42 周龄	鸭病毒性肝炎弱毒疫苗	3.0 羽份	饮水
47 周龄	禽流感油乳剂灭活疫苗（H9）	0.8 mL	颈部皮下注射
57 周龄	禽流感油乳剂灭活疫苗（H5－H9）	0.8 mL	胸部肌内注射

（三）免疫接种的注意事项

（1）免疫接种应于鸭群健康状态良好时进行。正在发病的鸭群，除了已证明必须紧急预防接种有效的疫苗（如鸭瘟疫苗）外，否则不应进行免疫接种。

（2）每次免疫前要详细了解疫苗的配制方法、疫苗配制过程中的注意事项、免疫操作方法、免疫接种后所用器具、空瓶的处理等情况，以免配错疫苗和出现漏免。

（3）每次配制疫苗的数量不能过多，以在 30 min 内用完为宜。注射油乳剂疫苗时要多预备 1～2 支连续注射器；肌内注射时剂量调节要准确，不打空针，避免伤及骨骼、血管、神经等；皮下注射时注意不要将疫苗打到体外。

（4）免疫接种时应注意接种器械的消毒。注射器、针头、滴管等在使用前应进行彻底清洗和消毒。接种工作结束后，应将接触过活毒疫苗的器具及剩余的疫苗浸入消毒液中，以防散毒。

（5）接种弱毒活疫苗前后各 5 d，鸭群应停止使用对疫苗敏感的药物。

（6）同时接种一种以上的弱毒疫苗时，应注意疫苗间的相互干扰。

（7）做好免疫接种的详细记录，记录内容应至少包括接种日期、品种、日龄、数量、所用疫苗名称、生产厂家、生产批号、有效期、使用方法、操作人员等，以备日后查寻。

（8）为降低接种疫苗对鸭群的应激反应，可在接种前一天用 0.01% 维生素 C 拌入饲料或加入饮水中。

（9）疫苗接种后要注意观察鸭群的反应，有的疫苗接种后会引起鸭的采食量、产蛋量下降，发生局部肿胀等症状，发生时应及时进行处理。

(四) 导致免疫失败的原因

导致免疫失败的因素很多，在实际工作中应全面考虑，周密分析，找出失败原因。

1. 母源抗体的影响　种鸭各种疫苗的广泛应用，可能使得雏鸭母源抗体水平很高，若接种过早，疫苗病毒注入雏鸭体内时会被母源抗体中和，从而影响疫苗免疫力的产生。

2. 疫苗质量　疫苗保存不当或过期都会导致免疫失效。某一环节未能按要求贮藏、运输疫苗，或停电使疫苗反复冻融，都会使疫苗失效。

3. 疫苗使用不当

(1) 稀释剂选择不当　多数疫苗稀释时可用生理盐水、蒸馏水，个别疫苗需用专用稀释剂。若需专用稀释剂的疫苗用生理盐水或蒸馏水稀释，则疫苗的效价就会降低，甚至完全失效。有的鸭场在饮水免疫时用井水直接稀释疫苗，若井水受到污染，疫苗就会被干扰、破坏，进而失活。

(2) 用活疫苗免疫时使用抗菌药物　如在使用疫苗的同时饮服消毒水、饲料中添加抗菌药物、舍内喷洒消毒剂、紧急免疫时用抗菌药物进行防治等。

(3) 盲目联合应用疫苗　在同一时间内以不同的途径接种几种不同的疫苗时，多种疫苗进入体内后，其中的一种或几种抗原产生的免疫成分，可能被另一种抗原性最强的成分产生的免疫反应所遮盖。另外，疫苗病毒进入体内后，在复制过程中会产生相互干扰作用，从而导致免疫失败。

(4) 免疫剂量不准　免疫时的使用剂量应按说明书中的剂量为标准，剂量不足或过高均会影响免疫效果。

(5) 免疫途径不当　免疫接种的途径取决于相应病原体的性质及入侵途径。嗜消化道的多用滴口或饮水接种，嗜呼吸道的用滴鼻或点眼接种等。

(6) 疫苗稀释后用完的时间过长　疫苗稀释后要在 30～60 min 内用完。

(7) 免疫接种工作不仔细　如采用饮水免疫时饮水不足，进行疫苗稀释时计算错误或稀释不均匀，鸭没有被全部接种等。

4. 早期感染　如接种时鸭群内已潜伏强毒病原微生物，或由于接种人员及接种用具消毒不严而带入强毒病原微生物。

5. 应激及免疫抑制因素的影响　饥渴、寒冷、过热、拥挤等不良因素的刺激，能抑制鸭体的体液免疫和细胞免疫，从而导致疫苗免疫保护力下降。网状内皮组织增殖病病毒也能降低 T 淋巴细胞和 B 淋巴细胞的活性，以使机体对各种疫苗的免疫应答降低。

6. 血清型不同　有的病原微生物（如鸭疫里默氏杆菌）有多个血清型，如果疫苗的血清型与感染的病毒或细菌血清型不同，则免疫后起不到保护作用。

第三节　主要疫病与综合防治

一、鸭瘟

鸭瘟是鸭的一种急性传染病。临床发病特点是高热、脚软、步行困难，排绿色稀便，流泪。常见头颈部肿大，故有"大头瘟"之称。病原是一种疱疹病毒。

（一）流行病学

不同年龄、品种和性别的鸭对鸭瘟病毒都有很高的易感性。本病的发生无明显季节性，但通常在春季、夏季和秋季流行最为严重。本病主要传染区域于养殖业集中区域，且由于养殖人员饲养水平的参差不齐，对流行病的关注意识差，因此很容易引发鸭死亡。鸭瘟的传播途径也较为广泛，包括消化道、呼吸道等。与此同时，口服、皮下注射等人工感染途径也是近年来引发鸭瘟的重要原因之一。产蛋种鸭群在死亡率高峰期间，产蛋量下降 25％～41％。

（二）临床症状

本病潜伏期为 2～5 d，病鸭体温达 42 ℃以上，精神、食欲较差。体温高达 44 ℃时，拒食，口渴，好饮水，两脚发软，羽毛松乱，翅膀下垂，行动迟缓。严重时伏地不能行走。排绿色或灰绿色稀便。眼睑肿胀，流泪，分泌浆液或脓性黏液。鼻分泌物增多。呼吸困难。常见头颈部肿胀。病程一般 3～7 d，最后衰竭而死，死亡率在 80％以上。

（三）诊断

1. 病理剖检　病鸭通常头颈部表现肿胀，且皮下组织伴有黄色胶样水肿，严重时不能行走。鼻孔有较多分泌物，气管黏膜充血，可见微小的血斑甚至是溃疡的痕迹。与此同时，多排出灰绿色稀便。肠道部位出现急性卡他性炎症也是主要表现之一，并以十二指肠和直肠最为严重。最近研究还发现，鸭瘟也会造成心脏、心外膜等部位出血；法氏囊黏膜红肿，囊腔内充斥着红色的渗出物；肝脏表面有灰白色的坏死点，肝脏质地脆弱，容易破裂；胆囊肿大，胆汁外流。病鸭多出现眼睑肿胀、流泪等情况，眼结膜充血并伴有脓性黏液。

2. 实验室检测　在诊断过程中，首先采集病鸭的肝脏、脾脏、肾脏等进行病毒分离。此外，通过组织样本接种鸭胚绒毛尿囊膜进行进一步的检测，其主要鉴定方式包括免疫荧光试验、空斑抑制试验等，酶联免疫吸附试验则是现阶段快速诊断的一种方式。诊断时，要注意鸭瘟和鸭巴氏杆菌病、鸭霍乱的鉴别。鸭巴氏杆菌病发病较急，一般在数小时内直接死亡，且鸡、鸭、鹅等禽类均会受到感染。但是该病不会造成头颈肿胀等问题，尽管在肝脏部位也会分布坏死点，但多为针尖状。此外，与鸭霍乱的病情相比，鸭瘟的病程较长，且发生鸭霍乱时，肠道出血较为明显，但是极少出现肠道溃疡和泄殖腔黏膜表面出现假膜等情况。

（四）防治

防治可分为治疗和预防两大方面。首先，发生鸭瘟时要及时进行隔离并对周边环境进行消毒（定期使用 5％漂白粉溶液对鸭舍和用具进行消毒），防止疫情扩散，包括对健康鸭的紧急预防接种。此外，可采用免疫鸭血清和高免血清进行治疗，具体为每只鸭肌内注射 0.5～1 mL。就现阶段而言，鸭瘟的治疗尚无有效药物，发病早期可以使用一定剂量的康复血清或高免血清进行治疗，故而"以预防为主"是控制鸭瘟的主要方法。

（1）注射鸭瘟鸡胚弱毒疫苗，25 日龄以上的鸭以 2～3 倍量肌内注射，老疫区以 5 倍量以上饮水。

（2）加强饲养管理，鸭舍、用具和运动场定期消毒，保持清洁卫生。在预防方面，主要是提高雏鸭母源抗体水平。在饲养过程中坚持科学的饲养模式，遵循"全进全出"的原则，做好鸭舍的消毒工作。饲养人员做好通风换气工作，保持舍内干燥和整洁，对不同年龄的鸭进行隔离分开饲养。

二、鸭病毒性肝炎

鸭病毒性肝炎是由鸭肝炎病毒引起的一种致死率较高的传染病，其特点是传播速度快、病程短、死亡率高，主要特征为肝脏肿大，有出血斑点和神经症状。

（一）流行病学

本病潜伏期一般为 1～2 d，在 3～4 d 内鸭发生死亡。雏鸭感染后会突然发病，病程较短，急性发病的雏鸭有的还未出现症状就突然死亡，病程仅几小时至十几小时，7 日龄以内的雏鸭死亡率可高达 90％以上。发病初期的雏鸭会表现出一系列明显的临床症状。

（二）临床症状

病鸭精神不振，食欲减退或废绝，双眼半闭，呈昏睡状。行动迟缓，不愿走动，呆立或无法行走，因此不能随鸭群走动。双翅下垂，缩颈，嗜睡，羽毛松乱，有的以头触地，有的还会出现呼吸困难、咳嗽、腹式呼吸等现象。有的病例双腿伸直向后张开，头颈向后扭曲于背上，呈现角弓反张的特殊姿势，在数小时内发生死亡。部分病鸭腹泻，排泄物为黄色或绿色的糊状粪便。生长发育缓慢，发育不良，逐渐消瘦，最后昏迷死亡。出现神经症状，发生抽搐，最终死亡。

（三）诊断

1. 病理剖检　对病死雏鸭进行剖检可见病理变化主要发生在肝脏，会出现肝脏肿大、质地脆弱，小日龄病死鸭的肝脏为红黄色或土黄色，较大日龄的病鸭肝脏呈土红色或灰红色，在肝脏表面有大小不一的点状或斑块状出血点或出血斑，有增生性病变。组织学检查可见肝细胞结构松弛、坏死，胆管与肝实质增生；胆囊也会发生肿大，其中充满着淡绿色、淡茶色或褐色的胆汁；脾脏肿大，充满花斑，呈斑驳状；有的病例会出现肾脏肿大、充血，呈灰红色；血管呈暗紫色的树枝状；输尿管内沉积大量的白色尿酸盐；肺淤血，有炎症；心肌变性，个别病例还出现心包炎；有气囊炎的症状，气囊混浊，气囊壁变厚，气囊上有数量和大小不等的灰白色或黄白色的霉菌结节，气囊中有微黄色的渗出液和纤维素状絮片；腹泻的病鸭肠黏膜充血、出血；有神经症状的病鸭大脑水肿，脑膜血管呈树枝状充血，呈现非化脓性脑炎症状。

2. 实验室检测　病毒分离鉴定病死雏鸭的肝脏等病料经无菌处理后，接种于 9～12 日龄的无母源抗体的鸭胚或者鸡胚上，经过 3～5 次的传代后可以得到稳定的致死胚，并进一步利用血清中和试验、免疫荧光抗体技术等可鉴定本病病毒。

动物接种时分别取 2 组 1～7 日龄的无母源抗体的易感雏鸭，其中一组皮下注射鸭肝炎高免血清，经过 24 h 后再给两组同时接种经过无菌处理的肝脏等病料的悬液或从病鸭体肝脏内分离得到的病毒，结果注射抗体一组的雏鸭其存活率为 80%～100%，而未注射抗体组的雏鸭其发病死亡率为 80%～100%。

（四）防治

对病鸭及时进行隔离，并通过药敏试验选择合适的高敏感药物进行治疗，做到有针对性地用药。用病毒性肝炎 I 型弱毒疫苗进行免疫，使其产生免疫力；在未产生免疫力前可以使用氟苯尼考拌料饲喂，连续饲喂 5 d，也可给病鸭注射替米考星等。另外，在病鸭的饮水或饲料中添加 0.2%～0.25% 的磺胺二甲基嘧啶可以降低感染鸭的死亡率，还可加入多种维生素来调整肠道内的微生物菌群。发病期间，在治疗的同时要加强消毒工作，每天都要进行带鸭消毒。加强饲养管理，做好环境卫生和舍内温度的调控工作，避免温差过大。将病死鸭进行无害化处理，防止疾病蔓延，并彻底消灭病原。

有疫情发生时，则要增加消毒频率，可每天进行消毒。加强饲养管理，根据雏鸭的日龄调整适宜的饲养密度，一般要求 1 周龄按 40～50 只/m²、2 周龄按 20～25 只/m²、3 周龄按 10～15 只/m² 的密度饲养。不仅如此，还要对雏鸭按日龄来分群饲养，不可混合饲养。在本病的流行季节要对雏鸭进行隔离饲养，以防止感染发病。要注意雏鸭的营养供给，最好饲喂全价的配合饲料，各营养物质的供应都要满足其生长发育的需求。进行免疫接种工作可以有效预防和控制本病的发生和传播，免疫接种包括免疫种鸭和免疫雏鸭。免疫种鸭时在母鸭产蛋前 2～3 周用鸭病毒性肝炎弱毒疫苗接种，这样孵出的雏鸭可获得被动免疫，具有母源抗体；也可选择在产蛋低峰期接种，每隔 4～5 个月免疫 1 次，公、母鸭都要进行免疫，在首次接种后还要加强免疫 1 次。免疫雏鸭则是利用鸭病毒性肝炎弱毒疫苗对 2～3 日龄的雏鸭进行接种，一般 5 d 后雏鸭即可获得较强的免疫力，并且保护期较长。

三、鸭流行性感冒

鸭流行性感冒（鸭流感）是由 A 型禽流感病毒中的某些致病性血清亚型

毒株引起的鸭的全身性或呼吸器官传染病。

（一）流行病学

本病一年四季均可发生，但在冷热交替变化的季节多发。种鸭比商品代鸭易感，雏鸭感染后的死亡率可高达95％以上。

（二）临床症状

本病的潜伏期为几小时至数天，由于鸭的品种、年龄、并发症、流感病毒毒株的毒力及外环境条件不同，因此鸭感染鸭流感后表现的临诊症状有较大差异。大多数病鸭表现流泪，鼻腔流出大量浆液，出现头部扭转等神经症状。潜伏期变化很大，短的几小时，长的可达数天。有些雏鸭感染后，无明显症状，很快死亡，但多数病鸭会出现呼吸道症状。初期病鸭打喷嚏，鼻腔内有浆液性或黏液性分泌液，鼻孔经常被堵塞，呼吸困难，常有摆头、张口喘息症状。一侧或两侧眶下窦肿胀。慢性病例，羽毛松乱，消瘦，生长发育缓慢。

（三）诊断

1. 病理剖检 大多数病鸭皮肤毛孔充血、出血，全身皮下和脂肪出血，头肿大。下颌部皮下水肿，内有淡黄色或淡绿色胶样液体。眼结膜出血，瞬膜充血、出血，颈上部皮肤和肌肉出血。鼻黏膜充血、出血和水肿，鼻黏液增多，鼻腔充满血样黏性分泌物。喉头及气管环黏膜出血，分泌物增多。肺充血、出血、水肿，呈暗红色，切面流出多量泡沫状液体。胸膜严重充血，胸膜的脏层和壁层腹壁附着大小不一、形态不整的淡黄色纤维素性渗出物。心包常见积液，心冠沟脂肪有出血点和出血斑，心肌有灰白色条纹状坏死。

食管与腺胃、腺胃与肌胃交界处及腺胃乳头和黏膜有出血点、出血斑、出血带，腺胃黏膜坏死、溃疡。肠黏膜充血、出血，尤以十二指肠为甚，并有局灶性出血斑或出血性溃疡病灶。胰腺轻度肿胀，表面有灰白色坏死点和淡褐色坏死灶。肝脏肿胀，呈土黄色，质脆，部分可见有出血点。脾脏肿大、充血、淤血，有灰白色针头大小坏死灶。胆囊肿大，充满胆汁。肾肿大，呈花斑状出血。

2. 实验室检测 取呼吸道分泌物或泄殖腔棉拭子病料，进行以下病毒鉴定：①排除新城疫病毒的血凝试验；②琼脂扩散试验；③雏鸭接种试验；④分子生物学诊断。

（四）防治

当雏鸭群中迅速出现鼻炎等呼吸道炎症时，就应考虑到本病。仅从上述临床症状，很难将鸭流感与其他出现呼吸道症状的疾病相鉴别，因此必须依靠实验室诊断而进一步确诊。控制本病传入的关键是做好引进种鸭、种蛋的检疫工作；坚持全进全出的饲养方式；平时加强消毒，做好一般疫病的免疫工作，以提高鸭的抵抗力。

一旦发生疫情要立即上报，在相关机构的指导下按法定要求采取封锁、隔离、焚尸、消毒等综合措施扑灭疫情。消毒可用5％甲酚溶液、4％氢氧化钠溶液、0.2％过氧乙酸溶液等消毒药液。对疫区或受威胁区内的健康鸭群或疑似感染群应使用指定的禽流感灭活疫苗紧急接种。

四、鸭传染性浆膜炎

鸭传染性浆膜炎是由鸭疫里默氏杆菌引起的一种接触传染性细菌性疾病，该病分布广泛，以纤维素性心包炎、肝周炎、气囊炎、干酪性输卵管炎和脑膜炎为特征。

（一）流行病学

本病一年四季都可发生，主要侵害1～8周龄的鸭，其中2～3周龄的小鸭最易感染，发病率达90％以上，死亡率为5％～75％。7～8周龄以上的鸭很少发病，成年鸭可带菌而不表现临床症状。由于本病发生后鸭的发病率和死亡率都很高，因此是造成养鸭业重大经济损失的最主要疾病之一。

（二）临床症状

最急性病鸭看不到症状突然死亡。急性病例主要临床表现为精神沉郁，少食，拒食，伏卧一角，腿软，不愿行走；运动失调，伏卧于地时头向上、向后呈痉挛性点头运动，有的前仰后翻，有的鸣叫，仰卧后不易翻转，有的头颈弯曲呈90°，有左右转圈、角弓反张、抽搐等神经症状。排黄绿色稀便。眼、鼻流出的黏液性分泌物，使眼周围羽毛黏结，呈现"湿眼圈"。病程一般 1~2 d。

（三）诊断

1. 病理剖检　急性病例心包液增多，心外膜表面覆有呈淡黄色的纤维素性渗出物。病程较慢者心脏被淡黄色的纤维样物所包裹。肝脏呈土黄色或棕红色，肿大质脆，常见肝包膜炎。胆囊肿大。有的病例气囊上覆有纤维素性膜。肌胃实质部剖面有出血，有的角质易剥离。

2. 实验室检测　鸭疫里默氏杆菌在巧克力培养基、5％二氧化碳条件下生长旺盛。革兰氏染色后可见常单个或成对存在，长度为 0.2~0.4 μm 的革兰氏阴性小杆菌。瑞士染色可见两极浓染的小杆菌。

（四）防治

氟苯尼考、头孢曲松、丁胺卡那等对本病均有良好疗效，用量可按 100 mg/L 兑水喷料或饮水。对北京地区鸭疫里默氏杆菌的调查显示，该菌的耐药情况不严重，对大部分抗生素敏感。因此，对鸭传染性浆膜炎可进行常规治疗，推荐使用青霉素类及头孢类药物。

五、鸭大肠埃希氏菌病

鸭大肠埃希氏菌病是一种急性败血性传染病，又名鸭大肠埃希氏菌败血症。临床特点是发病急，死亡快，主要侵害 2~6 周龄的小鸭。

（一）流行病学

病鸭和带菌鸭为主要传染源。鸭场卫生条件差、地面潮湿、舍内通风不良、氨气味大、饲养密度过大时易诱发本病。初生雏鸭由于蛋被感染而患病。

（二）临床症状

新出壳的雏鸭发病后体弱，闭眼，缩颈，常出现腹泻，多因败血症死亡。较大的雏鸭患病后，精神委顿，食欲减退，呆立一隅，缩颈嗜眠，两眼和鼻孔处常附有黏液性分泌物。有的病鸭排出灰绿色粪便，呼吸困难，常因败血症或体弱、脱水死亡。成年鸭患病后表现喜卧，不愿走动，站立时可见腹围膨大，触诊腹部有波动感，穿刺有腹水流出。

（三）诊断

1. 病理剖检　肝脏肿大，呈青铜色或铜绿色；脾脏肿大；卵巢出血；全身浆膜呈急性渗出性炎症；心包、肝被膜表面附有黄白色纤维素性渗出物；气囊炎；腹水为淡黄色。有些病例卵黄破裂，腹腔内混有卵黄物质；肠道呈卡他性或坏死性炎症。有些雏鸭卵黄吸收不全。

2. 实验室检测　革兰氏染色后镜检可见 0.5 μm×（1～3）μm 大小的革兰氏阴性小杆菌，在伊红-美蓝琼脂培养基上生长良好，形成金属光泽的紫黑色菌落。常发生混合感染，在其他原发性疾病中分离出大肠埃希氏菌时，可能为继发性大肠埃希氏菌病。

（四）防治

优化饲养环境，进行科学的饲养管理，及时通风换气，以降低舍内氨气等有害气体积聚。及时清粪，并堆积密封发酵。加强消毒、灭鼠、驱虫等工作。及时淘汰处理病鸭，并进行定期预防性投药和免疫接种，提高鸭体免疫力和抗病力。

对北京地区大肠埃希氏菌的调查显示，大部分菌株对左氧氟沙星、恩诺沙星等喹诺酮类药物及阿奇霉素敏感，部分菌株对庆大霉素、丁胺卡那霉素等氨基糖苷类药物敏感，但对青霉素类和头孢菌素类药物则普遍具有耐药性。由于大肠埃希氏菌耐药现象较严重，各地区耐药性存在差异。因此发生鸭大肠埃希氏菌病时，建议结合药敏试验选择抗生素治疗。

六、巴氏杆菌病

巴氏杆菌病是由多杀性巴氏杆菌引起的一种急性、热性、传染性疾病。动物巴氏杆菌病的急性型常以败血症和出血性炎症为主要特征，所以过去又叫"出血性败血症"；慢性型常表现为皮下结缔组织、关节及各脏器的化脓性病灶，并多与其他疾病混合感染或继发。

（一）流行病学

本病主要通过消化道和呼吸道感染，也可通过吸血昆虫和损伤的皮肤、黏膜而感染。能感染本病的动物很多，禽类中以鸡、火鸡和鸭最易感，鹅、鸽次之。发病动物以幼龄为多，且较为严重，病死率较高。

（二）临床症状

病鸭精神沉郁，行动缓慢，常落于鸭群的后面或独于一隅。体温升高，渴欲增加。羽毛粗乱，两翅下垂。缩脖。厌食，嗉囊积食。口和鼻有黏液流出。呼吸困难，常张口呼吸，并常常摇头，故有"摇头瘟"之称。病鸭排出腥臭的白色或铜绿色稀便，有时混有血液。有的病鸭发生气囊炎。病程稍长者可见局部关节肿胀，病鸭发生跛行或完全不能行走。有的病例可见掌部肿如核桃大小，切开可见脓性和干酪样坏死。

（三）诊断

1. 病理剖检　肝脏肿大、质脆，表面有许多白色针尖大小的坏死点。脾脏肿大、质脆。肠道尤其是十二指肠呈卡他性和出血性肠炎，肠内容物呈血样。心冠脂肪、心外膜有点状出血。肺出血。

2. 实验室检测　病原菌革兰氏染色为阴性，呈中央微凸的短杆菌或球杆菌；瑞氏染色可见两极染色的球杆菌。

（四）防治

氟苯尼考、阿莫西林、庆大霉素、新霉素、磺胺二甲氧嘧啶、复方新诺明、磺胺六甲嘧啶等为本病敏感药物，对可疑病鸭使用这些药物预防可迅速控制病情。同时，应加强饲养管理，改善卫生条件，减少或消除致病因素。

七、鸭葡萄球菌病

鸭葡萄球菌病是由金黄色葡萄球菌引起的一种急性或慢性传染病。临床上有多种病型，如腱鞘炎、创伤感染、败血症、脐炎、心内膜炎等。

（一）流行病学

金黄色葡萄球菌是鸭体表及周围环境的常在菌，当饲养管理不良、鸭体表皮肤破损、鸭抵抗力下降时可感染鸭。病鸭群过大，鸭舍拥挤、通风不良、空气污浊，饲料单一、缺乏维生素和矿物质等均可促进鸭葡萄球菌病的发生，增加鸭的死亡率。

（二）临床症状

急性败血症病鸭精神不振，食欲废绝，两翅下垂，缩颈，嗜眠，下痢，排灰白色或黄绿色稀便。典型症状为胸腹部及大腿内侧皮下水肿，水肿部位破溃后流出紫红色液体，周围羽毛被沾污。关节炎型以种鸭多发。病鸭站立时频频抬脚，驱赶时表现跛行或跳跃式步行，趾关节、跗关节肿胀，触摸局部有热痛感，破溃后流出大量血液和脓性分泌物。病死鸭有腹水，肝肿大。

另外，金黄色葡萄球菌常可引起小鸭脐炎，表现为脐部肿大，呈紫黑色，时间稍久则形成脓样干固坏死物。

（三）诊断

1. 病理剖检

（1）急性败血症型　病鸭胸腹部皮下充血和溶血，呈弥漫性紫红色或黑红色（彩图6-1），积有大量胶冻样粉红色或黄红色水肿液，水肿可延至两腿内侧和后腹部，前达嗉囊周围。胸腹部甚至腿内侧有散在出血斑点或条纹，特别是胸骨柄处以肌肉弥散性出血斑或出血条纹为重，病程久者还可见轻度坏死。肝脏肿大，呈淡紫红色，有花纹或斑驳样变化，小叶明显；病程稍长的病例，其肝脏上还可见数量不等的白色坏死点。脾脏亦见肿大，呈紫红色，病程稍长者也有白色坏死点。腹腔脂肪、肌胃浆膜等处有时可见紫红色水肿或出血。心包积液，呈黄红色半透明状，心冠状沟脂肪及心外膜偶见出血。有的病例还见肠炎变化。腔上囊无明显变化。

（2）关节炎型　可见关节炎和滑膜炎。某些关节肿大，滑膜增厚、充血或出血，关节囊内有或多或少的浆液或有浆液性纤维素性渗出物。病程较长的慢性病例患病关节处出现干酪样坏死灶，甚至关节周围结缔组织增生和畸形。

（3）脐炎型　以雏鸭多发。可见脐部肿大，呈紫红色或紫黑色，内有暗红色或黄红色液体，时间稍久则为脓样干固坏死物。肝脏有出血点。卵黄吸收不良，呈黄红色或黑灰色的液体状，或内混絮状物。

2. 实验室检测　镜检可见圆形或卵圆形的直径为 $0.7\sim1\ \mu m$ 的球菌，常单个、成对或呈葡萄状排列，革兰氏染色阳性。在固体培养基上生长的细菌呈

葡萄状，致病性菌株的菌体稍小，且各个菌体的排列和大小较为整齐。

（四）防治

鸭葡萄球菌病是一种环境性疾病，做好鸭舍及鸭群周围环境的消毒工作，对减少环境中的含菌量、降低感染概率、防止本病的发生具有重要意义。尽量避免和消除使鸭发生外伤的诸多因素，如雏鸭网育时的铁丝网结构应合理，防止铁丝等刺伤皮肤；种鸭运动场应平整，保持排水良好，防止雨水浸泡鸭体。对本病的治疗应首先采集病料分离出病原菌，经药敏试验后选择最敏感的药物进行治疗。调查显示，北京地区鸭葡萄球菌对部分药物耐药性严重，对青霉素和头孢菌素类药物较敏感。

八、鸭坏死性肠炎

鸭坏死性肠炎又称烂肠病，病原尚不清楚，主要是由 A 型产气荚膜梭状芽孢杆菌或 C 型产气荚膜梭状芽孢杆菌、魏氏梭菌、原虫和类巴氏杆菌感染所致，是发生在种鸭身上的一种传染病。

（一）流行病学

发病原因可能是多种致病因子综合作用的结果，如在免疫接种、恶劣的气候条件等刺激时种鸭易发病。

（二）临床症状

病鸭体质衰弱，不能站立，常突然死亡。排出腥臭的黑褐色稀便，肛门周围常沾有粪便。食欲下降，甚至废绝，有时可见病鸭从口中吐出黑色液体。

（三）诊断

剖检可见食道膨大、充盈；肌胃中充满食物；肝脏肿大，呈浅土黄色，质脆，表面有大小不一的黄白色坏死斑点；肾脏肿大；肠黏膜充血、水肿，肠壁增厚、粘连、发黑。空肠和回肠明显膨胀增粗，肠浆膜呈深红色或灰色，有出血斑点，疾病后期见空肠和回肠黏膜表面覆盖一层黄白色恶臭的纤维素性渗出物，肠黏膜坏死，并有散在枣核状溃疡灶，溃疡深达肌层，上覆一层假膜。

（四）防治

舍内带鸭消毒，每天 1 次。清除水线下的湿垫料，更换为干燥的新垫料。提高舍温 2～3 ℃，以减少冷应激。死鸭装袋消毒后，运出深埋。环境消毒，每天 1 次。

全群采用氟苯尼考 100 mg 饮水。对严重病鸭，可每只肌内注射青霉素 5 万～10 万 IU、丁胺卡那霉素 3 万 IU，每天 1 次，连续治疗 3～5 d。

九、鸭变形杆菌病

本病属于条件性疾病，环境卫生差、饲养密度高、通风不良等均可促发本病。1～7 周龄鸭对本病敏感，但本病多发于 10～30 日龄雏鸭。

（一）流行病学

本病主要经呼吸道感染，脚蹼经刺种、肌内注射等途径也可引起鸭发病死亡。自然感染本病的发病率一般为 20%～40%，有的鸭群可高达 70%，发病鸭死亡率为 5%～80%。感染耐过鸭多变为僵鸭或残鸭。不同品种鸭发病率和死亡率差异较大，其中北京鸭、樱桃谷鸭和番鸭的发病率及死亡率都较高。

（二）临床症状

病鸭精神沉郁，蹲伏，缩颈，有头、颈歪斜、步态不稳、共济失调（彩图 6-2）等神经症状（脑炎）；粪便稀薄，呈绿色或黄绿色。随着病程的发展，部分病鸭转为僵鸭或残鸭，表现为生长不良、极度消瘦、瘫痪。

（三）诊断

剖检可见纤维素性心包炎、肝周炎、气囊炎和脑膜炎。喉头和气管黏膜出血，气管内充满黏液性分泌物，或积有血凝块或黄色干酪样物。肺水肿，弥漫性出血或淤血，切面呈大理石样；肝脏、脾脏肿大，稍出血；气囊炎，气囊壁附有大量黄色干酪样物；胆囊鼓胀。体表局部慢性感染病鸭在屠宰去毛后可见局部肿胀，表面粗糙，颜色发暗，切开后可见皮下组织出血，有多量渗出液。

（四）防治

预防本病首先要改善育雏鸭舍的卫生条件，特别要注意通风、保持干燥、防寒及降低饲养密度，地面育雏时要勤换垫料。做到"全进全出"，以便彻底消毒。

变形杆菌对绝大多数抗生素耐药，仅对个别氨基糖苷类药物（庆大霉素、妥布霉素敏感）。鸭舍发生本病时，建议根据细菌的药敏试验结果选用敏感的抗菌药物。

十、鸭链球菌病

鸭链球菌病是由链球菌引起的一种以败血症、发绀和下痢为特征的急性或慢性传染病。主要病原为兽疫链球菌和粪链球菌，鸭、鸡、火鸡、鹅和鸽均易感染本病。

（一）临床症状

急性病例体温升高，昏睡或抽搐，发绀，头部出血，并出现下痢，死亡率较高，多于 12～24 h 内死亡。慢性病例精神不振，嗜睡，冷漠，食欲减少或废绝，羽毛蓬乱无光泽，怕冷，头藏翅下，呼吸困难，冠及肉髯苍白，持续性下痢，体况消瘦，产蛋量下降。濒死鸭出现痉挛或角弓反张等症状。病程稍长的病鸭出现跛行或站立不稳、蹲伏、消瘦，有的出现下痢、眼炎或痉挛、转圈运动、麻痹等神经症状。局部感染时可发生足底皮肤和组织坏死，以及结膜炎和羽翼坏死。

（二）诊断

以败血症变化为主，皮下及全身浆膜和肌肉水肿、出血。心包及腹腔内有浆液出血性或浆液纤维素性渗出物，心外膜出血。肺脏发炎并充血，出血。脾脏肿大、充血。肾脏肿大、充血，有尿酸盐沉积。肝脏肿大，呈淡黄色，脂肪变性，并见有坏死灶。肠壁肥厚，时而有出血性肠炎。输卵管发炎。有的病例在气管、喉头黏膜可见出血点和坏死灶，表面有黏性分泌物；有的发生气囊炎，气囊浑浊、增厚。病程长的出现纤维素性关节炎、卵黄性腹膜炎和纤维素性心包炎，肝脏、脾脏、心肌等实质器官出现变性或坏死。

（三）防治

加强饲养管理，搞好鸭舍和运动场的卫生，注意鸭舍通风。发现病鸭应及时隔离治疗，鸭舍和运动场彻底清扫和消毒。种蛋孵化前应用药物消毒处理。治疗本病的首选药物是青霉素，也可选用新霉素、恩诺沙星、四环素类、氟苯尼考、庆大霉素等抗生素和磺胺类药物，如与抗菌增效剂合用则疗效更佳。

十一、鸭蛋白质缺乏症

蛋白质是生命的物质基础，动物体各种组织器官、血液、羽毛和蛋等主要由蛋白质组成；新陈代谢的酶、激素及参与机体免疫的抗体物质，也主要是由蛋白质组成。因此，在鸭的配合日粮内，蛋白质是不可缺少的物质，但也不可过量。

在必需氨基酸中，蛋氨酸、赖氨酸和色氨酸称为限制性氨基酸。也就是说，上述3种氨基酸缺少任何一种，都会发生蛋白质营养缺乏症，而且会限制其他必需氨基酸的利用率，从而降低日粮中蛋白质的氨基酸利用率，造成饲料中蛋白质的浪费，不能满足鸭体需要。

在蛋白质饲料中，含有全部必需氨基酸、营养价值高的称为全价蛋白质饲料，否则称为非全价蛋白质饲料。一般来说，动物性蛋白质饲料的营养价值高于植物性蛋白质饲料，但价格较贵。因此，在配合日粮时，要根据蛋白质中各种氨基酸的特性及其相互关系，合理配制，以满足动物机体的需要。

（一）病因

（1）在配合日粮中，蛋白质含量水平太低，特别是动物性蛋白质不足，不能满足机体的需要。

（2）蛋白质饲料品质低劣，虽然含量水平在计算上达到标准，但也满足不了机体的需要。如果饲料霉败变质或含有毒素，还会引起相应的疾病。

（3）在蛋氨酸、赖氨酸和色氨酸中，缺乏任何一种都会发生相关的蛋白质缺乏症。

（4）鸭群患有慢性消化不良或其他胃肠疾病时，由于消化吸收率降低，因此也会发生蛋白质及其他营养性物质缺乏症。

（二）症状

蛋白质缺乏，会导致鸭生长发育缓慢、体况逐渐消瘦、体重下降、产蛋量减少、蛋重和蛋品质降低。各种氨基酸的缺乏，会引起一些不同的症状。

（1）赖氨酸缺乏时，鸭生长发育停滞，体质消瘦，骨质钙化不良，皮下脂肪减少。

（2）蛋氨酸缺乏时，鸭生长发育不良，肌肉萎缩，羽毛无光泽，肝、肾功能不全，使胆碱或维生素 B_{12} 缺乏症更为严重。

（3）甘氨酸缺乏时，鸭羽毛生长发育不良，出现肢体麻痹，活动迟缓。

（4）缬氨酸缺乏时，鸭生长发育停滞，出现运动失调的症状。

（5）苯丙氨酸缺乏时，鸭甲状腺和肾上腺功能受到损害，腺体分泌受阻，出现相应疾病。

（6）精氨酸缺乏时，公鸭精子受到抑制，失去配种能力，生长发育受阻，体重很快下降，翅羽向上卷曲。

（7）色氨酸缺乏时，鸭生长受阻，也是引起滑腱症的原因之一。

（三）防治

经常观察鸭群，对出现的临床症状要深入调查研究，注意与类似病症相鉴别，及时补充蛋白质饲料或添加各种必需氨基酸，以达到防治本病的目的。

十二、鸭球虫病

鸭球虫病是一种严重危害鸭的寄生虫病，各种日龄的鸭均可感染发病。该病主要侵害鸭的肠道，以出血性肠炎为特征。

（一）流行病学

目前国内外报道的鸭球虫共计有 4 属 15 种，鸭球虫病主要由毁灭泰泽球虫和菲莱氏温扬球虫引起。在我国北方地区，该寄生虫病多发生在 3～5 周龄的中鸭，以夏、秋季节发病率最高，可达 30％～50％，死亡率为 20％～70％。近年来，本病的发病率和死亡率呈明显上升趋势。感染鸭球虫后的鸭一般生长速度缓慢，耗费饲料与人工，给养鸭业造成了巨大的经济损失。

（二）临床症状

1. 急性型　多发生于2～3周龄的雏鸭，感染后3周雏鸭出现精神委顿、缩颈、不食、喜卧、渴欲增加等症状。病初腹泻，随后排暗红色或深紫色血便，发病3d内发生急性死亡的较多。耐过的病鸭逐渐恢复食欲，但生长受阻，增重缓慢。

2. 慢性型　病鸭一般不表现临床症状，偶见腹泻，常成为球虫的携带者和传染源。

（三）诊断

1. 病理剖检

（1）毁灭泰泽球虫　对鸭的危害严重，鸭感染后肉眼可观察到整个小肠呈出血性肠炎，尤以卵黄蒂前后范围内病变严重。肠壁肿胀、出血，黏膜上有出血斑或密布针尖大小的出血点，有的见有红白相间的小点；部分黏膜上覆盖一层糠麸状或奶酪状黏液，或有淡红色或深红色胶冻状出血性黏液。组织学病变为肠绒毛上皮细胞广泛崩解脱落，几乎为裂殖体和配子体所取代，宿主细胞核被压挤到一端或消失；肠绒毛固有层充血、出血，组织细胞大量增生，嗜酸性细胞浸润。感染后第7天肠道变化已不明显，趋于恢复。

（2）菲莱氏温扬球虫　对鸭的致病性不强，肉眼观察病变不明显，仅可见回肠后部和直肠轻度充血，偶尔在回肠后部黏膜上有散在出血点，直肠黏膜弥漫性充血。

2. 实验室检测　鸭带虫现象极为普遍，绝不能根据粪便中有无卵囊做出诊断，应结合实际情况，并结合其症状、流行病学、病理变化、病原检查等进行综合判断。对于急性死亡病例，可从病变部位刮取少量黏膜置于载玻片上，加1～2滴生理盐水混匀，加盖玻片用显微镜检查；或取少量黏膜制成涂片，用姬姆萨染液或瑞氏染色，在高倍镜下检查，见到有大量裂殖体和裂殖子即可确诊。耐过病鸭可取其粪便用常规沉淀法检查，沉淀后弃去上清液，沉渣加64.4%硫酸镁溶液漂浮后取表层液镜检，见有大量卵囊即可确诊。

（四）防治

1. 主动预防　由于多数抗球虫药物主要通过抑制球虫内生性发育的无性

生殖阶段来抑制球虫，因此在生产中必须通过早期投药来主动预防本病的发生。平时预防用药一般采取按比例拌入饲料中饲喂，尤其是使用比例较少的某些药物投喂前必须用逐级扩大法拌料，要求拌料均匀，以免中毒事故的发生。

2. 及时治疗　发生球虫病时必须及时治疗，按时、按量用药。例如，用磺胺类抗球虫药防治球虫病，不但要注意在早期用药，而且要注意按使用说明用足疗程，一般连续用药 3～5 d。如果只投药 1～2 d 见病症减轻就停药，不但没有达到彻底治疗的目的，反而会导致耐药性虫株的出现，从而影响球虫病以后的治疗效果。使用其他抗球虫药物也是如此，在生产实践中因用药不足或时间太短而造成本病反复的病例屡见不鲜。鸭发生球虫病时食欲减退甚至完全废绝，但饮欲增强，因此治疗球虫病时最好选用水溶性抗球虫药物，通过饮水途径给药。

3. 交替用药　抗球虫药的种类很多，在最初推入市场时绝大多数对球虫病的防治效果都很好，但球虫容易对抗球虫药物产生耐药性。对于鸭场来说，应有计划地交替使用抗球虫药，可避免或减缓耐药性虫株的产生，从而提高药物疗效，降低球虫病造成的危害。在用药防治球虫病的同时必须要保持良好的环境卫生，保持地面干燥，及时清除粪便和更换受潮垫料；定期消毒，以杀灭或减少鸭舍环境中的球虫卵囊和阻止其孢子发育，这对降低球虫病的发病率具有重要意义。

十三、鸭住白细胞原虫病

鸭住白细胞原虫病是由住白细胞原虫寄生在鸭白细胞和内脏器官组织而引起的一种原虫病。

（一）流行病学

住白细胞原虫病的病原为住白细胞原虫，其属于疟原虫科，寄生于鸭的为西氏住白细胞原虫。

本病的发生与蚋的活动密切相关。一般气温在 20 ℃以上时，蚋繁殖速度快、活动力强，本病流行也就越严重。因此，本病的流行有明显的季节性，南方地区多发生于 4—10 月，北方地区多发生于 7—9 月。由于蚋的幼虫生活在水中，因此靠近水源的地方和雨水量大的年份，本病的发病率就高。雏鸭对本病比较敏感，通常呈急性发作，有时在 24 h 内死亡，死亡率可达 35％。成年鸭多呈慢性经过，症状较轻，死亡率较低。

（二）临床症状

雏鸭感染住白细胞原虫后，表现显著乏力，精神倦怠，食欲减退或废绝，呼吸困难，流涎，下痢，粪便呈黄绿色，贫血，有的两翅或两腿瘫痪，头颈伏地，活动困难。严重时病鸭口流鲜血而死亡。部分病鸭皮肤有散在、大小不一、突出于皮肤的出血疱。成年鸭发病后仅表现精神不振等轻微症状。

（三）病理变化

1. 病理剖检　病鸭的特征性病变为口流鲜血或口腔内积有血液凝块，全身性出血，肌肉和某些器官有灰白色小结节，骨髓变黄。

2. 实验室诊断　取病鸭外周血 1 滴，涂成薄片，用姬姆萨或瑞氏法染色后置于高倍镜下，发现住白细胞原虫虫体即可确诊。挑取病死鸭肌肉、肝脏、脾脏、肾脏等组织器官上的灰白色小结节置于载玻片上，加数滴甘油，将结节捣破后，覆盖玻片置于高倍镜下检查；或取上述器官组织切一新切面，在放有甘油水的载玻片上按压数次，覆盖玻片，置于高倍镜下检查，当发现大量裂殖体和裂殖子时即可确诊。

（四）防治

1. 预防　防止鸭与媒介昆虫接触。在蠓、蚋活动季节，每隔 6～7 d 在鸭舍外用溴氰菊酯或氯氰菊酯等杀虫剂喷洒，以减少昆虫的侵袭。

2. 治疗　先用 0.1% 泰灭净饮水，连用 3 d；然后改为 0.01% 的浓度，连用 2 周，可起到较好的治疗效果。

十四、鸭绦虫病

鸭绦虫病是由某些绦虫（矛形剑带绦虫、冠状膜壳绦虫、片形皱褶绦虫等）寄生于鸭的小肠内而引起的。

（一）病原

1. 矛形剑带绦虫　寄生于鹅、鸭等水禽的小肠内。成虫体长 3～13 cm，呈矛形，顶突上有 8 个小钩。中间宿主为剑水蚤。

2. 冠状膜壳绦虫 是寄生在鹅、鸭和多种雁形目鸟类的一种绦虫。虫体全长 8.5～25 cm、宽达 0.35 cm。中间宿主为多种淡水剑虫。

（二）流行病学

绦虫的成虫寄生在鸭的小肠内，随粪便排出的虫卵与孕卵节片，在水中被剑水蚤或其他中间宿主吞食后，逸出的六钩蚴发育成似囊尾蚴，鸭吞食含有似囊尾蚴的剑水蚤或带虫螺蛳后即被感染。各种日龄的鸭均可感染本病，但以雏鸭的易感性更强，25～40 日龄的鸭发病率和死亡率最高。

（三）临床症状

病鸭精神沉郁，食欲减退，生长迟滞，贫血消瘦。粪便稀薄，并混有黏液，甚至排出恶臭稀便。有的病鸭则出现行走不稳、歪颈、仰头、卧地做划水动作等神经症状。雏鸭感染后可大批次发病死亡。

（四）诊断

1. 病理变化 小肠内黏液增多、气味恶臭，黏膜增厚，有出血点，肠道中有大小不一的虫体。当虫体大量积聚时，可造成肠管阻塞、肠扭转，甚至肠破裂。死于绦虫病的鸭尸体消瘦。

2. 实验室检查 在粪便中可找到白色米粒样的孕卵节片，在夏季气温高时，可见节片向粪便周围蠕动。取此类孕节镜检，可发现大量虫卵。

应注意绦虫与线虫的区别。绦虫呈扁平状，分节；线虫呈圆柱状，不分节。

（五）防治

1. 预防 雏鸭与成鸭分开饲养。3 月龄内的雏鸭最好实行舍饲，特别是不应到不流动、小而浅的死水域去放牧，因为这种水域利于中间宿主剑水蚤的滋生。

每年定期对鸭群进行 2 次驱虫，一次在春季鸭群下水前，另一次在秋季终止放牧后，方法如下。

（1）氢溴酸槟榔碱，配成 0.1% 的水溶液，按 1～2 mg（以体重计）一次灌服。

（2）槟榔 100 g，石榴皮 100 g，加水至 1 000 mL，煎成 800 mL。口服剂量为：20 日龄雏鸭每次 1 mL，30～40 日龄雏鸭每次 1.5～2.0 mL，成年鸭每

次 3～4 mL。拌料口服，每日 1 次，连喂 2 d。

（3）南瓜子，煮沸脱脂打成细粉，按雏鸭 5～10 g、成年鸭 10～20 g 用量拌料喂服。注意鸭群驱虫前，应停食 12 h，投药宜在清晨进行，鸭粪应收集后堆积发酵处理，以防散播病原。

2. 治疗

（1）丙硫咪唑（抗蠕敏）　20～30 mg（以体重计），一次口服。

（2）氯硝柳胺（灭绦灵）　100～150 mg（以体重计），一次口服。

十五、鸭胃线虫病

鸭胃线虫病是由多种线虫寄生于鸭的腺胃和肌胃而引起的寄生虫病。

（一）病原

1. 美洲四棱线虫　寄生于鸭的腺胃内，中间宿主为蚱蜢和德国小蜚蠊。

2. 斧钩华首线虫　寄生于鸭肌胃角质膜下，中间宿主为蚱蜢、象鼻虫和赤拟谷盗。

3. 旋形华首线虫　寄生于鸭的腺胃和食管，偶尔可寄生于小肠，中间宿主为鼠妇虫。

（二）流行病学

浅水水域中的水草、小鱼、小虾、水蚤、螺蛳、蚌等，均是鸭胃线虫的中间宿主，鸭、鹅及野生的白鹭、海鸥、翠鸟等是鸭胃线虫的终末宿主。水禽的粪便排入水中，在温暖季节被中间宿主吞食，线虫在其体内发育成为感染性幼虫，鸭吞食中间宿主后感染本病。

（三）临床症状

胃线虫寄生于鸭的腺胃，虫体的机械刺激及其分泌的毒素引起腺胃炎症、溃疡，破坏胃腺，导致消化功能障碍。感染鸭出现食欲减退、消化不良、腹泻、发育受阻、体重减轻、贫血、消瘦等症状，严重感染时可成批死亡。

（四）诊断

1. 病理剖检　腺胃黏膜有小溃疡，黏膜下层有数量不等的鲜红色或暗红色的圆形或椭圆形病灶，内有多条细线状虫体，其长 4～7 mm、粗 1 mm，呈红色或粉红色。另外，对于寄生在肌胃的线虫，剖检可见肌胃角质膜有黄豆大的暗黑色斑点，角质层下有出血斑或溃疡灶。

2. 实验室检查　当在病鸭粪便中发现线虫卵，剖检腺胃（或肌胃）时发现虫体，即可确诊。

（五）防治

1. 预防

（1）加强饲料和饮水卫生。

（2）勤清除粪便，并将其堆积发酵。

（3）用 0.006 7% 杀灭菊酯水悬液喷洒鸭舍四周墙角、地面和运动场，以消灭中间宿主。

（4）对满 1 月龄的雏鸭做预防性驱虫 1 次。

2. 治疗　驱虫可采用：左旋咪唑，25～30 mg（以体重计）；丙硫咪唑，50 mg（以体重计）。将上述药物于傍晚均匀拌料，全群鸭口服 1 次。如果驱虫后鸭群仍在原水域放牧饲养，且超过 10 d 后又可从具有前述病状的鸭体中找到虫体，则此时必须再驱虫 1 次。

十六、北京鸭腿部出血综合征

北京鸭腿部出血综合征，俗称"紫腿症"、"青腿病"，主要表现为肉鸭在屠宰褪毛后小腿部皮下或肌肉内部出现大小不一的紫红色、暗红色或暗绿色的出血斑（彩图 6-3），严重者出现大量血凝块。由于北京鸭胴体多为整只出售，用于烤制北京烤鸭，因此发生腿部出血的北京鸭胴体无法整只销售，只能分割销售，给养殖企业和屠宰场造成很大的经济损失。

（一）流行病学

北京鸭腿部出血综合征一年四季均可发生，尤其是在夏季高温季节。由于该病在鸭屠宰前基本无明显临床症状，只能在屠宰后确定，因此其准确的发病日龄暂时无法确定，常发生在 42～45 日龄的鸭，但 44 日龄可能是北京鸭发病的高峰日龄。填饲育肥的北京鸭发病率较高，高温、填饲和宰前运输均为腿部出血的风险因素，如果同时经历高温、填饲和宰前运输，则该病的发生率可达

10%。具体发病机理目前尚不明确。

（二）临床症状

发病北京鸭在屠宰前精神状态良好，基本无明显临床症状，且运动机能基本无明显改变，极个别北京鸭会出现跛行症状，因此生前基本无法诊断，多在屠宰褪毛后才能看到小腿部皮下明显紫青症状，且多见于小腿前部。该病主要以单侧腿部发病为主，偶见双侧腿部均发病。

（三）诊断

1. 病理变化

（1）大体剖检病变　患鸭小腿部肌肉出血，主要部位集中在腓肠肌、胫前肌和腓骨长肌，偶见第二趾有孔穿屈肌出血，严重者可见腿部肌肉断裂及大量肌间血凝块。

（2）组织病理学病变　最常见的组织病理学病变为腿部肌肉出血，表现为腿部肌肉的肌束排列紊乱，肌束的正常结构破坏严重，肌束间充满大量的红细胞聚集。严重者出现出血性肌纤维炎，表现为肌纤维排列紊乱，部分肌纤维肿胀、变性、断裂、溶解甚至坏死，肌纤维间出血、淤血，坏死的肌纤维间有少量炎性细胞浸润，结缔组织增生明显。

（3）超微病理学病变　患鸭腿部肌肉表现为肌原纤维断裂，间距增宽；肌细胞内线粒体增生、肿胀、空泡化，线粒体膜溶解、嵴消失等。

2. 实验室检测　目前为止，尚未从患病北京鸭出血的腿部，以及其他脏器中分离鉴定出任何已知的病毒或细菌，因此本病目前尚无有效的实验室检测方法，依靠病理解剖症状即可确诊本病。

（四）防治

本病目前没有有效的治疗方法和药物，只能加强饲养管理，改善饲养条件，如保证鸭能获得适宜的温度、湿度、光照、通风等；同时控制饲养密度，提高北京鸭的活动量；避免填饲，开发研究北京鸭免填饲料，提高北京鸭的福利。运输之前，在饲料中添加益生菌、维生素 C 等具有抗应激作用的添加剂，可有效缓解北京鸭宰前运输导致的应激；同时屠宰之前，轻抓轻放，使用电麻等设备进行麻醉致死，避免北京鸭产生急性应激。采取以上这些措施，均可降低北京鸭腿部出血症的发病率。

第四节　鸭病的综合防治

　　由于北京鸭生长速度快、饲养周期短、投资见效快、肉质鲜美、营养丰富，因而受到饲养者、消费者的青睐，同时北京鸭食品安全问题也受到了极大的关注。因此，如何进行鸭病的防治，减少抗生素的使用意义重大。

　　在进行鸭病防治时，必须贯彻"预防为主，养防结合，防重于治"的原则。只有做好疾病的预防工作，才能减少鸭病的发生。本节将从以下 7 个方面介绍如何防止鸭病的发生。

一、加强饲养管理，增强北京鸭抵抗力

　　北京鸭疾病的发生与饲养管理水平息息相关。良好的饲养管理对提高北京鸭抗击疾病的能力至关重要，在本书第四章已经介绍了如何对鸭进行科学的饲养管理。现代农业产业技术体系北京市家禽创新团队致力于北京鸭网上饲养方式的推广，该饲养方式能够保证在高饲养密度的情况下，不会对鸭的生产性能造成损害，降低了北京鸭与粪便的直接接触，能够大大减少疫病的发生。

　　鸭舍内的污浊空气中含有大量的氨气、二氧化碳、硫化氢、粉尘等，粉尘中可能滋生着大量的病原菌。这些有害气体对北京鸭呼吸道黏膜细胞有破坏作用，使黏膜损伤，引起北京鸭眼部疾病等。粉尘中的病原菌非常容易侵袭受损的黏膜细胞，增大了北京鸭感染疾病的概率。因此，保证鸭舍内的良好通风也是预防北京鸭疾病的重要方法。

二、严格执行"全进全出"的饲养制度

　　"全进全出"是指全场同时进雏鸭、同时出栏的饲养制度，有利于对全场进行全面彻底的清洁和消毒，能有效预防不同北京鸭群所带病菌的交叉感染。

三、严格按照免疫程序，实施疫苗接种计划

　　严格按照免疫程序，对鸭进行疫苗接种，能够减少继发性疾病的发生。鸭群免疫发生问题，不仅能引发病毒性传染病，而且可能继发感染大肠埃希氏菌

病等细菌性疾病。

四、经常观察鸭群

如果发现鸭群出现患病症状，应迅速请当地的兽医进行诊断。如果确诊鸭群感染大肠埃希氏菌病、沙门氏菌病、鸭疫里默氏杆菌病等细菌性传染病，则应隔离病鸭，加强日常清洁卫生和消毒工作，并按照兽医的处方或建议根据药敏试验结果对鸭群进行治疗。

五、及时处理发病鸭

如果在观察鸭群时发现病鸭及死鸭，则应该及时进行隔离或者销毁。病鸭和死鸭体内含有的大量病原菌，以及病鸭粪便中的病原菌、饮水采食过程中排出的病原菌可能随时感染健康鸭，导致其发病。因此，只有正确地处理病鸭和死鸭，才能减慢疾病的传播速度，保证整个鸭群的健康。

六、科学合理用药

饲养管理的疏忽可能使北京鸭群体发生疾病，早期应积极地介入治疗。北京鸭疾病主要以细菌性疾病的混合感染为主，发病时养殖场依赖于抗生素进行治疗。很多养殖户根据经验大量用药，甚至滥用药物，致使细菌产生耐药性，从而使得有疗效的抗生素类药物越来越小。

建议大型鸭场发生细菌性疾病时，应首先进行药敏试验，然后选用敏感性药物进行治疗，这样才能够在短时间内控制疾病，并且减少细菌耐药性的产生。

七、注意鸭舍内的日常消毒和环境卫生清洁

鸭舍内外的粪便、垫料、杂物中含有大量的病原菌，可能引发鸭病。因此，应保持鸭舍内的垫料干燥、清洁；在进行鸭场规划时，应该使粪场远离鸭舍；粪便要进行无害化和资源化处理，如利用鸭粪便生产有机肥料、沼气等。

第五节　做好鸭病的药物防治

对于细菌性传染病、寄生虫性疾病，除加强消毒、用疫苗免疫预防外，还

应注重平时的药物预防，在一定条件下采用药物预防是控制鸭病的有效措施之一。

一、药物的使用方法

用于鸭的药物种类很多，各种药物的性质和应用目的不同，其使用方法也不同。

（一）混于饲料

就是将药物均匀地混入饲料，在鸭吃料的同时吃进药物，这是集约化养鸭场经常使用的方法。此法简单易行、不浪费，适用于长期投药。对一些不溶于水，而且适口性差的药物，采用此法投药更为恰当，如土霉素、复方新诺明、微量元素、多种维生素、鱼肝油等。拌料时为了保证所有鸭只都能吃到大致相等的药物数量，必须使药物和饲料混合均匀。

具体方法是：有条件的可把药物和饲料加入搅拌机中混合均匀，如果没有搅拌机可先把药物和少量饲料混合均匀，然后把这些混有药物的少量饲料加入到大堆饲料中继续混合均匀。如果把数量极少的药物直接加入到大堆饲料中，即使搅拌多次，也很难混合均匀。这样会导致一些鸭采食后易引起中毒，而另外一些鸭却达不到治疗的情况发生。

（二）溶于饮水

就是将药物溶解于水中，让鸭自由饮用，这也是集约化养鸭场经常使用的方法。此法适合于短期投药、紧急治疗投药，以及鸭发病后不能采食但能饮水时的投药。投喂的药物应该是较易溶于水的药片、药粉和药液，如高锰酸钾、四环素、卡那霉素、北里霉素、磺胺二甲基嘧啶、亚硒酸钠等。

具体方法是：先计算鸭的饮水总量，再根据每只鸭的预防和治疗用药量配制饮用药液。投药时，应由少量逐步扩大到大量，尤其不能向流动着的水中直接加入粉剂或原液。饮水给药前鸭要停止供水 $1\sim2$ h，药液量以 30 min 内饮完为宜。

（三）经口投服

就是直接把药物的片剂或胶囊经口投入鸭的食管上端，或用带有软塑料管的注射器把药物经口注入食管膨大部的一种投药方法。适合于大群鸭的个别治疗（出现维生素缺乏的鸭），群体较小时通常也采用这种方法投药。此法虽费时费力，但剂量准确，如投药及时，则疗效较好。

具体方法是：用左手食指伸入鸭的舌基部，将舌尽量拉出，并与拇指配合将舌固定在下腭上，右手将药物投入。此法适用于片剂、丸剂、胶囊及粉剂。另一个方法是：用左手抓住鸭头部皮肤使之向后仰，当喙张开时右手将药物投入。此法较适用于剂量较少的水剂药物。对剂量较大的水剂，可用细塑料管一端插入食管后，另一端装上吸有药物的注射器，慢慢将药物推入食管内。

（四）体内注射

对于难被肠道吸收的药物，为了获得最佳的疗效，常采用体内注射法，包括静脉注射法、肌内注射法和嗉囊注射法。

1. 静脉注射法　此法可将药物直接送入血液循环中，因而药效发挥迅速，适用于急性严重病例和对药量要求准确及药效要求迅速的病例。另外，需要注射某些刺激性药物，如注射氯化钙时也常采用此法。静脉注射的部位是翼下静脉基部。

具体方法是：助手用左手抱定鸭，使其腹面朝上，右手拉开翅膀。术者左手压住静脉，使血管充血，右手握好注射器将针头刺入静脉后顺好，见回血后放开左手，将药液缓缓注入即可。

2. 肌内注射法　将药物注入富含血管的肌肉中，一般经 $5\sim10$ min 即可出现药效。油剂、混悬剂也可肌内注射。刺激性大的药物可注入肌肉深部，药量大的应分点注射。对于刺激性强的、有毒性的药物，不应注射，如新霉素。

（1）胸肌内注射法　术者左手抓住鸭两翼根部，使鸭体翻转，腹部朝上，头朝术者左前方。右手持注射器，由鸭后方向前，并与鸭腹面保持 $45°$ 角插入鸭胸部偏左侧或偏右侧的肌肉 $1\sim2$ cm 深（深度依鸭龄大小而定）注射。进行胸肌内注射时要注意针头应斜刺进肌肉内，不得垂直深刺，否则会损伤肝脏造成出血死亡。

（2）翼肌内注射法　如为大鸭，可将其一侧翅向外移动，露出翼根内侧肌肉。如为幼雏，可将鸭体用左手提住，一侧翅翼夹在食指与中指中间，并用拇指将其头部轻压，右手握注射器即可将药物注入该部肌肉。

（3）腿肌内注射法　一般需有人保定或术者呈坐姿，左脚将鸭两翅踩住，左手食指、中指、拇指固定鸭的小腿（中指托，拇指、食指压），右手握注射器即可进行肌内注射。

3. 嗉囊注射法　要求药量准确的药物（抗体内寄生虫药物），或对口、咽有刺激性的药物（四氯化碳），或对有暂时性吞咽障碍的病鸭，多采用此法。

具体方法是：术者站立，左手提起鸭的两翅，使其身体下垂，头朝向术者前方。术者右手握注射器，针头由上向下刺入鸭颈部右侧、距左翅基部 1 cm 处的嗉囊内，即可注射。最好在嗉囊内有一些食物的情况下注射，否则较难操作。

（五）体表用药

即通过喷雾、药浴、喷洒、熏蒸等方法杀灭鸭体外寄生虫或微生物，也可带鸭消毒。杀灭鸭体外寄生虫用喷雾法或药浴法，杀灭体外微生物可用熏蒸法，熏蒸时要掌握好熏蒸时间并通风。如果鸭既有虱、螨、蜱等体外寄生虫病，又有啄肛、脚垫肿等外伤，可在鸭体表涂抹或喷洒药物。

（六）蛋内注射

此法是把有效的药物直接注射入种蛋内，以消灭某些能通过种蛋垂直传播的病原微生物，如沙门氏菌、支原体等。此法也可用于在孵化期间给胚胎注射维生素 B_1，以防因种鸭缺乏维生素 B_1 而造成的后期胚胎死亡。

（七）药物浸泡

浸泡种蛋主要用于消除蛋壳表面的病原微生物，药物可渗透到蛋内，杀灭蛋内的病原微生物，以控制和减少某些经蛋传递的疾病。

具体方法是：把对某种病原微生物敏感的抗生素配成一定的浓度，将种蛋浸泡于其中。为了使药物能更好地渗入蛋内，可采用真空浸蛋法或变温浸蛋法。真空浸蛋法就是把种蛋浸入药液后，用抽气机把容器内的空气抽走，使容器内形成负压，并保持 5 min，然后恢复常压，将蛋取出晾干，即可孵化。变温浸蛋法是把种蛋的温度在 3～6 h 内升至 37～38 ℃，然后趁热浸入 4～15 ℃ 的药液中，保持 15 min，利用种蛋与药液之间的温差造成的负压使药液被吸入蛋内。这种种蛋的药物处理方法常用来控制沙门氏菌、支原体、大肠埃希氏菌等病原菌。

（八）环境用药

季节性定期喷洒杀虫剂，能控制外寄生虫及蚊、蝇等。例如，在夏、秋季节，每周将 2.5% 溴氰菊酯溶液稀释 500～1 000 倍后，在鸭舍周围喷洒 1 次，能杀灭蚊、蝇、蠓、蚋等昆虫，以减少住白细胞原虫病、坦布苏病毒病及其他疾病的发生。

（九）气雾给药

通过呼吸道吸入或作用于皮肤黏膜的一种给药方法。选用的药物应对鸭的呼吸道无刺激性，且能溶于其分泌物中，气雾的粒度大小要适宜。

二、药物使用时的注意事项

1. 药物浓度要计算准确　混于饲料或溶于饮水的药物浓度常以"g/t"表示，就是每吨饲料或水中所含药物的克数。饮水时，若药物为液体，则以"体积/体积"计算。

将药物加入饲料或饮水之前，应根据药物的使用规定，根据饲喂量或饮水量，先计算出所使用药物的准确量，然后将药物加入饲料或饮水中搅拌均匀，切不可随意加大剂量。

2. 先进行小群试验，再进行大群应用　首次采用的药物应先进行小群试验，证明确实有效、安全、无害后，再大群应用。

3. 先确诊，后用药　根据疾病的性质，选用敏感的药物，而不应滥用抗菌药物。

4. 注意合理配伍用药　鸭发生疾病后能用一种药物治疗就不用多种药物治疗。如果是急性传染病并且是混合感染或继发感染时，应合理地联合选用 2 种但最多不超过 3 种抗菌药物。这些药物的作用应该是相互协同或相互增强，而不应该产生颉颃作用或发生毒性反应。

5. 切忌使用过期变质的药物　有些药物过期失效后毒性增加，轻则引起不良反应，严重时则引起鸭中毒死亡。

6. 用药时间不可过长　用药时间过长时，药物在体内积累可能引起鸭中毒。一般性药物连用4～5 d，毒性较大的药物连用3～4 d。如需继续用药，需间隔1～2 d再用。另外，长时间用药时，多数病原微生物和原虫易形成耐药性。

7. 严禁使用违禁药　严禁使用国家规定的违禁药物，以免对人畜造成伤害。

第七章
北京鸭鸭场建设与环境控制

　　鸭舍内小气候是北京鸭生长的环境，对北京鸭生产性能等各方面起着决定性的作用。制约鸭舍内小气候的因素有：①场区小气候，场区小气候又取决于当地气候，场区地形、地势，鸭场建筑物布局，鸭场场区绿化等；②饲养管理情况；③鸭舍的设计与施工情况，包括鸭舍的样式，饮水及清粪设施，外围护结构的保温隔热性能，鸭舍的通风、采光、给排水设计，鸭栏、笼具、通道的布置及施工质量等；④鸭舍小气候调节设备的设计和使用，包括鸭舍供暖、降温、通风、光照、空气电离和消毒设备的设计、安装和运行情况。

　　具有一定规模的鸭场，在建场之前必须对拟建场的性质、规模、建场投资、经济效益、社会效益和环境效益进行充分的科学论证，以避免盲目建场。论证确认之后，需编制计划任务书，并报请上级有关部门审批。落实投资经费后，还需经设计、施工、验收等，方能交付使用，正式投产。为严格卫生防疫，避免"尾巴工程"，应尽量按设计规模一次建成投产。"边建场边投产"或"分期施工、分期投产"的做法是不可取的。

　　鸭场设计是建场的关键步骤，必须遵循的原则是：①为鸭场工作人员和畜禽创造适宜的环境；②采用科学的饲养管理工艺；③考虑我国国情和当地条件；④做到经济上合理，技术上可行。本章包括三方面内容，即鸭场场址选择、鸭舍场地规划和建筑物布局、鸭舍设计。

第一节　鸭场场址选择

　　鸭场场址选择科学与否，关系以后经济效益的高低，有时甚至是养鸭成败的关键。如建成投产后才发现选址不当，就已无法更改，因此造成影响生产、污染环境或疫病发生的情况并不少见，有的甚至被迫停产、转产或迁址。场址选择主要应虑场地的地形、地势、水源、土壤、地方性气候等自然条件，以及饲料和能源供应、交通运输、与工厂和居民的相对位置、产品的就近销售、鸭场废弃物的就地处理等社会条件。选择场址时，应收集拟建场地的地形图和气象、水文、地质资料，并到现场进行实地踏勘，对所得资料进行综合分析。如有几处场地可供选择，则应反复比较后再作出决定。

一、地形

地形是指场地形状、大小和地物（场地上的房屋、树木、河流、沟坎等）情况。鸭场场地要求地形整齐、开阔，有足够面积，便于合理布置建筑物和各种设施，并能充分利用场地。场地面积应根据初步设计确定的面积和长宽尺寸来选择，本着节约占地的原则。

地势是指场地的高低起伏状况。场地不平坦、坑洼、沟坎或土堆太多，势必加大施工土方量，并给基础施工造成困难，从而使基建投资增加。有缓坡的场地便于排水，在坡地建场宜选向阳坡。因为我国冬季多北风或西北风，夏季多南风或东南风。阴坡场地不仅背阳，而且冬季迎风、夏季背风，对场区小气候十分不利。同时，阴坡场地较少接受阳光，土壤热湿状况和自净能力也较差。在山区，鸭场不宜建在昼夜温差太大的山顶，或通风不良和潮湿的山谷深洼地带，应选择在半山腰处建场。山腰坡度既不宜太陡，也不能崎岖不平。低洼潮湿处易滋生病原微生物，使鸭群容易发病。

二、水源

鸭场的水源应当充足，位置适当，水中无臭味或异味，水质清澈。水质不良会影响鸭的健康。鸭场供水量的计算应以夏季最大耗水量为标准。耗水量最大的是填鸭，每只填鸭每天最高饮水量是其日粮的4倍。每只填鸭最高填饲量为0.5 kg时，而最高饮水量可达2 kg。大型鸭场最好能自建深井，以保证用水质量。

三、土壤

鸭场场地的土壤透气性和透水性应该良好，这样能保证场地的干燥、清洁及建筑物的使用年限。如果场地用土是黏质土，因其颗粒极细，黏着力强，则不易渗水，所以雨后容易造成泥泞积水，工作不方便；鸭掌易沾着污泥，产蛋时也容易将蛋弄脏，容易造成寄生虫繁殖，影响卫生。如果场地用的是沙土，则夏季不利于防暑降温，冬季遇风会形成风沙。鸭场场址用土最为理想的土壤是沙壤土，其土质介于沙土和黏土之间，排水良好，导热性较小，微生物较不易繁殖，合乎卫生要求。另外，在此类型土上还可以种植饲料和树木，给鸭提供青绿饲料。

四、交通

养鸭场应设在环境比较安静而又卫生的地方，一般要离铁路交通要道500 m以上，距次级公路 100～200 m，远离工业公害污染区、疫区、屠宰场和集市，距居民点或村镇 500 m 以上，要对居民的环境卫生无害。在选址时要从两个方面去考虑，既要做到利于防疫，又要利于产品和物资的购销。要选择交通相对方便的地方，应有公路、水路或铁路相通，便于饲料和产品运输，以降低运输费用，但不能在车站、码头等旁边建场。否则，既不利于防疫卫生，也不能给鸭的生长繁殖提供安静的环境。

场址宜选在近郊，与污染源（其他畜禽饲养场、畜禽屠宰场、制革厂及化工厂等）距离保持在 3 000 m 以上，一般以距城镇 10 km 为宜。

一定规模的鸭场，必须保障电等的能源供应。选择场址时，应考虑供电线路设备投资、停电因素和应变措施。

五、方向

鸭场的朝向应以坐北朝南最为理想。鸭场最好建在水源的北边，大门朝向水源面，在水边有运动场，既便于鸭舍采光，又能使鸭在阳光下沐浴，不至于鸭舍挡住阳光。坐北朝南的鸭舍明亮，冬季能明显提高舍温；夏季通风，舍内不会晒到太阳，能给鸭提供一个冬暖夏凉的生活环境，利于鸭的生长繁殖。如果条件不允许，也尽量采用朝东南或朝东的方向，绝不能在朝西或朝北的地段建鸭场。因为这样的朝向，冬天北风吹，温度降低，不利于保温；夏季受太阳西晒，舍内温度升高，这样就不能充分利用自然条件来创造利于鸭生长的环境，将会给生产带来极大的不便和不利。合理的鸭场朝向可以减少因夏季高温中暑和冬季受冻造成的损失，以及为改变这些不利因素而造成的饲料消耗、冬季加温和夏季降温等引起的经济效益的降低。

六、排水

排水问题是鸭场的重要问题，建场前应对当地排水系统有所了解，如排水方式、纳污能力、污水处理等。在养鸭生产中，消毒、冲刷棚舍、洗刷用具、鸭洗澡用水等都会产生一些污水。在鸭场的选址中，排水系统是一个重中之重，排水时应选择易在排放、不至于造成环境污染、不影响群众生活的地方排水，对排水方式、纳污能力、污水能否处理、排水可能引发的人际关系等要考虑全面。一般鸭场建在旷野之中，这样可充分利用鸭场的污水，将其变废为宝，用于灌溉林地和农田。当鸭场较大、而周围林场或农田面积较小时，要考虑纳污能力，采取必要的补助或辅助措施，确保排水畅通。在有条件的地方，也可将鸭粪和污水排到鱼塘中养鱼。这样做既达到了排污的目的，又能通过养鱼来增加经济效益，同时还能产生生态效益。

七、电源

鸭舍照明、饲料加工、种蛋孵化、抽水等都需要电，因此在选择场址时要尽量选择有电源的地方，或距电源较近，以减少架线通电的投入。同时，要考虑最大通电量与养鸭量的匹配，一般电的安装容量种鸭每只5～6 W、商品鸭1.5～2 W。注意电源电压与用电设备的匹配，一般照明应用220 V电压，而饲料加工、孵化、抽水等设备以380 V电压为好，同时要考虑到电压是否稳定、是否经常停电等，在经常停电的地方要自备发电设备。

第二节　鸭舍场地规划和建筑物布局

场地规划是指场址选定之后，根据场地地形、地势和当地主风向，计划和安排不同建筑功能区、道路、排水、绿化等地段的位置。根据规划方案和工艺设计对各种建筑物的规定，合理安排每种建筑和每种设施的位置和朝向，称为鸭场建筑布局。进行场地规划和布局设计时主要考虑不同场区和建筑物之间的功能关系，场区小气候，以及鸭场的卫生和环境保护。

一、场地规划

（一）场区划分

鸭场中各区间要合理划分、规范布局，根据鸭场中各种建筑的不同用途进行规划。一个完整的规模较大的养鸭场应包括职工生活区、行政区、生产管理区、病鸭饲养区、粪污处理区等。即使是较小的鸭场，在布局时虽然不能像大型鸭场那样层次和分布清楚细致，但在布局时宜将饲养员宿舍、仓库、伙房等与生活相关的放在场区的最外侧一端，将鸭舍放在最里侧，以免造成人员的交叉感染；同时，也便于饲料、产品等的运输装卸和加工等，易于管理。

具有一定规模的鸭场，一般可分为场前区（包括行政和技术办公室、饲料加工及料库、车库、杂品库、更衣消毒和洗澡间、配电室、水塔、宿舍、食堂等）、生产区和隔离区（病鸭隔离舍、尸体剖检和处理设施、粪污处理及贮存设施等）。就地势的高低和主导风向，将各区依防疫需要的先后次序，进行合理安排（图7-1）。如果地势与风向不一致，按防疫要求不好处理时，则以风向为主。由于地势原因形成的矛盾，可用增加设施加以解决，如挖沟、设障等。

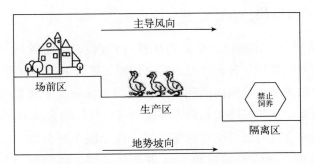

图7-1 鸭场按地势、风向分区规划

(二) 场内道路与排水规划

生产区的道路应区分为送饲料、产品和用于生产联系的净道，以及运送病死鸭的污道。净道和污道不可交叉混用。场前区和隔离区应分别设置与场外相通的路。场内道路应不透水，路面材料可根据条件修成柏油、混凝土、砖、石或焦渣路面。道路宽度根据用途和车宽决定。生产区不行驶载重车，但应考虑回车所用面积。需考虑火警，均应留有绿化和排水明沟的面积。场区排水设施是为了排出雨雪水，保持场地干燥卫生。一般可在道路一侧或两侧设明沟，结合绿化固坡，防止塌陷。有条件也可设暗沟排水，但不宜与舍内排水系统的管沟通用。

(三) 绿化设计

鸭场植树、种草绿化，对改善场区小气候有重要意义。在进行场地规划

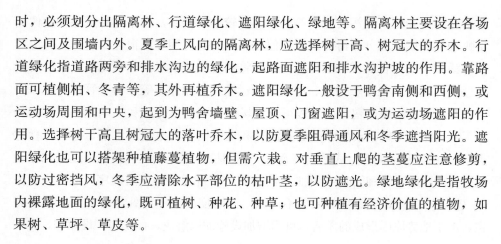

时，必须划分出隔离林、行道绿化、遮阳绿化、绿地等。隔离林主要设在各场区之间及围墙内外。夏季上风向的隔离林，应选择树干高、树冠大的乔木。行道绿化指道路两旁和排水沟边的绿化，起路面遮阳和排水沟护坡的作用。靠路面可植侧柏、冬青等，其外再植乔木。遮阳绿化一般设于鸭舍南侧和西侧，或运动场周围和中央，起到为鸭舍墙壁、屋顶、门窗遮阳，或为运动场遮阳的作用。选择树干高且树冠大的落叶乔木，以防夏季阻碍通风和冬季遮挡阳光。遮阳绿化也可以搭架种植藤蔓植物，但需穴栽。对垂直上爬的茎蔓应注意修剪，以防过密挡风，冬季应清除水平部位的枯叶茎，以防遮光。绿地绿化是指牧场内裸露地面的绿化，既可植树、种花、种草；也可种植有经济价值的植物，如果树、草坪、草皮等。

二、建筑物布局

1. 建筑物朝向　建筑物一般横向成排（东西），竖向成列（南北）。鸭舍朝向的选择与通风换气、防暑降温、防寒保暖、鸭舍采光等有关。朝向选择适当，能提高对阳光和主导风向的利用率。我国大部分属于北温带，夏季炎热，冬季寒冷。因此，从防暑降温和防寒保暖角度出发，鸭舍应偏南朝向。鸭舍的朝向与排出污浊空气的效果也有密切关系，这取决于鸭舍与主导风向的夹角。从防止冷风渗透、加强排污效果等因素综合考虑，鸭舍朝向与主导风向呈30°～45°角最为适宜。

2. 建筑物的位置　确定每栋建筑物和每种设施的位置时，主要考虑它们之间的功能关系和卫生防疫要求。应将相互有关、联系密切的建筑物和设施，相互靠近安置，以便生产联系。鸭舍之间距离适宜，过短不利于采光、通风和疾病防治；过长造成土地浪费，给经营管理带来不便。如育成鸭群的房舍应靠近生产区大门，因为其饲料消耗量比其他鸭群大；饲料仓库和调制室应靠近鸭舍，以方便饲喂；生活区要远离生产区，以利于疾病防治。

第三节　鸭舍设计

鸭舍设计必须满足工艺设计要求，即满足北京鸭对环境的要求及饲养管理工作的技术要求等，并考虑当地气候、建材、施工习惯等。设计合理与否，也对舍内小气候状况具有重要影响。

一、工艺设计要求

按照北京鸭的生长发育规律，可把北京鸭分为雏鸭、青年鸭、育成鸭（或填鸭）等阶段。每个阶段都有规定的日龄，同时每个阶段的饲养方式也不一样。这在工艺设计中都必须明确规定，以便确定鸭舍的间数和面积，同时也涉及鸭舍的设备、凉棚、运动场的设计。

二、鸭舍设计要求

完整的平养鸭舍包括鸭舍、陆上运动场和水上运动场三部分。北京鸭仔鸭舍和填鸭舍可不设陆上运动场和水上运动场。

（一）鸭舍

鸭舍以自然采光和自然通风为主，辅以人工照明和机械通风。一般跨度（宽）以 8～10 m 为宜，但跨度不宜过大，否则易导致夏季通风不良。鸭舍的南窗要大些，距地较近；北窗要小些，距地高些，这样有利于采光、通风和防寒。按照饲养方式鸭舍分为网上平养、地面平养和笼养 3 种。

1. 网上平养　在地面以上 60 cm 左右铺设金属网或竹条、木栅条。采用这种饲养方式时粪便可由空隙中漏下，省去日常清圈的工序，防止或减少由粪便传播疾病的概率，而且饲养密度比较大。网材采用铁丝编织网时，网眼孔径：0～3 周龄为 10 mm×10 mm，4 周龄以上为 15 mm×15 mm。网下每隔 30 cm 设一条较粗的金属架，以防网凹陷。网状结构最好是组装式的，以便装卸时易于起落。网面下既可采用机械清粪设备，也可用人工清理。采用竹条或栅条时，竹条或栅条宽 2.5 cm，间距 1.5 cm。这种方式要保证地面平整，网眼整齐，无刺及锐边。实际应用时，可根据鸭舍宽度和长度分成小栏。饲养雏鸭时，网壁高 30 cm，每栏容纳 150～200 只雏鸭。食槽和水槽设在网内两侧或网外走道上。饲养仔鸭时每个小栏壁高 45～50 cm，其他与饲养雏鸭的要求相同。应用这种结构必须注意饮水设施不能漏水，以免鸭粪发酵。这种饲养方式可饲养大型肉用仔鸭，0～3 周龄的其他北京鸭也可采用。

网上饲养易于进行规模化管理，使环境温度、湿度、光照、通风量都能控制在最适的水平。舍内饲养不受外界气候的影响，一年四季都可轻松养殖。尽管网上饲养的前期投入相对较大，但后期饲养效率高；且便于实行全进全出制度，每批北京鸭饲养完毕并进行全面消毒之后又可继续使用（彩图 7-1 至彩图 7-4）。

2. 地面平养　水泥或砖铺地面撒上垫料即可饲养北京鸭。若出现潮湿、板结，则局部更换厚垫料。一般随鸭群的进出全部更换垫料，以节省清圈的劳动量。采用这种方式时因鸭粪发酵，所以寒冷季节有利于舍内增温。但这种饲养方式要求舍内必须通风良好，否则垫料潮湿、空气污浊、氨浓度上升时，易诱发各种疾病。这种管理方式的缺点是需要大量垫料，舍内尘埃数量多，细菌数量也多。各种肉用仔鸭均可使用这种饲养管理方式（彩图 7-5）。

3. 笼养　目前在我国，笼养方式多用于养鸭的育雏阶段。笼养育雏的布局采用中间两排或南北各一排，两边或当中留通道。笼子可用金属或竹木制成，长 2 m、宽 0.8~1 m、高 20~25 cm。底板采用竹条或铁丝网，网眼大小为 1.5 cm²。两层叠层式，上层底板距地面 120 cm，下层底板距地面 60 cm，上、下两层间设一层粪板。单层式的底板距地面 1 m，粪便直接落到地面。食槽置于笼外，另一边设长流水。

（二）陆上运动场

地面平养的北京鸭一般都设有陆上运动场，其长度应与鸭舍的长度相等。运动场一端紧连鸭舍，为鸭群吃食、梳理羽毛和白天休息的场所，其面积为鸭舍的 1.5~2 倍。运动场不要坑坑洼洼、高低不平，以免蓄积污水。另外，鸭腿短，飞翔能力又差，不平的地面不利于其行动，容易使其跌倒碰撞造成输卵管、卵巢或腹膜发炎致死。

（三）水上运动场

水上运动场是鸭洗浴、游泳、交配等必不可少的场所。商品北京鸭一般不设水上运动场。

（四）填鸭圈舍要求

填饲期的鸭子采用庭院露天饲养，所需面积为雏鸭舍的 10 倍左右，圈舍地面用三合土夯实即可，并用砖或挡板分成若干个 30 cm 高的小圈，每个小圈面积 10 m² 左右，每圈内设饮水盆 1 个或用水槽引入自来水，并要配置填鸭器 1 台。夏天在小圈上方搭凉棚或在周边植树，使鸭可在阴凉处休息，填鸭舍的光照要求与中鸭一样。

（五）种鸭舍

现在养种鸭大多还是采用平地散养的方式，机械化、自动化程度相对较低。根据内部结构，可将种鸭舍分成有窗式单列单走廊和有窗式双列单走廊鸭舍2种。种鸭舍一般屋檐高2.6~2.8 m，南北两面墙上建有窗户，窗户面积与地面面积的比例为1：8，南窗的面积可比北窗大1倍；南窗距地面60~70 cm，北窗距地面1~1.2 m，并设气窗。为使夏季通风良好，北边可开设地脚窗，地脚窗高50 cm，同时安装铁丝网或塑料网，防止麻雀或其他兽类进入。也可安装可掀起的活动窗扇，夏天为通风可将其打开，也可不装窗扇；在冬季天气较寒冷时，可用塑料布或油毡等封严，以防漏风。双列式的种鸭舍在南、北墙上都留有供种鸭进出的门，而单列式的种鸭舍只在南面留门即可。

1. 有窗式单列单走廊鸭舍　单列式的鸭舍内，走廊位于北墙边，走廊边用木条、竹竿或铁栏杆等将走廊与种鸭隔开，排水沟设在廊边或走廊底下，上面覆盖铁网或带宽缝的水泥板，利于污水、粪尿等污物排入下水道。在栅栏内，饮水器放在排水沟的上面，地面的整个走势南高北低，以便使粪水能顺势排入排水沟内。南边靠墙一侧，更要略高出地面一些，用来放置种鸭夜间产蛋用的产蛋箱。产蛋箱宽30 cm、长40 cm，用木板钉成，无底，前面高12~15 cm，供鸭进出；其他三面高35 cm，箱底垫木屑或稻糠等，每只箱子可供4只种鸭使用。我国东南沿海各省饲养蛋鸭，都不用产蛋箱，直接在南墙边下垫高40~50 cm，再在上面铺上垫料，以供种鸭夜间产蛋用。但这种垫料必须经常性地保持清洁。种鸭舍必须具备足够面积的鸭滩和水围，供种鸭活动、交配之用。单列式种鸭舍的南面要通向河道、湖泊或池塘，如果没有这个条件，就需要挖一个人工的洗浴池，洗浴池的大小和深度根据鸭群种鸭的数量而定。洗浴池要建在运动场最低的地方，以利于排水。

一般洗浴池宽2.5~3 m、深0.5~0.8 m，用石块砌壁，水泥抹面，不能漏水。洗浴池末端经沉降池连通下水道，在沉降池内的粪便、泥沙等杂物可沉淀在底部，上层的水可再进入下水道，以免杂物堵塞下水道。在水围或河道等与鸭舍之间要留出充足的运动场，在运动场内种植树木，以利于遮阳。在树木没有长成时，应搭建凉棚，凉棚面积应与鸭舍面积相似，可将舍外用的饲料等放于棚下，以防下雨使饲料霉烂，也不至于使饲料在日光下暴晒而使营养被

破坏。

2. 有窗式双列单走廊鸭舍　双列式种鸭舍内，走廊建在中间，其两侧用栅栏隔成种鸭活动的地方。在走廊南、北两侧应建有排水沟，也可将排水沟建在走廊下面并向两侧延伸，形成一个大的排水沟。在排水沟上用铁网或带缝的水泥板盖好，饮水器放在栅栏内排水沟的上面。舍内地势应呈"V"形，南、北两侧要高，中间低，这样能使污水等顺势排入排水沟，保持种鸭舍内的清洁。在南、北墙边应放置种蛋箱，或将地面垫高后再垫上垫料以供种鸭夜间产蛋。双列式种鸭舍的外面，南、北侧均要有水浴条件，在一侧是河道等情况下，另一侧可再建水浴池。

（六）集约化肉鸭舍

集约化肉鸭舍既可建成砖木结构，也可用铁皮、瓦片、油毡纸、石棉瓦等材料建成不同的类型。鸭舍大小可根据养鸭的数量、地理位置等情况而确定，面积可为 20～800 m²；也可建成长 5 m、宽 4 m，甚至长 100 m、宽 8 m 的鸭舍。建鸭舍时，以舍内光线充足、通风透气，夏季凉爽、冬季保暖为宜，舍高以人能在舍内喂料、喂水、清扫粪便等为宜。小型舍内以中梁高为 4 m、舍边高为 2 m 为宜，大、中型舍顶高可达 6 m，舍边高 3～4 m。大、中型舍通风、采光都好，夏季较凉爽，但冬季较难保暖。集约化肉鸭舍内可分成若干小间，每个小间都设有运动场和水池，不需另外放牧，可以提高劳动生产率。在现代集约化肉鸭饲养生产中，也可不设置水池。但一定要注意供应足够的清洁饮水，目前多采用长流式供水，做到白天、晚上不断水。

第四节　饲养工具

一、饲料工具

饲料工具有饲槽、喂料器材等。喂鸭用的工具种类多，样式也很多，在养殖中可根据情况适当选择。饲喂雏鸭可用塑料布、报纸方块、小瓷盘、塑料平盘，也可用竹席、草席（1 000 只雏鸭需备 6～7 张席子）。较大的青年鸭和种鸭可用无毒的塑料盘、白铁盘、木制食盘、水泥盘等，但要制作得严实，并便于刷洗，1 000 只成年鸭需要 15～20 只食盆。

1. 吊桶式粉料食槽　其结构是一个可以悬吊的无底圆筒（料桶）和一个

直径比料桶略大一些的浅盘（贮料桶）组成。桶与盘之间用短链相连，并可调节盘与桶之间的距离。盘底正中有一个圆锥体，其尖端正对着吊桶的中心，这样可使桶内的饲料不盛在桶内底部。现在吊桶式粉料食槽大多由无毒的塑料制成，分成大型、中型和小型，可根据鸭的大小而选用合适的料桶。也可用铝盆或白铁皮制成喂料器，喂料器分为料盘和贮料桶两部分，一般料桶高 40 cm、直径 30 cm，料盘底部直径 40 cm、边高 3 cm。吊桶式粉料食槽的优点是可一次性加入较多的饲料，便于操作，饲料会随着鸭的采食而自动下降，未吃到的饲料不会被污染，但在制作时槽底和槽壁要光滑平整，使鸭既采食方便、不浪费饲料，又便于洗刷和消毒。也有的用水泥制成底座，上盖铁皮桶或塑料桶。每 50 只鸭子需要 1 个喂料器，在生产中也可用瓷盘直接饲喂。

2. 喂料箱　饲喂种鸭可用木板或铁皮制成的喂料箱。整个喂料箱像一间小屋一样，长 1.5～2 m，屋顶能取下，便于加料，左右两侧像山墙一样堵严，在整个喂料盘的底部可有饲料从窄缝处落到底部伸出的边缘稍微上翘的采食槽上。这种喂料箱可一次性多加料，节省人力，便于操作，鸭能自由采食，且采食均匀，尤其适于饲喂颗粒饲料。如果是饲喂粉料，则应避免饲料在箱内受潮后结块而不能从箱内漏出，降低饲料品质，影响下料和采食。

二、饮水工具

养鸭用的饮水设备式样也较多，最常见的是塔形真空饮水器，现在大多厂家以生产塑料的为主，也有的用铝板或铁皮板做成。在压力的作用下，塔形真空饮水器中的水会自动溢出，可一次性加上许多水供鸭自由饮用，且水不至于被污染。在饲喂雏鸭时，鸭的饮水量少，可用广口瓶或罐头瓶在瓶口处一侧打上一个小缺口，在瓶内灌满水后，盖上一个平瓷盘，然后再将瓶口倒过来，即做成一个塔式真空自流式饮水器，水就会从缺口处流出；当盘中的水没过缺口时，水会停止外流。塔式饮水器轻便、实用，容易清洗，比较干净，适用于平养的雏鸭。

成年鸭的饮水器可以用无毒的塑料盘或瓷盘等，边缘较高的缸类可稍微斜放一些，便于鸭喝到水，也可用镀锌板、铝板或白铁板制成盘状物使用，有的也可制成稍宽一些的船形水槽供鸭饮水，有的也用水泥做成水槽、水盆使用。但应注意，在使用上口较大的饮水器时，一定要注意在口端盖上用竹竿、木条、铁丝或塑料网做成的罩子，罩子上有孔可供鸭伸嘴喝水，但不能使鸭进入

水盘，以保持饮水清洁。

三、填饲机具

肉鸭生产中为加速增重，促进脂肪积累，往往都要经过填饲才能达到理想的效果，在鸭肥肝的生产中也需要强制填饲2～3周。以前也有用手工填饲的方法，在现代养鸭中都采用填饲机进行填饲。常用的填饲机有手动填饲机和电动填饲机两类。

1. 手动填饲机　在小型的肉鸭场和缺电的地方可使用手动填饲机。该类机器结构较为简单，操作方便。可先用三角铁焊成整个大结构，再用铝板或木板等制成料箱，连接到唧筒上，唧筒底部装有套上橡皮管的填饲嘴，填饲嘴的内径为1.5～2 cm、长为10～13 cm。用手压填饲把，即通过唧筒和填饲嘴将饲料填入鸭食道内。

2. 电动填饲机　电动填饲机使用方便、填饲效率高，根据所填用的饲料不同，分为螺旋推进式填饲机和压力泵式填饲机。生产鸭肥肝时，多用经过浸泡的整粒玉米填饲，一般采用螺旋式填饲机。使用时，将饲料置于呈漏斗状的料斗内，料斗的下方有一根填饲嘴，从料斗直到填饲嘴中有一条用电动机带动的螺旋形弹簧，随着螺旋推进器的转动，玉米从填饲管被推出后进入鸭的食道内。在以促进肉鸭增重和脂肪积累为目的的填饲中，常用粉状饲料调制成糊状，采用压力泵式填饲机填饲。使用时，电动机转动带动与其连着的曲柄，曲柄带动唧筒上的活塞上下移动，从而完成饲料的填饲。

第五节　鸭场粪污和无害化处理

2010年，国务院公布的《第一次全国污染源普查公报》显示，农业源污染对全国污染物总量的贡献率超过了工业污染和生活污染而成为全国最大的污染源。其中，畜禽养殖业污染又是农业源污染中的重中之重，畜禽养殖污染物排放量在全国污染物总排放量中的占比在不断上升。

2013年10月，国务院常务会议通过的《畜禽规模养殖污染防治条例》自2014年1月1日起施行。该条例是我国首部针对畜禽养殖污染防治方面的法规，对养殖场粪污处理提出了明确要求，其核心是要求养殖场对粪污进行无害化处理，并鼓励采取种植和养殖相结合的方式消纳利用畜禽养殖废弃物，促进畜禽粪便、污水等废弃物就地就近利用。目前，国内外普遍采用好氧发酵生产有机肥技术和厌氧消化技术两种技术实现养殖废弃物的无害化处理与资源化利用。

一、好氧发酵生产有机肥技术

1. 技术概述　在有氧条件下，依靠好氧微生物的作用使废弃物中可生物降解的有机物向稳定的小分子物质和腐殖质转化的过程，又称堆肥技术。发酵生产有机肥不但是一种有效的养殖场废弃物无害化、资源化处理技术，有利于种植业与养殖业间的物质循环，而且可以根据养殖场规模，因地制宜地采用不同发酵方式，实现禽场粪污的无害化，避免环境污染，是我国正在大力推行的一种养殖废弃物处理方式。

2. 技术要点　养殖废弃物好氧发酵的主要控制因素如图 7-2 所示。

（1）养殖场废弃物由于碳氮比（C/N）比较低，因此在发酵前需要加入碳氮比较高的辅料（蘑菇渣、作物秸秆等），堆肥原料的碳氮比最适为（25～35）:1。

（2）调节堆肥原料的含水率为 55% 左右，含水率高于 60% 或低于 40% 都会影响发酵进程。

（3）微生物菌剂的加入量一般为 0.2%～0.5%，以促进发酵进程，减少臭气排放量。

（4）堆肥过程中，利用铲车或翻抛机混合物料并充氧。

（5）堆肥温度达到 50～65 ℃后，至少需要 5～7 d 才能达到无害化。过低的温度将大大延长堆肥达到腐熟的时间，而过高的温度（超过 70 ℃）将对堆肥微生物产生有害影响。

（6）腐熟的有机肥应达到我国有机肥料行业标准（NY 525—2012）的要求。

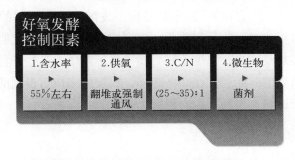

图 7-2　好氧发酵的主要控制因素

3. 技术方法　目前，利用养殖废弃物发酵生产有机肥主要采用条垛式堆肥和槽式堆肥 2 种方式。

（1）条垛式堆肥　通常为露天生产，投资少，但受环境变化的影响较大，而且生产环境卫生条件较差，对周边的环境影响较大。条垛式堆肥中，物料以垛状堆置，可以排列成多条平行的条垛，条垛的断面形状通常为三角形或梯形。一般条垛的宽度为 4～6 m、高度为 1.5～2 m，长度则视堆肥规模和场地条件而定（彩图 7-6）。

（2）槽式堆肥　过程发生在长而窄的通道（槽）内。物料被送入发酵槽进料端，翻抛机开始作业，每翻抛一次物料都会向出料端移动。发酵槽内物料的移动速度是通过调整翻抛机运行方式及翻抛次数来实现的。槽式堆肥生产效率高，但投资较大（彩图 7-7）。

无论采用哪种方式进行有机肥生产，均需遵循如下工艺流程。

（1）原料的前处理　前处理主要是调节含水率和 C/N 值。粪便原料通常加入粉碎后的蘑菇渣或秸秆（粒径 1.2～6 cm）作为辅料，并加入微生物菌剂，使 C/N 值达到（25～35）∶1。含水率应控制在 55% 左右。当含水率较高时，通常采用晾晒的方法降低含水率；含水率较低时，可使用液体菌剂加水稀释，均匀喷洒在原料上。

（2）主发酵（一次发酵）　主发酵可在露天（条垛式堆肥）或发酵槽内（槽式堆肥）进行。这一阶段的主要技术措施是向物料供给氧气，可采用翻堆或强制通风的方式充氧（彩图 7-8 所示为槽式堆肥中的强制通风管道）。当温度等条件适宜时，通常 1～2 d 堆体温度即达到 55 ℃，此时需要每天翻堆，在混合物料的同时达到充氧的目的，防止温度升到 70 ℃ 以上。通常将温度升高到开始降低的阶段称为主发酵，主发酵周期为 7～12 d。这一阶段主要是原料中易分解物质的降解，同时产生大量生物热，降低原料的含水率。

（3）后发酵（二次发酵）　后发酵是将主发酵中尚未分解的部分易降解有机物和难降解有机物进一步分解转化，得到完全成熟的有机肥制品。此时微生物活性下降，发热量减少，温度下降，腐殖质不断增多且趋于稳定化，堆肥进入腐熟阶段。后发酵时间通常在 20～30 d。后发酵完成后得到的成品有机肥可通过造粒机进行造粒，得到颗粒有机肥。

二、厌氧消化技术

厌氧消化是指在厌氧条件下，兼性厌氧微生物和厌氧微生物群体将有机物

转化为甲烷和二氧化碳的过程。厌氧消化的特点是实现粪污无害化的同时产生
沼气。沼气是有机物质在厌氧条件下，经微生物作用（发酵）而产生的可燃性
气体。沼气是气体的混合物，其中含甲烷 50%～70%，此外还含有二氧化碳、
硫化氢、氮气、一氧化碳等。

1. 厌氧消化的生化阶段

（1）水解酸化阶段　粪污中的蛋白质、脂肪、多糖等复杂有机物由发酵性
细菌水解，生成乙酸、丙酸等挥发酸及乙醇、二氧化碳、氢气等。

（2）产氢、产乙酸阶段　在产氢、产乙酸菌的作用下，第一阶段产生的各
种有机酸被分解转化成氢气和乙酸。

（3）产甲烷阶段　产甲烷菌利用前一阶段的产物，将其转化为甲烷和二氧
化碳。

2. 沼气工程的分类标准　按照规模、发酵温度和采取的工艺，可将沼气
工程分为以下几种类型（图 7-3）。

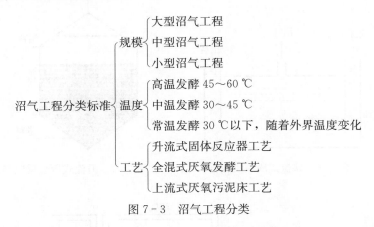

图 7-3　沼气工程分类

3. 沼气工程工艺组成　沼气工程通常包括预处理系统、发酵系统、增温
保温系统、沼气净化系统、沼气贮存利用系统（发电、燃烧等）、沼渣沼液贮
存利用系统和沼气自动监控系统。

（1）预处理系统　预处理系统一般包括进料斗、预处理池、搅拌器、加热
盘管、粪污冲洗系统及进料系统。主要目的是去除原料中的各种杂物，便于用
泵输送及防止发酵过程中出现故障，调节固形物含量，调节温度等。

（2）发酵系统　是有机物料进行厌氧消化的构筑物，主要类型有常规消化
器（沼气池）（图 7-4）、完全混合式厌氧反应器（图 7-5）、塞流式厌氧反应

器（图7-6）、升流式厌氧反应器（图7-7）、升流式厌氧污泥床反应器（图7-8）等。地下式厌氧反应器宜采用钢筋混凝土结构，地上式厌氧反应器宜采用钢筋混凝土结构或钢结构（彩图7-9）。

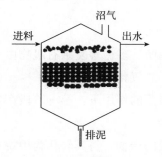

图7-4　常规消化器

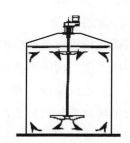

图7-5　完全混合式厌氧反应器

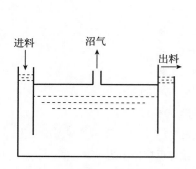

图7-6　塞流式厌氧反应器

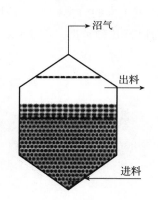

图7-7　升流式厌氧反应器

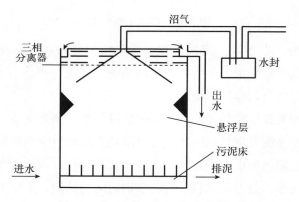

图7-8　升流式厌氧污泥床反应器

（3）增温保温系统 该系统的作用是保证厌氧消化在适宜的温度下进行。发酵温度是影响沼气发酵的重要因素，发酵底物的分解消化速度随温度的升高而提高。当发酵物料温度低于 20 ℃时，厌氧微生物的活性会受到很大抑制，产气率会大大降低。现代化高效沼气工厂要维持（35±2）℃的中温发酵，甚至是（53±2）℃的高温发酵。目前采用的主要加热方式有太阳能集热器、发电机余热、热水/蒸汽锅炉等，保温方式可以采用"彩钢板＋岩棉板""彩钢板＋聚苯板"。

第八章
北京鸭开发利用与品牌建设

第一节　商品鸭产品特性

一、体貌特征

1. 羽色特征　北京鸭初生雏鸭的绒毛为金黄色，成年鸭的羽毛为白色。

2. 喙、胫和脚蹼特征　北京鸭皮肤白色，喙橙黄色，喙豆肉粉色，胫和脚蹼橙黄色或橘红色。母鸭开产后，喙、胫和脚蹼颜色逐渐变浅，喙上出现黑色斑点，随产蛋期延长，斑点增多，颜色加深。

3. 体型特征　北京鸭体型硕大丰满，体躯呈长方形，前部昂起，与地面呈 30°～40°角，背宽平，胸部丰满，两翅紧附于体躯。头部呈卵圆形，颈粗，长度适中，眼明亮，虹彩呈蓝灰色。

4. 性别特征　北京鸭公鸭尾部带有 3～4 根卷起的性羽，母鸭腹部丰满，前躯仰角加大。母鸭叫声洪亮，公鸭叫声沙哑。

二、体尺指标

成年北京鸭体斜长母鸭为 30.5～32.6 cm，公鸭为 32.8～34.6 cm；成年北京鸭胸宽母鸭为 11.0～12.5 cm，公鸭为 11.1～13.1 cm；北京鸭龙骨长母鸭为 13.9～14.8 cm，公鸭为 15.2～16.3 cm；北京鸭胫长母鸭为 7.1～7.5 cm，公鸭为 7.2～7.6 cm（表 8-1）。

表 8-1　成年北京鸭体尺（cm）

指　标	母	公
体斜长	30.5～32.6	32.8～34.6

（续）

指　标	母	公
胸宽	11.0～12.5	11.1～13.1
龙骨长	13.9～14.8	15.2～16.3
胫长	7.1～7.5	7.2～7.6

三、屠宰性能指标

（一）不同周龄北京鸭屠宰性能

中国农业大学国家家禽测定中心测定的数据表明，北京鸭 6 周龄体重可以达到 2.42～2.89 kg，胴体重为 1.31～1.62 kg，腹脂率为 2.1％～2.4％（表 8-2）。

表 8-2　6 周龄和 7 周龄的屠体测定指标

周龄	胸肌重（g）	胸肌率（％）	腿肌重（g）	腿肌率（％）	皮脂重（g）	皮脂率（％）	腹脂重（g）	腹脂率（％）
6 周龄	226.91±34.71	10.00±1.63	261.60±34.97	11.48±1.05	690.17±136.13	30.26±5.00	50.30±18.54	2.19±0.80
7 周龄	297.15±40.16	11.55±1.05	261.71±31.80	10.17±0.81	875.19±123.94	33.97±3.16	69.30±17.54	2.69±0.60

注：各个项目的指标以净膛重为分母。

（二）北京市地方标准对北京鸭品质和屠宰率的规定

北京市地方标准《北京鸭　第 1 部分：商品鸭集约化养殖规范》（DB11/T 012.1—2007）对北京鸭品质和屠宰率有以下规定。

1. 对填鸭的要求

（1）鸭体为纯白色，无杂色羽毛，喙、跖蹼为橘红色或橘黄色；

（2）羽毛完整，无抓伤及血痂，无瘫软残伤；

（3）嗉囊中无料水，活体重 3 kg 以上，出栏日龄不超过 7 周。

2. 对北京鸭屠宰后胴体品质的规定　要求通过口腔宰杀放血，鸭体完整，带头、翅、跖蹼及内脏；鸭体洁净；肉眼观察，头及颈部无毛根；鸭体无青肿、无血斑、无破皮。

3. 对烤鸭坯的要求　要求腔内洁净，无气管、食管及内脏残留物，皮下充气平满。

4. 对屠宰率的要求　如表 8 - 3 所示。

表 8 - 3　北京鸭屠宰率（％）

屠宰率	全净膛率	胴体率	胸肉率	腿肉率	皮脂率
86～89	70～74	57～60	8～11	10～13	30～37

（三）白条鸭的国家分级标准

按照国家标准《鸭肉等级规格》（NY/T 1760—2009）要求，屠宰后的肉鸭按胴体完整程度、表皮状态、羽毛残留状态将鸭胴体质量等级从优到劣分为Ⅰ、Ⅱ、Ⅲ 3 级。若其中有一项指标不符合要求，则应将其评为下一级别（表 8 - 4）。

表 8 - 4　鸭胴体质量等级要求

	Ⅰ	Ⅱ	Ⅲ
胴体完整程度	胴体完整，脖颈放血口及开膛处刀口整齐，脖颈放血时脖下刀口尺寸不超过 1 cm，开膛处开口不超过 5 cm，无断骨、无脱白	胴体完整，脖颈放血口不超过 2 cm，开膛处刀口不超过 7 cm，断骨和脱白均不超过 1 处	胴体完整，脖颈放血口超过 2 cm 以上，开膛处刀口超过 7 cm 以上，断骨和脱白超过 2 处
表皮状态	表皮完好，颜色洁白，无破皮、无淤血等异常色斑	表皮较完好，颜色较白，无红头、无红翅，整个胴体破损不超过 1 处，总面积不超过 2 cm²，淤血等异常色斑不超过 2 处，总面积不超过 2 cm²	表皮颜色微黄，无红头、无红翅，整个胴体破损超过 1 处，总面积超过 2 cm²，淤血等异常色斑超过 2 处，总面积超过 2 cm²
羽毛残留状态	无硬杆毛，皮下残留毛根数不超过 10 根，无残留长绒毛	无硬杆毛，皮下残留毛根数为 10～30 根，残留长绒毛数不超过 5 根	无硬杆毛，皮下残留毛根数超过 30 根，残留长绒毛数超过 5 根

（四）北京鸭的脂肪含量

与樱桃谷鸭、枫叶鸭、番鸭相比，北京鸭的瘦肉率最低，约为 27.77%；

腹脂率最高，约 2.48%；其他指标，如胴体率、全净膛率、胸肌率、腿肌率等差别不大（表 8-5）。

表 8-5 北京鸭与其他肉鸭品种屠宰性能对比（%，占活重百分比）

指 标	北京鸭	樱桃谷鸭	枫叶鸭	番 鸭	各品种肉鸭对比	资料来源
胴体率	89.60	90.13	90.16	88.54	各品种差别不大	杨学梅（2001）；范凤谦（2005）
瘦肉率	27.77	28.99	30.18	30.8	北京鸭瘦肉率最低	庞维志（2002）；佘德勇（2007）；Omojola（2007）
全净膛率	74.41	74.18	76.4	72.21	枫叶鸭胸肌率最高，番鸭最低	王珩（2002）；侯水生（2002）；Larzul（2006）
胸肌率	6.84	7.66	10.01	4.76	枫叶鸭胸肌率最高，番鸭最低	杨学梅（2001）；Omojola（2007）；曹斌（2009）
腿肌率	13.51	13.79	13.85	16.05	番鸭腿肌率最高，其他品种差别不大	庞维志（2002）；范凤谦（2005）；Larzul（2006）
腹脂率	2.48	2.19	2.24	0.79	北京鸭腹脂率最高，番鸭最低	侯水生（2002）；樊红平（2006）；佘德勇（2007）

四、鸭肉营养与风味物质指标

随着国内经济的不断发展，目前肉品的供应基本满足市场消费量，随之而来的是消费者对肉品营养、风味口感和安全的高度重视。鸭肉因低脂肪、高蛋白质、低胆固醇和风味独特的肉品而受到消费者的青睐。

（一）北京鸭鸭肉的营养特点

1. 高蛋白质、低脂肪和低胆固醇 北京鸭鸭肉是优质蛋白质的极好来源，其可食部分中蛋白质含量约 28%，其中必需氨基酸比值与人体较为接近，易被人体消化吸收。每 100 g 鸭肉中，胆固醇含量约 0.1 g，低于鸡肉（0.34 g）。

美国农业部营养数据库的数据表明，与相同重量的鸡肉、猪肉和牛肉相比，北京鸭鸭腿肉的蛋白质含量高于鸡肉，和猪肉、牛腿肉一样高（表 8-6）。

2. 富含多种维生素和矿物质 北京鸭鸭肉中含有大量的矿物质，有磷、钠、铁、钙、钾、锌、铜、锰等，尤以钾、磷的含量最多。根据美国农业部营

表 8-6 北京鸭鸭肉与其他品种肉类营养成分对比（每 100 g 可食用部分，仅瘦肉）

部 位	营养成分	鸭 肉	鸡 肉	猪肉（火腿）	牛腿肉
腿肉	能量（MJ）	0.74	0.97	0.88	0.80
	蛋白质（g）	29	26	29	29
	脂肪（g）	6	13	9	7
胸肉	能量（MJ）	0.59	0.69	—	—
	蛋白质（g）	28	31	—	—
	脂肪（g）	2.5	3.6	—	—

数据来源：美国农业部营养数据库。

养数据库的数据显示（表 8-7），每摄取 100 g 鸭肉，可获得每日营养供给量中铁建议量的 27%、磷建议量的 22%、硒建议量的 29%～41% 和维生素 B$_{12}$ 建议量的 15%～20%。

表 8-7 北京鸭不同部位的营养成分含量（每 100 g 可食用部分）

营养成分	瘦肉（含皮和脂肪）			瘦肉（不含皮和脂肪）			RDA
	整体	胸肉	腿肉	整体	胸肉	腿肉	
钙（mg）	11	8	10	12	9	10	1 000
铁（mg）	2.7	3.3	2.1	2.7	4.5	2.3	10
镁（mg）	16	—	—	20	—	—	400
磷（mg）	156	—	—	203	—	—	700
钾（mg）	204	—	—	252	—	—	2 000
钠（mg）	59	84	110	65	105	108	2 400
锌（mg）	1.9	—	—	2.6	—	—	15.0
铜（mg）	0.23	—	—	0.23	—	—	2.0
锰（mg）	0.02	—	—	0.02	—	—	3.0
硒（mcg）	20	26	22	22	29	22	70
硫胺素（mg）	0.17	—	—	0.26	—	—	1.5
核黄素（mg）	0.27	—	—	0.47	—	—	1.7
维生素 B$_6$（mg）	0.18	—	—	0.25	—	—	2.0
维生素 B$_{12}$（mg）	0.3	—	—	0.4	—	—	2.0
维生素 A（IU）	210	—	—	77	—	—	5 000
维生素 E（mg）	0.7	—	—	0.7	—	—	10
维生素 C（mg）	—	2.8	1.5	—	3.2	2.3	60

注：RDA：建议每日营养供给量；

数据来源：美国农业部营养数据库。

3. 富含多种氨基酸　北京鸭鸭肉中氨基酸种类丰富（表8-8和图8-1）。氨基酸是构成蛋白质并与生命活动有关的最基本物质，是生物体内不可缺少的营养成分之一。其中，谷氨酸是鸭肉中含量最丰富的一种兴奋性氨基酸，约为3.297%；天冬氨酸含量约为1.931%，对细胞有较强的亲和力，可作为钾离子、镁离子的载体向心肌输送电解质，起到改善心肌收缩功能、降低氧耗、保护心肌的作用；赖氨酸含量约1.916%，有促进人体发育、增强免疫功能、提高中枢神经组织功能的作用；亮氨酸与异亮氨酸、缬氨酸一起能修复肌肉，控制血糖，并给身体组织提供能量。

表8-8　北京鸭各种氨基酸含量（%，冻干基础）

氨基酸	天冬氨酸 （Asp）	苏氨酸 （Thr）	丝氨酸 （Ser）	谷氨酸 （Glu）	脯氨酸 （Pro）	甘氨酸 （Gly）	丙氨酸 （Ala）	半胱氨酸 （Cys）	缬氨酸 （Val）	蛋氨酸 （Met）
含量	1.931	0.962	0.856	3.297	0.784	1.012	1.256	0.286	1.035	0.698

氨基酸	异亮氨酸 （Ile）	亮氨酸 （Leu）	酪氨酸 （Tyr）	苯丙氨酸 （Phe）	赖氨酸 （Lys）	组氨酸 （His）	精氨酸 （Arg）	色氨酸 （Trp）	总量
含量	0.981	1.794	0.813	0.837	1.916	0.581	1.475	0.222	20.735

数据来源：《北京优质特色农产品测试分析报告书》。

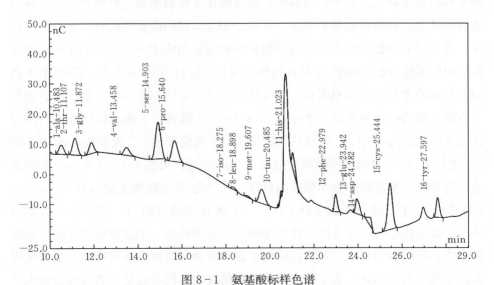

图8-1　氨基酸标样色谱

（数据来源：《北京优质特色农产品测试分析报告书》）

4. 各种脂肪酸的比例理想 鸭肉中饱和脂肪酸、单不饱和脂肪酸、多不饱和脂肪酸的比例接近理想值，化学成分近似橄榄油，对人体十分有益。其饱和脂肪酸中软脂酸含量较高，硬脂酸含量很低（只有 5%），而牛油、羊油、猪油中的硬脂酸含量高达 30%。美国农业部测定结果显示，鸭肉中的单不饱和脂肪酸、多不饱和脂肪、n-3 脂肪酸、n-6 脂肪酸含量均高于鸡肉（表 8-9）。

表 8-9 鸭肉与鸡肉中脂肪酸成分含量对比

肉品种	饱和脂肪酸 (g)	单不饱和脂肪酸 (g)	多不饱和脂肪酸 (g)	n-3 脂肪酸 (mg)	n-6 脂肪酸 (mg)
鸡 肉	4.3	6.2	3.2	190	2 880
鸭 肉	13.2	18.7	5.1	390	4 691

数据来源：美国农业部食品和营养信息中心。

北京鸭在长期的驯化和人工选择过程中，形成了相对独特的品种特性，不同部位脂肪沉积的效率和脂肪的组成与其他鸭种存在很大差异，而且烤制型北京鸭独特的填饲工艺和填饲料配方使北京鸭在脂肪沉积方面的表现和脂肪的组成等方面形成了特异性的品质。通过比较北京鸭和樱桃谷鸭在填饲后期脂肪酸的含量和组成的结果表明，填饲后北京鸭的腹脂极显著大于填饲樱桃谷鸭，皮脂率和腹脂率含量均大于樱桃谷鸭，较高的皮下脂肪非常适合烤鸭工艺，并且能够保证北京烤鸭的品质和风味。具体分析北京鸭的脂肪酸成分和组成可以发现，北京鸭的脂肪酸构成中不饱和脂肪酸在脂肪组成中占有较高的比例，北京鸭胸肌中不饱和脂肪酸的含量占脂肪总量的 53.44%～56.92%，腿肌中不饱和脂肪酸的含量占脂肪总量的 58.04%～58.36%（表 8-10）。北京鸭的胸肌中不饱和脂肪酸含量可达 2.24～2.57 g/100 g，腿肌中不饱和脂肪酸的含量可达 2.98～3.08 g/100 g，已经达到欧盟 Ω-3 鸡肉和 Ω-3 火鸡肉标准的 2 倍（欧盟关于 Ω-3 禽产品的标准是肉鸡 1.5 g/100 g、火鸡 1.1 g/100 g），表明北京鸭具有较高的富集不饱和脂肪酸的能力。不饱和脂肪酸主要包括 α-亚麻酸（ALA）、二十二碳六烯酸（DHA）、二十碳五烯酸（EPA）等，是人体不可缺少的必需脂肪酸，在人体生理中起极其重要的作用，不仅能够促进脑、视网膜形成，延缓脑的衰老，还具有降低血脂、预防和治疗心血管疾病、抗炎症等多种生理功能。因此，北京鸭不仅是美味的食物，同样也是提高人民健康水平的功能性食品。

表 8 - 10　北京鸭不同组织中脂肪及脂肪酸含量（%）

组　织	检测项目	鸭（♂）	鸭（♀）
胸肌	脂　肪	4.20	4.52
	棕榈酸	31.77	28.16
	棕榈油酸	2.81	2.99
	硬脂酸	11.95	11.90
	油　酸	39.02	40.67
	亚油酸	14.42	16.25
腿肌	脂　肪	5.11	5.30
	棕榈酸	26.89	27.65
	棕榈油酸	3.11	3.41
	硬脂酸	11.60	10.87
	油　酸	41.61	42.28
	亚油酸	16.75	15.76

数据来源：农业部家禽品质监督检验测试中心（扬州）。

（二）北京烤鸭的营养特点

北京烤鸭（彩图 8 - 1）富含多种有益于人体健康的营养元素。烤鸭片中蛋白质含量约为 20.6%，且为优质蛋白质，每食用 100 g 烤鸭可摄入成人一日蛋白质需要量的 28.6%；北京填鸭烤炙前脂肪含量较高，全鸭脂肪含量约 43.9%，烤炙完成后鸭片脂肪含量下降到 22%。因此，烤鸭的蛋白质与脂肪的含量比例趋于理想。烤鸭片中含有多种无机盐和微量元素，特别是含有较丰富的钙和铁，有利于人体吸收。钙含量可达成人一日供给量的 1/10，另外还含有锌、锡等微量元素。北京烤鸭中含有较丰富的脂溶性维生素 A 和维生素 E，特别是维生素 E，每 100 g 烤鸭片中的含量可达成人一日摄入量标准的 1/5；尼克酸含量较高，摄入 10 g 鸭片即可达到成人一日生理供给量标准的 1/2。

（三）北京鸭的风味特点

北京鸭是公认的肉鸭优良品种，具有独特的风味，对其风味物质的研究有助于从成分及其含量上定量研究北京鸭这一优良肉鸭品种的特殊风味，以便于更好地保护、开发和利用北京鸭的优势。

和所有的肉品一样，北京鸭的风味形成也是一个复杂的过程。影响肉品风味的因素很多，主要包括动物的年龄、体重、基因类型、饲料等宰前因素，以及宰后动物肌肉 pH、无机盐含量、水分含量、蛋白质活性的高低等。虽然至今人们仍没有对鸭肉种属间的风味差异及特异性风味的来源作出较为合理的解释，也没量化这些风味物质对于鸭肉特殊风味的贡献大小，但可以确定不同品种、不同加工方式鸭肉挥发性物质的种类和含量存在差异。

1. 风味前体物是决定肉风味的重要因素　肉风味是指香气和滋味（aroma）两个层面，指食品入口前后对嗅觉、味觉等器官的刺激所产生的综合感觉，是评定肉品品质的重要指标之一。其中，肉香气物质是指肌肉受热过程所产生的挥发性混合物，如酸类、酮类、醇类、酸酯类，以及含硫、氧、氮的直链和杂环类化合物，主要是还原糖、氨基酸、硫胺素和脂肪酸；而肉滋味物质主要是肉中的滋味呈味物质，如游离氨基酸、小肽类、ATP 代谢物、无机盐、维生素等。

风味前体物的种类和含量是决定肉风味的重要因素（杨炸等，2006）。根据化学性质，可将风味前体物分为两类，即水溶性前体物和脂类。肉品风味物质的产生主要发生在加热熟化过程中。未熟化的肉只含少量香味阈值较高的挥发性物质，嗅闻时只能感受到腥味和微弱的金属味；熟化后肉品风味的变化主要是风味前体物间发生的复杂化学反应使得肉品熟化时产生了大量的挥发性化合物，如酸类、酮类等，此类化合物可赋予熟肉相应的风味。

2. 醛、直链含硫化合物和杂环化合物是北京鸭香味浓郁的原因

（1）醛、直链含硫化合物和杂环化合物为鸭肉的主要香味物质　江新业等（2004）利用 SDE 萃取挥发性香味化合物的鉴定结果表明，北京鸭和樱桃谷鸭鸭肉中的挥发性化合物分别有 46 种和 42 种，主要包括醇类、醛类、酮类、酸类，以及含氧、氮、硫的直链和杂环化合物。Chen 等（2009）发现，北京烤鸭的有效香味化合物是 3-甲基丁酸、己酸、二甲基三硫、3-甲硫基丙酸、2-甲基丁酸、辛酸、庚酸、2-甲基-3-呋喃硫醇、2-糠基硫醇、（E，E）-2，4-壬二烯酸、1-辛烯-3-醇、壬醛、癸酸、（E，E）-2，4-癸二烯酸、（E）-2-壬烯酸、（E，Z）-2，6-壬二烯酸、（E，E）-2，4-辛二烯醛、己醛等。

其中，最重要的是3-甲基丁酸（黑巧克力味）、己醛（青草味）、3-甲硫基丙酸（土豆味）和二甲基三硫化合物（大蒜味）。

（2）醛类是构成鸭肉油脂气味及鸭特征气味的重要物质　鸭汤风味成分的相关对比研究表明，麻鸭、北京鸭、水鸭和洋鸭4种鸭汤中的醛类物质含量均为最高，分别为82.85%、78.42%、78.82%和82.55%（张音等，2012）。北京鸭与樱桃谷鸭的对比试验结果表明，北京鸭含醛类5种，相对含量为5.48%；樱桃谷鸭含醛类2种，其相对含量为3.25%。其中，10-十一烷烯醛和2-己基-1-癸醛是北京鸭含有而樱桃谷鸭所没有的。特别值得注意的是，北京鸭鸭肉中的（E，E）-2，4-癸二烯醛是樱桃谷鸭的4倍多，被认为是导致北京鸭香味更加浓郁的原因。

（3）肌内脂肪含量及组成对于肉品熟化过程中风味化合物的形成具有重要影响　肌内脂肪是指位于肌肉内的脂肪，包括全部的磷脂（主要存在于细胞膜）、甘油三酯（是能量的主要贮存形式）和胆固醇。在禽类肌肉中，甘油三酯不仅大量地贮存在肌肉内的脂肪细胞中（至少80%），而且还以液滴的形式贮存在肌纤维细胞质中（占总甘油三酯的5%～20%）。肌内脂肪含量对于肉的质量及属性具有重要影响，包括感官质量的高低和有益健康的程度。

（4）高含量的不饱和脂肪酸通过加热氧化分解可能是引起鸭肉产生特异性风味的主要原因　鸭肉中不饱和脂肪酸的含量较高，是一种健康优良的肉品。Cobos等（2000）通过测定鸭胸肉和腿肉的脂肪酸组成发现，鸭肉脂肪酸主要由C 16：0（18%～22%）、C 18：0（12%～22%）、C 18：1（17%～34%）、C 18：2（13%～23%）和C 20：4（8%～19%）组成。江新业等（2004）通过气相色谱法对比分析鸭肉和鸡肉脂肪酸，结果表明鸭肉脂肪酸含量是鸡肉的2倍多；其中，以软脂酸、硬脂酸、油酸、亚油酸和花生四烯酸为主，占脂肪酸质量的88%～94%。不饱和脂肪酸受热极易氧化分解，且其分解产物大多数风味阈值较低。通过选择性地去掉鸭肉中的磷脂和甘油三酯，并对去脂肉进行感官评定和仪器分析，结果表明甘油三酯对鸭肉的特征性风味及其肉香味影响不大，而磷脂对其影响很大。

3. 杂环化合物与直链含硫化合物是北京鸭鸭肉风味的重要呈味物质　杂环化合物与直链含硫化合物阈值很低，是鸭肉的重要呈味物质。北京鸭的杂环化合物包括2-戊基呋喃，其含量显著高于樱桃谷鸭。另外，北京鸭含有樱桃谷鸭所没有的 3-甲基-2-（2-羰丙基）-呋喃、3-（1，15-十六二烯）二氢-4-羟基-5-甲基-2（3H）呋喃酮、（E，E）-2，4-癸二烯醛、二（2-甲基丙基）二硫，以及 2-戊基呋喃被认为是重要的鸭肉香味化合物。

4. 鸭肉风味形成过程分析　鸭肉风味的形成过程是一系列复杂的化学反应过程，主要包括美拉德反应、脂肪的热降解、硫胺素降解、氨基酸和肽热解、碳水化合物降解、核苷酸降解等。这些化学反应产生的物质之间的初次复杂反应和再次复杂反应产生了对鸭肉风味起关键作用的挥发性风味物质（图 8-2）。

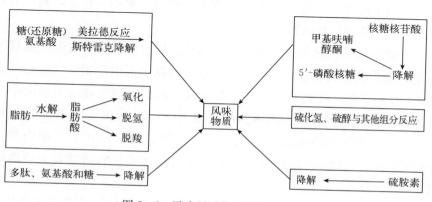

图 8-2　鸭肉风味物质形成的过程

（1）美拉德反应　是还原糖与氨基酸之间的化学反应，是肉品产生风味最重要的途径之一。该反应复杂，不仅能够产生大量的风味物质，同时也能赋予肉品良好的色、香品质。鸭肉风味形成中许多重要的风味化合物都是由美拉德反应产生的，如呋喃、吡嗪、吡咯等及其他杂环化合物、含硫含氮化合物等。

（2）脂质加热氧化　脂质加热氧化分解会产生大量阈值很低的挥发性化合物，包括烃类、羰基化合物、苯环化合物、酮类、醛类、醇类、羧酸和酯，其中具有脂肪香味的醛类是脂肪降解的主要产物。鸭肉的特征性风味主要由脂质降解产生，如鸭肉中亚油酸等不饱和脂肪酸的双键在加热中生成过氧化物，继而进一步分解成酮、醛、酸等挥发性羰基化合物。

（3）多肽、氨基酸和糖降解　肉中的蛋白质被降解生成多肽、二肽、游离氨基酸后，其中的氨基酸进行斯特雷克（Strecker）降解，产生羰基化合物、氨、醛、硫化氢等，这些化合物都是肉品香味的重要组成成分。

糖类加热降解会发生焦糖化反应，产成焦糖味、焙烤味等。糖加热脱水产生麦芽酚，戊糖会生成糠醛，己糖生成羟甲基糠醛。进一步加热会产生一些芳香气味的物质，如呋喃衍生物、羰基化合物、醇类、脂肪烃和芳香烃类。羰基化合物的种类和含量差异将会产生风味差异。

肉中核苷酸加热降解后首先会产生 5′-磷酸核糖，然后经脱磷酸、脱水，5′-磷酸核糖形成 5-甲基-4-羟基-呋喃酮。羟基呋喃酮类化合物很容易与硫化氢反应，产生非常强烈的肉香气。

第二节　主要产品加工工艺

2014 年 10 月 1 日，《北京市畜禽定点屠宰管理办法》（暂行）（京农发〔2014〕196 号）开始实施，其规定北京鸭屠宰场的选址、设计、建设布局及设施必须符合国家有关规定，无害化处理设施齐全，措施到位，并经市级畜牧兽医主管部门批准。家禽的屠宰加工过程依据《屠宰加工作业指导书》，严格执行 ISO 9002 中规定的工艺和操作规程标准，屠宰加工过程中验收、屠宰、分割、包装、贮存和运输等环节的场所、设施设备、人员的基本要求和卫生控制操作的管理准则要符合《食品安全国家标准　畜禽屠宰加工卫生规范》（GB 12694—2016）。

一、屠宰初加工工艺

肉鸭的屠宰加工过程可分为以下 3 个阶段：毛鸭查验、宰前管理和屠宰加工（图 8-3）。

（一）毛鸭查验

所谓毛鸭，是指还没有进行屠宰的鸭子。毛鸭在进场前要进行两项证件检察，分别是动物检疫合格证明和动物及动物产品运载工具消毒证明。

检查证件合格后，就要对毛鸭进行感官检查。观察鸭的体表有无外伤，如果有外伤，则感染病菌的概率会成倍增加，不能接收。然后察看鸭的眼睛是否明亮，眼角有没有过多的黏膜分泌物，如果过多则表明该鸭健康状况不好，属于不合格鸭，应该拒收。最后检查鸭的头、四肢及全身有无病变。经检验合格的毛鸭准予屠宰，并开具准宰/待宰通知单。

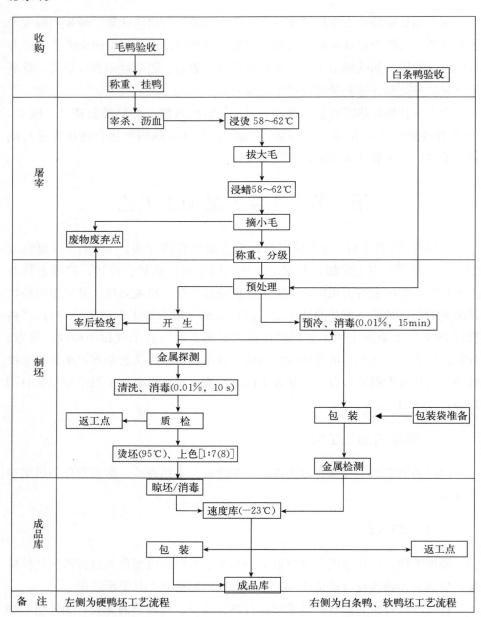

图 8-3 北京鸭屠宰加工工艺流程

(二) 宰前管理

鸭屠宰前的管理工作十分重要，因为它直接影响毛鸭屠宰后的产品质量。

屠宰前的管理工作主要包括宰前休息、宰前禁食和宰前淋浴3个方面。毛鸭在屠宰前要充分休息，以减少应激反应，从而有利于放血。一般需要休息12~24 h，天气炎热时可延长至36 h。屠宰前一般需要断食8 h，但断食期间要注意供给清洁、充足的饮水。这样，不仅有利于放血完全，提高鸭肉的质量，最重要的是让鸭多喝水能够冲掉胃里的食料，进而提高鸭胗的质量。装车采用专用的鸭笼，装的时候最好把鸭头朝下。同时，要注意笼内鸭的数量不能过多，以免造成毛鸭伤翅等。鸭怕热，且不能缺水，如果是夏天，为了提高鸭的成活率，还要给鸭淋浴。

（三）屠宰加工

从工艺流程上划分，鸭的屠宰工艺包括吊挂、致昏、放血、烫毛、脱羽、三次浸蜡、拔鸭舌、拔小毛、验毛、掏膛、切爪、内外清洗工作、预冷等步骤。

1. 吊挂 首先将毛鸭从运载车上卸下来，然后轻轻地把鸭从笼中提出，双手握住鸭的跗关节将其倒挂在鸭挂上。

2. 致昏 致昏就是通过各种方法，使待宰鸭昏迷，从而有利于下一步屠宰工作的进行。目前，使用最多的致昏方法是电麻法。所谓电麻法，就是利用电流刺激使鸭昏迷。使用电压通常为36~110 V。可以设置一个电击晕池，池底有电流通过，里边装满水，当毛鸭经过这里时，一触电就会自然晕厥。

3. 放血 给鸭放血最常用的方法是口腔放血，一般采用细长型的屠宰刀，屠宰刀要经过氯水消毒以后才能使用。具体方法是：把刀深入鸭的口腔内，割断鸭上颌的静脉血管，头部向下放低排净血液，整个沥血时间为5 min。

4. 烫毛 给毛鸭放完血后要进行烫毛。先通过预烫池，预烫池的水温为50~60 ℃，通过强力喷淋后进入浸烫池。浸烫池的水温控制很关键，直接影响鸭的脱毛效果。一般把温度调整在62 ℃左右，整个浸烫过程需要2~5 min。

5. 脱羽 目前，成规模的屠宰场都采用机械脱羽，也称为打毛，机械脱羽的脱毛率一般可以达到80%~85%。

6. 三次浸蜡 鸭在经过打毛以后，身上大部分的毛已经脱落，但是仍然有一小部分毛还存留在鸭体上。为了使鸭体表的毛脱落得更干净，可以借助食用蜡对鸭体进行更彻底的脱毛。在这之前，先用小木棍将鸭的鼻孔堵上，以免进蜡。

通常将浸蜡槽的温度调整至 75 ℃左右。当鸭经过浸蜡池时，全身都会沾满蜡液，在快速通过浸蜡池后，还要经过冷却槽及时冷却，冷却水温在25 ℃以下，这样才能在鸭体表结成一个完整的蜡壳。然后再通过人工剥蜡，最终使鸭体表小毛进一步减少。每只鸭子都要经过三次浸蜡、三次冷却、三次剥蜡，才能达到最终的脱毛效果。

在这个过程中要保证浸蜡槽温度的稳定，避免温度过高或过低。温度太高，就会使鸭体表的蜡壳过薄，导致脱毛效果变差，严重者还会导致鸭体被烫坏；而温度过低，蜡壳过厚，脱毛效果也会变差。另外，为了不浪费原料，剥下来的蜡壳还可以放在旁边的溶蜡池里熔化后继续使用。在最后一次冷却完毕后，要及时取下鸭鼻孔上的木棍，然后再进入下一道工序。

7. 拔鸭舌　浸蜡过程完毕后，要拔鸭舌。可以采用尖嘴钳拔鸭舌。尖嘴钳在使用前要先经过消毒处理，然后夹住鸭舌向外拔出即可。拔下来的鸭舌要放入专门的容器里存放。

8. 拔小毛　经过打毛和浸蜡后，鸭体表的毛看似已经完全脱落，但体表深处的一些小毛仍然没有脱掉，这时候就要采用人工拔毛。拔小毛使用的工具主要是镊子。这个操作一般在水槽中进行。因为只有在水里，鸭体上的小毛才会立起来，看得才更清楚。

首先用小刀将鸭嘴上的皮刮掉，然后按照从头到尾的顺序小心地用镊子将鸭体表残留的小毛摘除干净。这个过程看似简单，但需要有足够的细心和耐心。拔毛的时候要注意千万不可损伤鸭体，否则容易感染细菌。对破损的鸭体要将其首先放在一旁，最后再单独处理。

9. 验毛　拔完小毛的鸭要交给专职的验毛工进行检验。如果发现有少量的毛还没有拔干净，检验人员还要再重新返工，直到鸭体上的小毛被全部拔干净为止。毛净度检验合格后要及时将鸭挂上掏膛链条进行下一个步骤。

10. 掏膛　待鸭到位停稳后，工作人员用消毒后的刀沿着鸭下腹中线划开鸭膛，然后依次掏出鸭肠、鸭胗、食管、鸭心、鸭肝、板油、肺、气管等内脏。掏出的内脏分别装入不同容器中。使用的刀具每 30 min 要消毒一次。

11. 切爪　掏完膛后进行切爪操作。切爪用的刀必须经过消毒以后才能使用。首先用刀沿着鸭腿跗关节处切开，然后把切掉的鸭爪放到专门的容器里。

12. 内外清洗工作　刚掏完膛的鸭体表及腹内会存在一些血污，所以还要对鸭进行内外清洗工作。用水将其内外清洗干净，最终使胴体表面无可见污物。洗完后随着链条进入预冷消毒池。

13. 预冷 预冷是屠宰工艺的最后一道工序。预冷池内水温不得超过4℃，一般在2℃左右。在预冷过程中，要不定期地向池内添加次氯酸钠，以便使预冷池的有效次氯酸钠浓度始终保持在0.02%~0.03%。这个步骤可以将掏膛期间的细菌感染率降至最低，起到消毒的目的。

冷却后的肉鸭胴体中心温度保持在10℃以下，整个预冷时间为40 min。

二、北京鸭屠宰后的加工工艺

除了作为北京烤鸭的原料之外，随着消费者多样化的需求，北京鸭也越来越多地用于加工各种美食。因此，北京鸭屠宰后的分割，主要包括胴体分割和副产品加工两大部分。

（一）胴体分割

按照《鸭肉等级规格》（NY/T 1760—2009）的规定，鸭胴体分割主要是按照分割后的加工顺序进行（图8-4）。

去头 → 划裆 → 开胸 → 划脖 → 划背、掰腿 → 割腿 → 割翅胸 → 割小胸 → 割锁骨 → 去尾 → 割脖

图8-4 北京鸭胴体分割流程

1. 去头 从第一颈椎处下刀，割下鸭头，要求皮肉相符。

2. 划裆 向鸭体裆部两侧各划一刀，刀深在腰眼肉处，以防鸭腿带有刀伤。

3. 开胸 沿软骨两侧轻轻地将胸皮对称划开，注意不能伤到大胸、小胸及软骨。

4. 划脖 在脖锁骨上方左右各划一刀，刀口长约5 cm，不应划破鸭脖。

5. 划背、掰腿 首先以鸭体背部线为中心，沿脊椎骨处竖划一刀，然后将两腿向后掰开，再在鸭体背部线横划一刀呈"十"字形，注意不能划破、划偏腰眼肉。

6. 割腿 在腰眼肉处下刀，向里圆滑切至髋关节，顺势用刀尖将关节韧带割断，同时用力将腿向下撕至鸭尾部，切断与鸭尾相连的皮。

7. 割翅胸 从肩关节处下刀，切断韧带，刀尖紧绕关节下滑至弧形骨，将翅胸顺势向下撕扯。撕翅胸的同时，尖刀插入骨窝割断韧带，使翅胸与鸭体

分离。

8. 割小胸　将小胸与锁骨分离，紧贴龙骨两侧下划至软骨处，使小胸与胸骨分离，撕下小胸。

9. 割锁骨　在锁骨与软骨的交接处逆时针分离，将锁骨割离。

10. 去尾　割断尾关节，将尾尖与鸭架分离。

11. 割脖　在鸭脖与鸭壳连接处下刀，割下鸭脖，去除脖皮和脖油。

在分割的过程中，分割加工用具、手、案板、案台等要严格按规定进行清洗消毒，同时要避免产品堆积；对于落地的半成品、成品，必须经过严格的清洗消毒处理。整个分割车间的温度应保持在 15 ℃以下。

（二）副产品加工

副产品加工主要是将白条鸭依部位分割成不同类别的产品，分割过程中避免产品堆积，分割加工用具严格按规定进行清洗消毒。对于落地半成品、成品，必须放入盛有 0.01%～0.015%氯水溶液的消毒桶中清洗消毒 15 min。分割车间温度≤12 ℃。

1. 加工工艺流程　按照国家标准《禽类屠宰与分割车间设计规范》（GB 51219—2017）的规定，鸭副产品加工工艺流程应符合下列规定。

（1）爪　浸烫→脱爪皮→清洗整理→冷却、包装。

（2）头　浸烫→脱毛→清洗整理→冷却、包装。

（3）肝　清洗整理→冷却、包装。

（4）心　清洗整理→冷却、包装。

（5）胗　剖切→翻洗→剥离内金→整理→冷却、包装。

2. 加工要求　对掏出的心、肝、胗、肠等内脏，以及爪、舌等副产品按照加工要求，分别进行加工。

（1）鸭胗取下来之后，首先用刀从中间割开，将里边的食料掏出，用水洗干净；再用小刀将表层黄色的皮刮去；最后剥下上边的油，冲洗干净即可。

（2）鸭肝不需要特殊加工，只需把上边的苦胆和脂肪剪掉即可。鸭肝在包装前不需要用水冲洗，以防颜色改变，只需要用干净的布将其擦干净即可。

（3）鸭心被取下后直接用布擦干净即可。

（4）鸭头、鸭翅和鸭脖也不需要冲洗，取下来后只要用布擦干净即可。

（5）鸭爪取下后，剥掉其上皮，用水洗干净后直接码入成品盒中。

（6）鸭舌是鸭身体上价格最贵的组织，只需要把上边的一段气管剪掉，然后冲洗干净即可。

副产品的整个加工过程中，要将病变的鸭肝、鸭心等内脏挑出，并作废弃处理。

胴体分割完以后，要进行称重、包装，包装袋要经检验合格、无菌才可使用。包装后的产品要及时放入−51.25 ℃的冷库中进行速冻，冰鲜产品则放入0 ℃冷库中存放。

三、北京烤鸭加工工艺

（一）主要工艺

北京烤鸭原是宫廷御膳珍品，与挂炉烤小猪并称"宫廷双烤"，后传入民间，成为满汉全席的必备菜式，备受中外宾客的欢迎，誉满京华、驰名中外，被称为是"天下第一名吃"。据史料记载，北京烤鸭源于明朝，盛于清代，距今已有 600 余年的历史。后逐渐流入民间，历经数代名厨改革创新，才有挂炉果木烤鸭的工艺密传至今。精致的北京烤鸭令食家久食不厌，已成为京都饮食文化的一道亮丽彩虹。无怪乎有食者云，"不到长城非好汉，不吃烤鸭真遗憾"。

北京烤鸭在制作工艺上有"挂炉""焖炉"两种加工工艺。挂炉烤鸭以全聚德为代表，焖炉烤鸭以便宜坊为代表，这两种烤鸭技艺已经分别申请了北京"非物质文化遗产保护"。

从原料上来说，这两者没有什么差别，采用的都是北京填鸭，差别主要还是在烤制的方法上。首先，烤炉结构不同，挂炉不安设炉门，焖炉安设炉门；其次，采用的燃料不同，挂炉烤鸭以果木为燃料，而焖炉烤鸭以秫秸为燃料（表 8 - 11）。

表 8 - 11 挂炉烤鸭和焖炉烤鸭加工工艺对比

类 别	挂 炉	焖 炉
烤 炉	无炉门	从地面直接用砖砌起，砖的码放讲究"上三、下四、中七层"，一面炉墙下有炉门，炉内可烤填鸭 5～7 只
燃 料	以枣木、梨木等果木为燃料，果木坚硬、无烟、底火旺、耐烧并有特殊果香	以秫秸为燃料

（续）

类 别	挂 炉	焖 炉
制作工艺	制作要经过打气（把鸭子吹鼓绷起来，保证鸭子烤成后外焦里嫩），掏膛，洗膛，挂钩，烫皮，打糖（打麦芽糖为着色），晾皮（控去多余的油脂等工序）	将秫秸等燃料放入炉内，点燃后将烤炉内壁烧热到一定程度时将火熄灭，然后用叉子叉好填鸭立刻放在烤炉内，关闭炉门
烤 法	鸭子入炉烤制时，往鸭坯膛里灌入滚开水，倒挂在炉内挂梁上，外烤内煮，并用长挑杆有规律地调换鸭的位置，以使鸭受热均匀，周身都能烤到	"鸭子不见明火"，全凭炉壁的热力将鸭子烘烤而熟；关闭炉门且中间不开炉门，不转动鸭身，鸭一次放入一次出炉
烤炉温度	温度需稳定在230～250℃，过高会使鸭皮抽缩，两肩发黑，过低会使鸭胸脯呈现皱褶	"烧炉"是焖炉烤鸭的关键。炉烧的时间长，鸭入炉即糊；时间短，鸭又会夹生。经验丰富的烤鸭师，烧炉时见炉内壁变灰白色时即迅速将鸭入炉
烤制时间	30～45 min	半小时左右打开炉门，手感鸭脯"喧腾"时将鸭出炉
口感	皮脆肉嫩	油大喧腾
百年老店	全聚德	便宜坊

（二）挂炉烤鸭的工艺流程

挂炉烤鸭的代表是始建于清朝同治三年（公元1864年）的全聚德烤鸭店，其沿用清宫御膳房流传出来的挂炉技术精制烤鸭。挂炉烤鸭以果木为燃料，在特制的烤炉中，以明火烤制而成。全聚德烤鸭选用优质的北京填鸭，烤制工序环环相扣，吃法讲究。中华人民共和国成立后，"全聚德挂炉烤鸭技艺"进一步弘扬，并以集体传承的形式又相继培养出第五代、第六代传人，到现在已经延续到第七代烤鸭厨师。

如今，"挂炉烤鸭技艺"已形成一整套标准、规范的宰烫→制坯→烤制→出炉刷油→片鸭工艺流程，每一个主环节又包含若干个环节。

1. 宰烫　通常选用的原料鸭每只大小、胖瘦几乎都一样，一般采用2.75～3 kg的北京填鸭（由专门养殖基地特供）。何时出栏、体重多少，都有严格的标准，太肥、太瘦都不行，目的是使鸭烤制后能达到最佳口感。宰烫时，要经过宰杀、烫毛、煺毛、择毛4个环节。

（1）宰杀　采用切断三管法宰杀。取碗 1 只，放入精盐及温水 100 g。把鸭的两只翅膀并起，左手拇指和食指攥住鸭膀根部，鸭背靠近手背，小指钩起鸭右腿，再用右手捏住鸭嘴巴，脖颈向上弯，把头送给攥鸭膀根的拇指和食指，使两指捏在鸭头和颈部之间，这时呈现鸭脯朝上的姿势。用刀在鸭脖处切一如黄豆粒大小的小口，以切断气管为准，随即用右手捏住鸭嘴，把脖颈拉成上下斜直，将血滴在碗内，滴至鸭子停止抖动时便可将其下锅烫毛。操作要稳、准、快，刀口要小，两管（食管、气管）要割断，鸭血要控净。另外，宰杀前要让鸭饮足水，这样容易煺毛。

（2）烫毛　在水温为 61 ℃时将鸭下锅，64 ℃出锅。根据烫锅的大小，决定是下一只至数只鸭。先用左手攥住鸭掌，把鸭头浸入锅中，用手抖动。再把鸭体下入锅中，用小木棍沿鸭体往返拨动，使鸭毛透水均匀。鸭在水中烫 3 min 左右（边烫边用手试着拔毛），待鸭毛很容易拔下时，表明鸭毛已烫好，此时应立即将鸭子取出。烫毛时，动作要快，水温要适宜，时间长短要合适。

（3）煺毛　鸭毛烫透出锅后，趁热开始煺毛。煺毛顺序是先煺脯、后煺脖颈，再煺背、抓下裆、揪尾尖。将烫好的鸭子脯面向上，放在案板上，左手按住鸭体，用右手往鸭脯上淋点凉水后再用右手把鸭脯毛煺下（用力要轻）。将鸭体翻过来，放在煺下的鸭毛上，再用左手按住鸭体。用右手将鸭背、鸭尾尖的毛煺下，然后将鸭颈、鸭头的毛煺下。操作时动作要快而轻。鸭毛要煺得干净，且皮面不破不损。

（4）择毛　先用镊子一端，以拇指配合，贴近鸭毛捻拔，必要时用钳头扦拔，千万不要把鸭皮择破，也不要用手指在鸭体的某一处反复触摸，否则会造成鸭体溢油现象，影响质量。择毛动作要快而稳，残毛要择得干净，使鸭皮不溢油、无破损。

2. 制坯　制坯包括去舌、去掌、剥离食管和气管、打气、拉断直肠、翅下切口、掏膛、支撑、切二节翅、洗膛、挂钩、烫坯、打色、淋水、晾坯等一系列环节，只有个体大小整齐划一、皮肤光滑没有斑点、完美无缺的鸭坯才能被送到全聚德的各家门店。

制坯的关键环节包括打气、掏膛、洗膛、挂钩、烫坯、打糖等。

（1）打气　将鸭洗净放在木案上，从小腿关节下切去双掌，割断喉部的食管和气管，拽出鸭舌。左手拿着鸭头，右手从喉部开刀处拉出食管，左手拇指沿食管向嗉囊推进，使食管与周围的结缔组织分离。食管被剥离后，不要抽

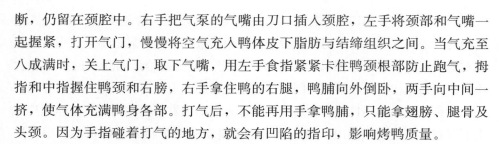

断，仍留在颈腔中。右手把气泵的气嘴由刀口插入颈腔，左手将颈部和气嘴一起握紧，打开气门，慢慢将空气充入鸭体皮下脂肪与结缔组织之间。当气充至八成满时，关上气门，取下气嘴，用左手食指紧紧卡住鸭颈根部防止跑气，拇指和中指握住鸭颈和右膀，右手拿住鸭的右腿，鸭脯向外倒卧，两手向中间一挤，使气体充满鸭身各部。打气后，不能再用手拿鸭脯，只能拿翅膀、腿骨及头颈。因为手指碰着打气的地方，就会有凹陷的指印，影响烤鸭质量。

（2）掏膛　左手继续握紧鸭颈和右膀，食指卡紧根部堵住气，右手食指插入肛门略向下一弯，拉断直肠钩出体外，以使掏膛时便于取出肠管。用右手拇指在鸭右腋下向后推两下，以排出该处皮下的气体，再用小刀开一个长约5 cm弯向背部的月牙形刀口。用右手拇指伸入刀口，将鸭脊椎骨上附着的锯齿骨推倒，伸入食指紧贴鸭胸脯掏出心脏。再贴着背伸向头的方向，拉出气管和食管。食管取出后，交左手拉紧，右手食指再进去剥离连接胗、肝周围的结缔组织，钩住鸭胗向外拉，同时左手放开鸭颈只拉住食管，右手将鸭胗掏出体外。再用右手食指将肝、肠掏出。最后伸进食指沿着脊骨把两肺与胸壁剥离取出。内脏全部掏净后，用高粱秆一节，一头削成三角形，一头削成叉形，做成鸭撑子。用右手食指和中指，把"鸭撑子"由刀口捅入鸭腔内，把鸭撑子的下端放置在脊椎骨上，以立式稍向前倾斜，稳住以后向后拉，卡入胸骨与三叉骨，使鸭体撑起。掏膛的动作要快，刀口要小，保证鸭体无血染痕迹；鸭体充气要丰满，皮面不能破裂；内脏要掏干净，什件（鸭肝、鸭肠、鸭胗等）要完整不碎。

（3）洗膛　首先用左手的大拇指从鸭膀下的刀口伸入，其他四指托住鸭的背部；再将鸭体按入水盆（或水池）中，使鸭腔充满清水；然后将鸭头向上，托起鸭子。用右手的食指从鸭肛门捅进，钩出回肠头，使水从肛门流出。将鸭子按入水中，使鸭腔灌满水，将鸭头朝下，使鸭腔内的水由颈皮内及鸭嘴内流出，冲出鸭嘴内和鸭颈内的杂物、黏膜。如此反复清洗，直到洗净为止。要把鸭腔、鸭颈、鸭嘴均刷洗干净，把回头肠及鸭腔内的软组织等钩出，使鸭的皮面无血染迹。

（4）挂钩　挂钩即是将鸭挂起，便于烫皮、打糖、晾皮和烤制。左手拇指在后握住鸭头，将鸭提起，用右手拇指和食指把鸭颈皮肤捏舒展，再将右手食指伸进体侧刀口，挑着鸭撑子，用其余的手指头抓住鸭右膀，使鸭体垂直。这时，左手放松鸭头，顺势向下移，使手掌握住鸭颈1/2的部分，用拇指向上一挑，把鸭颈折弯，头朝下，其余四指握稳鸭颈；右手持鸭钩，立即将钩竖起，穿过颈背侧约 3.3 cm，再从颈骨内侧的肌肉内穿出，使鸭钩斜穿于颈上。鸭钩要挂得端正，钩距要适度。

（5）烫坯　挂好鸭后，用 100 ℃ 的开水在鸭皮上浇烫，以使其毛孔紧缩，表皮层蛋白质凝固，皮下气体最大限度地膨胀，皮肤致密绷起，油亮光滑，便于烤制。

烫法：用左手提起鸭钩，使鸭脯向外，将鸭子提至锅的上方（注意不要让鸭头浸入水中），右手舀一勺开水，先洗烫体侧刀口，使水由肩而下，封住刀口防止跑气，再均匀地烫遍全身。

（6）打糖　指往鸭身上浇淋糖水，使烤鸭具有枣红色，并可增加烤鸭的酥脆性。糖水的兑制比例是：枣红色的烤鸭一般为 1 :（5.6～6），即 1 kg 饴糖兑入清水 5.5～6 L；金黄色的烤鸭一般为 1 :（6.5～7.5），即 1 kg 饴糖兑入清水 6.5～7.5 L。

兑制时首先将饴糖放入盆中，加入少量的温水化开，再按照一定的比例加入清水，用手反复搅拌，使其溶解均匀即可（如用白糖，则要先加入少量的清水，上火熬煮片刻，再倒入盆中，按一定的比例加入清水，搅匀即成）。

打糖方法：鸭皮烫好后，要迅速把鸭提至糖水盆的上方，用搅匀的糖水浇淋鸭身 3～4 次。然后沥净膛内的血水，在通风处晾干。如果当时不烤，可将鸭放入冷库中保存，在烤制入炉前，再打一次糖，以增加皮色的美观，并弥补第一次打糖不匀的缺陷。如在夏季进行第二次打糖时，糖水内要多加饴糖 5 g。

（7）晾坯　晾坯是为了把鸭皮内外的水分晾干，并使皮与皮下结缔组织紧密连起来，使皮层加厚。这样烤出的鸭皮不仅酥脆，而且能保持原形，在烤制时胸脯不致跑气下陷。将经烫皮打糖后的鸭坯挂在挂鸭杆（或挂鸭架）上，置于阴凉、通风的地方，使鸭皮干燥。一般在春、秋季节晾 24 h 左右，夏季晾 4～6 h，在冬季要适当增加晾晒时间。室内不要安装取暖设备。晾鸭坯时要避免阳光直晒，也不要用高强度的灯照射；同时，要随时观察鸭坯的变化，如发现鸭皮溢油（出现油珠）则要立即将其取下，挂入冷库保存。

3. 烤制　烤制需要经过点火烘炉、捅鸭堵塞、灌汤、二次打色、入炉、转烤、燎裆、出炉、拔堵、摘钩等环节，这样能保证烤出的鸭外形美观，丰盈饱满，颜色鲜艳，呈枣红色，皮脆肉嫩，鲜美酥香，肥而不腻，瘦而不柴（彩图 8 - 2）。

（1）点火烘炉　做北京烤鸭时挂炉的燃料选择很重要，以枣木柴为最好。当枣木柴不能满足供应时，应选用桃、杏、梨等果树木柴。果树木柴具有烟少火硬、耐燃烧、清香等特点。对有异味的松、柏、椿、桐等木柴，应禁止使用。

一般情况下，烧炉时要提前1 h将烤炉内的残灰清理干净，留足炭底，码上果木柴。点燃30 min左右，当炉温上升到200 ℃以上时，即可准备烤制。

（2）捅鸭堵塞　鸭坯入炉烤制前要把预先备好的鸭堵塞用巧劲儿捅入鸭子的肛门内，并使其卡住肛门口，以防止鸭体灌汤后汤水外流。所谓巧劲儿是指捅入堵塞的动作要准确、迅速。因鸭坯经晾制后表皮已绷紧，捅鸭堵塞时如果左转右扭，势必会挤破鸭坯表皮，所以必须用巧劲儿一下子插入、卡紧。

（3）灌汤　当鸭坯捅好鸭堵塞后，即可由鸭身的刀口处灌入开水（也可加入适量的花椒水、料酒），此称为灌汤。一般灌入鸭体的开水，约占鸭腔的4/5即可。这样在烤制时，可使鸭子内煮外烤，熟得快，并且可以补充鸭肉内水分的过度消耗，使鸭肉外脆里嫩。

（4）二次打色　鸭坯灌汤后，还需打两遍色（即第二次打糖，与第一次打糖的区别是此次打色时糖水的含糖量要适当减少）。其方法是：左手提起鸭钩，把鸭坯提到糖水盆的上方，右手持水勺，舀起糖水，均匀地将糖水浇在鸭坯上。打两遍色的目的，主要是防止出现上色不匀的情况。

（5）转烤　鸭坯打两遍色，检查完挂鸭钩（防止出现松动掉坯及不易转动的现象）后就可以入炉烤制了。在烤制时，火力是关键，要根据需要随时调整。一般鸭坯刚入炉时，火要烧得旺一些。随着炉内温度的升高，以及鸭坯颜色的逐渐加深，火力要逐渐减弱，炉温一般控制在250～300 ℃。

（6）燎裆　鸭坯入炉后，使鸭体右侧后背向火烤12～13 min。当右侧后背被烤至橘黄色时，转动鸭体，使左侧后背向火烤7～8 min。待左侧背与右侧背呈同样颜色时，转动鸭体，烤左侧鸭脯。当同样呈橘黄色时，可将鸭用杆挑起，近火燎其左侧底裆，使腿间着色。然后重新挂入炉内，烤右侧鸭脯，时间为2～3 min。当右侧鸭脯被烤成橘黄色时，再将鸭子挑起，燎右侧底裆。当右侧底裆被烤至橘黄色时，把鸭挂回炉内，烤其右后背，时间约为5 min，再转烤左后背5 min左右。此时，鸭身上色已基本均匀。当鸭身刀口处溢出白色而带有油液的汤汁时，挑起鸭子，再次燎裆着色后即可出炉。

4. 出炉刷油　鸭被烤好出炉后，要趁热刷上一层香油，以增加皮面光亮程度，并可去除烟灰，增添香味。

5. 片鸭　全聚德烤鸭的片法主要有片片儿（彩图 8-3）、片条儿和皮肉分吃。片片儿是全聚德的传统方式，烤鸭烤完直接片片儿吃，也不用摆盘，为的是趁热吃，口感更好。后来采用片条儿，是出于方便卷荷叶饼吃。

随着北京鸭的加工工艺成熟，特别是烤鸭市场的日益扩大和消费者的需求增加，北京烤鸭已经开发了真空包装产品，让全国各地的居民随时可以尝到正宗的北京烤鸭。新工艺技术与传统食品结合，在经过专门的鸭坯生产线加工后，采用挂炉、明火烧果木的"全聚德非遗技艺"方法，取得了很好的效果。目前，北京烤鸭的工艺已经采用生产线作业的技术，其加工设备先进，具有独立的鸭坯生产线，可确保每只烤鸭美味、营养。

（三）焖炉烤鸭的工艺流程

所谓焖炉烤鸭，就是凭炉墙热力烘烤鸭坯，炉内温度先高后低，烤出的鸭外皮酥脆，内层丰满，肥而不腻，有一种特殊的香味。

便宜坊是焖炉烤鸭的鼻祖，至今已有 600 年的历史。烤鸭所用的焖炉，是从地面直接用砖砌起，砌时砖的码法很有讲究，是"上三、下四、中七层"。一面砖墙下有炉门，炉内可烤 5～7 只鸭。焖炉烤鸭的特点是焖烤鸭之前，先将秫秸等燃料放进炉内点燃，使炉膛温度升高至一定温度再将其灭掉，然后将鸭坯放在炉中铁罩上，关上炉门，全凭炉内炭火和烧热的炉壁将鸭焖烤而成。焖烤期间不能开炉门，也不能移动鸭坯，一次放入一次出炉。因此，烤炉是关键。如果炉烧得过热，鸭坯就被烤糊了；温度不够，鸭坯就生。在烧炉时，当观察到炉内壁烧至灰白色时，迅速将生鸭坯放入炉内，30 min 后打开炉门，手感鸭脯"暄腾"时即可出炉。

由于这种烤制方法的特点是鸭"不见明火"，因此在烤的过程中，炉内的温度先高后低，温度自然下降，火力温而不烈，空气湿度大，鸭受热均匀，油脂、水分消耗少，皮和肉不脱离。烤好的鸭成品呈枣红色，烤鸭表面没有杂质。外皮油亮酥脆，肉质洁白、细嫩，口味鲜美。

焖炉烤鸭的工艺流程是：原料解冻→修整漂洗→熬制料水并冷却至常温→腌制→烫皮→挂钩→晾干→入炉烤制→出炉刷油→片鸭。焖炉烤鸭的工艺与挂炉烤鸭基本一致，此处不再赘述。

四、其他深加工产品

鸭全身都是宝，除了鸭坯可以用来制作享誉中外的北京烤鸭之外，北京鸭的鸭膀、鸭掌、鸭心、鸭肝、鸭胗等都可以做成各种美味的冷热菜肴，以芥末鸭掌、盐水鸭肝、火燎鸭心、烩鸭四宝、芙蓉梅花鸭舌、雀巢鸭宝等为代表的"全鸭席"已经名扬海内外。

另外，还可以用鸭蛋、鸭油、鸭肝、鸭血和内脏制作美味佳肴，以提高北京鸭的综合利用率。例如，鸭蛋可以加工成咸鸭蛋、松花蛋，鸭绒毛还可制成衣被，且经济价值可观。

五、加工政策和技术历程

目前，不仅北京鸭的产品及其加工工艺在不断丰富，相关的政策和技术也在不断变化。

（一）相关政策及其相应技术变革

1992年11月25日，根据国务院《家畜家禽防疫条例》（以下简称《条例》）及其他有关法律、法规，北京市颁布《北京市家畜家禽和畜禽产品检疫监督管理若干规定》，自1992年12月1日起，无定点屠宰证的，不得从事畜禽屠宰经营业务；屠宰厂、肉类联合加工厂和其他屠宰单位（户）必须符合畜禽防疫检疫要求，并取得市或区、县畜禽防疫检疫机构核发的兽医卫生合格证；收购的畜禽必须附有产地乡以上畜禽防疫检疫机构开具的检疫证明，按照《肉品卫生检验试行规程》进行宰前检疫和宰后检验。经检疫检验合格，开具检疫检验证明，在家畜胴体两侧加盖验讫印章。

1995年颁布的《中华人民共和国食品卫生法》，对食品卫生提出了一定要求，也对北京鸭加工工艺的提高和改善规划了大致方向及要求。此时，北京鸭的加工主要是用于制作北京烤鸭，基本工艺是选用2.5～3 kg健康鸭，宰杀放血，经烫毛、煺毛后取出内脏，清洗干净，用糖水浇淋鸭身，将已烫皮挂色的鸭坯挂在阴凉、通风处干燥，用塞子将鸭坯肛门堵住，将开水由颈部刀口处灌入，然后再打一遍色，进入200 ℃以上的烤炉中烤制。在烤制过程中不断调整鸭坯的方位，一般需烤制30 min左右。鸭坯出炉后，马上刷一层香油即可。这一时期北京烤鸭的工艺依赖于厨师的丰富经验。

2001 年颁布的《北京市家畜家禽检疫条例》中第四条指出，本市实行畜禽定点屠宰、集中检疫，摆脱了禽类屠宰的不正规现状，使得禽类屠宰走上了正规的道路。

农业部 2002 年 12 月 30 日发布的行业标准《北京鸭》（NY 627—2002），规定了北京鸭品种的体型外貌、体尺和主要生产性能指标，适用于北京鸭品种评定。

2002 年 11 月，《肉类重点发展猪、牛、羊、鸡、鸭、鹅、兔等产品深加工》提出，优先开发大宗农产品的精深加工工艺、技术和装备，这就为北京鸭的精深加工及加工工艺的发展提出了要求。

2002 年 12 月，《北京市畜禽定点屠宰管理办法》对屠宰场的地址、规模、消毒设施等基本建设和审批程序、检验、监督管理作出要求。指出企业应设有与屠宰规模相适应的检疫检验室和检疫检验设施，有完善的污水污物和病害畜禽及其产品的无害化处理设施，排放的废水、废气、废物、噪声等符合国家和全市环保要求，要有与屠宰规模相适应的待宰间、屠宰间、急宰间、冷藏间和患病动物隔离间，有符合条件要求的屠宰设备和屠宰工具，接触肉品的设备、器具和容器要符合卫生质量要求，应使用无毒、无气味、不吸水、耐腐蚀的耐用无毒材料制作，其表面应平滑、无裂缝。禁止使用竹木器具和容器。这一系列措施使得禽类屠宰要求严格，工艺提高，技术提升，安全性也得到大大增加。

2003 年 7 月颁布的《食品生产加工企业质量安全监督管理办法》提出，为从源头加强食品质量安全的监督管理，提高食品生产加工企业的质量管理和产品质量安全水平，保障人身健康和安全，根据《中华人民共和国产品质量法》《工业产品生产许可证试行条例》《国务院关于进一步加强产品质量工作若干问题的决定》，以及国务院赋予国家质量监督检验检疫总局的职能等有关规定，对北京鸭的加工提出了更加严格的要求。其中第十条指出，食品加工工艺流程应当科学、合理。第十二条提到，食品生产加工企业必须按照有效的产品标准组织生产，食品质量安全必须符合法律法规和相应的强制性标准要求，无强制性标准规定的，应当符合企业明示采用的标准要求。第十五条指出，食品生产加工企业应当在生产的全过程建立标准体系，实行标准化管理，建立健全企业质量管理体系，实施从原材料采购、产品出厂检验到售后服务全过程的质量管理，建立岗位质量责任制，加强质量考核，严格实施质量否决权。这就为北京鸭的大规模企业化生产和工艺提高提出了要求。

　　为确保市民食肉安全，推动北京市畜禽屠宰向标准化、规范化、合理化方向发展，按照《中华人民共和国动物防疫法》《国务院生猪屠宰条例》《北京市家畜家禽检疫条例》等有关法律法规，2003年4月北京市农业局发布《北京市畜禽定点屠宰管理工作规划及实施方案》〔京农畜字（2003）11号〕，对屠宰加工提出了要求，尤其是规划新建的屠宰企业要高起点、高水平，屠宰生产线及设备应全部采用国际通行的先进工艺，严格按照检疫检验规程操作，完善污水及病害产品无害化处理设施，争取达到生产机械化、自动化水平。屠宰厂应参照HACCP体系建立并完善相关管理制度，按照先进模式进行生产管理。

　　2004年6月，根据《国务院办公厅关于印发食品安全专项整治工作方案的通知》精神，结合北京市实际，北京市政府决定在全市范围内开展食品安全专项整治工作。推进兴建现代化大型屠宰企业，农业、卫生等部门要积极推进牛、羊、家禽的定点集中屠宰工作，这就为屠宰加工的大规模和规范化的全面推进提出了方案。

　　2005年《北京市牛、羊、鸡、鸭定点屠宰场所》审核管理办法第二条规定，本市对牛、羊、鸡、鸭等动物实行定点屠宰、集中检疫。定点屠宰场所应当符合规划，符合国家和本市的动物防疫、食品卫生、环境保护的要求。第三条规定，从事牛、羊、鸡、鸭等动物屠宰活动的，应当领取北京市畜禽定点屠宰证。该证由区（县）畜牧兽医行政管理部门审核，市畜牧兽医行政管理部门核发。现在禽类的屠宰已经正规化、规范化。2005年11月，全国遭遇禽流感这一重大的疫情灾害后，北京市人民政府办公厅印发了《北京市高致病性禽流感应急预案的通知》，表示要对未发生疫情地区开展对养殖、运输、屠宰和流通环节的高致病性禽流感疫情监测和防控工作，防止高致病性禽流感的传入、发生和扩散。发生重大高致病性禽流感疫情时，由市政府或区县政府依法发布封锁决定。公安部门和武警部队对疫点、疫区进行封锁，设立临时检查站。由疫情应急处理预备队对以疫点为圆心，半径3 km内的禽类予以扑杀；疫区外5 km范围内的禽类由动物防疫监督机构实施强制免疫；对所有养禽场（户）内外环境进行严格消毒，严格控制人流、物流。监督和指导对疫区内禽类予以扑杀，按规定标准对禽类尸体及禽类产品进行无害化处理，对疫区内污染物等进行消毒和无害化处理，对饲养场所及周边环境实施消毒。

　　2005年，北京三元集团金星集团成立，这是全国最大的集北京鸭育种、养殖、加工为一体的产业化龙头企业，拥有现代化北京鸭生产加工和鸭系列熟制品生产车间，这使得北京鸭的加工工艺和生产技术都有了一个新的突破。

2006年10月，根据国务院2006年关于编制食品工业发展规划的要求，以及《国民经济和社会发展第十一个五年规划纲要》的精神，为推动食品工业科技进步和自主创新，转变增长方式，提高我国食品工业整体水平和国际竞争力，实施工业反哺农业，加快农业产业化进程，实现食品工业的全面、协调和可持续发展，有关部门、协会编制了《全国食品工业"十一五"发展纲要》，继续推行定点屠宰，稳步提高机械化屠宰的比重，完善肉品加工全程质量控制体系，保障肉类食品安全。畜禽屠宰加工重点开发牲畜真空采血、电刺激、畜禽热汽隧道式湿烫及连续自动去毛（羽）、多工位扒皮设备，胴体劈半和在线检测设备，高湿雾化冷却排酸设备，大型真空斩拌机、滚揉机和高速灌肠机等肉类深加工设备，以及冷却肉、清真肉制品、低温肉制品、功能性肉制品和发酵肉制品加工设备，实现我国畜禽屠宰加工装备的成套化、国产化。

禽类的屠宰加工已经由过去的人工操作转变成机械化操作，电击使其昏厥再进一步放血，自动烫毛、拔毛的大型机械已在大型企业普遍使用，检验包装也不断使用自动化机器，使得屠宰过程越来越安全、优质、高效。

2006年12月，为贯彻落实《国民经济和社会发展第十一个五年规划纲要》，以及《全国农业和农村经济发展第十一个五年规划（2006—2010年）》精神，结合农产品加工业发展实际，印发了《农业部关于印发农产品加工业"十一五"发展规划的通知》，要以水禽加工龙头企业布局，以生产水禽低温肉制品和盐水鸭等特色产品为主。使得低温鸭肉的加工生产工艺得到发展提升，也使得北京鸭除北京烤鸭外的其他产品得到发展和规模化生产，满足了消费者对于北京鸭的更多产品需求。2006年《中华人民共和国农产品质量安全法》对农产品的生产作出了大致要求，鼓励企业根据国际通行的质量管理标准和技术规范获取质量体系认证或者HACCP认证，提高企业质量管理水平。这对企业提出了更高的要求，也使得大型企业如北京金星鸭业有限公司不断进行自我完善，通过ISO9001质量管理体系、ISO14001环境管理体系、ISO22000食品安全管理体系等一系列认证，使鸭加工的工艺不断发展。

2007年8月13日，北京市质量技术监督局发布北京市地方标准《北京鸭》（DB11/T 012.1—2007），包括《第1部分：商品鸭集约化养殖规范》和《第2部分：种鸭集约化养殖规范》。第1部分规定了北京鸭商品代肉鸭饲养、卫生防疫、生产性能、产品质量要求及规格和贮运方法，适用于北京鸭商品代肉鸭生产及性能评定；第 2 部分规定了北京鸭父母代种鸭的生产性能、种蛋收集与保存、孵化、饲喂、卫生防疫及环境和设施要求，适用于北京鸭父母代种鸭的集约化生产及生产性能评定。这为北京鸭的育种和养殖提供了规范。

2008 年北京鸭成为首个农产品质量追溯签约项目，首次实现了北京鸭的质量追溯。全聚德三元金星有限公司发展迅速，尤其是作为北京奥运会烤鸭原料生产单位，在上级相关部门的大力支持下，率先实现了北京鸭产品质量的全程可追溯。2008 年全聚德三元金星有限公司开始以北京鸭为原料，生产生品系列，如鸭坯、白条鸭、净膛鸭等；以及熟制品系列产品，如真空烤鸭、各种风味鸭和鸭类副产品。

2009 年 4 月 23 日，《鸭肉等级规格》（NY/T 1760—2009）发布，其适用于商品肉鸭胴体和鸭主要分割产品，对鸭肉等级规格的术语和定义、技术要求、评定方法、标志、包装、贮存与运输进行了规定。据此，北京鸭的鸭屠宰与分割工艺要求、分割产品、分割方法及命名规则、鸭胴体及分割产品等级规格标志有了明确、细致的标准。

2012 年 2 月 21 日，农业部发布《肉鸭饲养标准》（NYT 2122—2012），规定了北京鸭、肉蛋兼用型肉鸭及番鸭与半番鸭各生长阶段主要营养素需要量，以及肉鸭常用饲料原料的营养价值。自 2012 年 5 月 1 日起，商品代北京鸭育雏期、生长期、育肥期 3 个阶段，以及北京鸭种鸭育雏期、育成前期、育成后期、产蛋前期、产蛋中期和产蛋后期 6 个阶段的营养需要量都有据可依，为饲喂满足屠宰加工要求的北京鸭提供了技术支持。

2014 年 9 月 30 日，北京市农业局印发了《北京市畜禽定点屠宰管理办法（暂行）》（京农〔2014〕196 号）。

2016 年 1 月 6 日，为加强北京市畜禽产品的食品安全管理，保障畜禽产品的食品安全，市食品药品监管局、市农业局共同制定了《北京市畜禽产品食品安全监督管理暂行办法》。使从事北京鸭及其产品生产、销售、贮存、运输的企业，集中交易市场，使以北京鸭产品为原料提供餐饮服务的经营者都有据可依。

2016 年 12 月 23 日，中华人民共和国国家卫生和计划生育委员会、国家食品药品监督管理总局共同发布适用于规模畜禽屠宰加工企业的《食品安全国家标准畜禽屠宰加工卫生规范》，代替《肉类加工厂卫生规范》（GB 12694—1990）、《屠宰和肉类加工厂企业卫生注册管理规范》（GB/T 20094—2006）、

《冷却猪肉加工技术要求》（GB/T 22289—2008），于 2017 年 12 月 23 日起执行，是年又出台了屠宰量在 100 万羽以上的北京鸭屠宰加工企业屠宰加工过程中畜禽验收、屠宰、分割、包装、贮存和运输等环节的场所、设施设备、人员的基本要求和卫生控制操作的管理准则。

2017 年 1 月 21 日，住房和城乡建设部与国家质量检验检疫总局共同发布《禽类屠宰与分割车间设计规范》（GB 51219—2017），自 2017 年 7 月 1 日起实施。其中，第 3.2.2、第 4.1.2、第 4.5.5、第 4.6.2、第 4.7.3、第 5.3.1、第 5.3.7、第 6.4.3、第 7.0.8、第 8.1.2、第 9.3.3、第 9.3.7、第 10.3.1 和第 11.1.2 条为强制性条文，必须严格执行。对新建、扩建和改建的鸡、鸭、鹅等家禽类屠宰与分割车间的设计进行了详细的规定。

2018 年 5 月 7 日，农业部颁布《畜禽屠宰术语》（NY/T 3224—2018）、《畜禽屠宰冷库管理规范》（NY/T 3225—2018）、《屠宰企业畜禽及其产品抽样操作规范》（NY/T 3227—2018）、《畜禽屠宰企业信息系统建设与管理规范》（NY/T 3228—2018）等标准，自 2018 年 9 月 1 日起实施，之后北京鸭的屠宰、加工、冷库管理及企业信息化建设都将步入一个新的台阶。

目前，北京鸭的加工工艺成熟，新工艺技术与传统食品结合，在经过专门的鸭坯生产线加工后，采用挂炉、明火烧果木的"全聚德非遗技艺"方法产生了很好的效应，对加工工艺的要求也十分高。现在北京烤鸭的工艺已经采用生产线作业的技术，其加工设备先进，专门有自己的鸭坯生产线，能确保产出的每只烤鸭美味而又有营养。

（二）针对北京鸭的政策和标准

表 8-12 是对专门针对北京鸭的地方标准的梳理。从此表可见，北京鸭的标准、技术进程是随着政策、经济发展不断改进的。

表 8-12　与北京鸭有关的地方标准

标准名称	标准号	发布日期	实施日期	备注
《北京鸭》第 1 部分：商品鸭养殖技术规范	DB11/T 012.1—2016	2016-04-27	2016-08-01	
《北京鸭》第 2 部分：种鸭养殖技术规范	DB11/T 012.2—2016	2016-04-27	2016-08-01	

（续）

标准名称	标准号	发布日期	实施日期	备 注
《北京填鸭饲养管理技术规程》	DB13/T 902—2007	2007 - 11 - 28	2007 - 12 - 13	
《北京鸭》第1部分：商品鸭集约化养殖规范	DB11/T 012.1—2007	2007 - 08 - 13	2007 - 12 - 01	废止
《北京鸭》第2部分：种鸭集约化养殖规范	DB11/T 012.2—2007	2007 - 08 - 13	2007 - 12 - 01	废止
《北京鸭》	NY 627—2002	2002 - 12 - 30	2003 - 03 - 01	被代替标准
《北京鸭生产性能标准》	DB11/T 012.1—1992	1992 - 11 - 01	1993 - 01 - 01	废止
《北京鸭集约化饲养环境与设施标准》	DB11/T 012.3—1992	1992 - 11 - 01	1993 - 01 - 01	废止
《北京鸭集约化饲养卫生防疫标准》	DB11/T 012.4—1992	1992 - 11 - 01	1993 - 01 - 01	废止
《北京鸭集约化饲养标准》	DB11/T 012.2—1992	1992 - 11 - 01	1993 - 01 - 01	废止
《北京鸭产品标准》	DB11/T 012.7—1992	1992 - 11 - 01	1993 - 01 - 01	废止

第三节　营销与品牌建设

一、充分利用"农产品地理标志"这一利器，进行北京鸭资源保护、产品开发和品牌建设

作为闻名中外的美食原料——北京鸭，已经不单单是北京市市民菜篮子工程建设的内容之一，更是北京历史和文化遗产的重要载体，具有深厚的文化底蕴、传统的养殖工艺和严格的地域性。保护和开发利用北京鸭，不仅是传承民族优秀文化的问题，更是关乎北京市农业经济发展、转变畜牧业经济增长方式、参与国际国内竞争的战略问题。

2013年北京市政府批准同意北京市畜牧总站作为北京鸭地理标志登记唯一申请人资质。2017年9月农业部对"北京鸭"正式实施国家农产品地理标志登记保护，这成为北京市唯一一个省域名称冠名的地理标志产品，同时也是北京市畜禽产品中首个获得地理标志登记的产品。同年9月，北京鸭农产品地理标志首次在"中国国际农产品交易会"上亮相，被评为"2017年中国百强农产品区域公用品牌"；在同期举办的"第三届全国农产品地理标志品牌推介

会"上，"北京鸭"受到隆重推介。

2018 年 3 月，北京市卢彦副市长在调研北京金星鸭业有限公司时强调，北京市相关部门应继续高度重视北京鸭种质资源和北京鸭产业的持续稳定及健康发展，让北京鸭种业留在北京，弘扬中华美食文化，保护好"北京烤鸭"这一北京名片和中国名片。

2018 年农业农村部将农产品地理标志作为知识产权宣传周的主题活动，与"北京鸭"农产品地理标志品牌发布会相结合，4 月 25 日在京举办"2018 年全国知识产权周活动暨北京鸭农产品地理标志发布会"，以"保护知识产权、传承北京鸭味"为主题，通过农产品地理标志登记证书颁发、标志使用授权、宣传片播放等形式向社会发布了北京鸭农产品地理标志，这也开启了北京鸭作为地理标志农产品进行保护、开发和品牌建设的新征程。

对北京鸭进行广泛而深入的保护、挖掘和发展，首先要依法依规开展北京鸭农产品地理标志管理工作。为此，北京市畜牧总站专门成立了北京鸭农产品地理标志管理办公室，将严格按照《农产品地理标志管理办法》《农产品地理标志使用规范》等要求，依法管理，严格把关，使北京鸭产业沿着健康、高效、有序的轨道发展。其次要科学、严谨地开展北京农产品地理标志管理工作。北京鸭具有深厚的文化底蕴、传统的养殖工艺（填鸭工艺）和严格的地域特点，在今后工作中，需要依托北京农业科技优势和人才优势，加强北京鸭品质和特性的挖掘，从基因鉴别层面、肉质鉴定层面、烤制性能层面、养殖工艺层面深入挖掘和提升北京鸭的各项品质，让老祖宗流传下来的这个具有浓郁北京特色的优良品种再次焕发新的光彩；最后要从更广的层面开展一系列北京鸭历史的宣传，传统技艺和文化的推广，提升北京鸭品牌影响力。

北京鸭是祖先几百年辛勤培育的优良品种，是首都灿烂饮食文化的代表之一。以"农产品地理标志"为契机，优化组合政府资源、企业品牌资源和农户生产资源，进行北京鸭资源的知识产权保护，提升北京鸭产业化水平，维护"北京烤鸭"这一具有传统特色的名牌产品，将北京鸭重新塑造成"活长城"，是北京烤鸭参与市场竞争的重要资本，也是北京新一代畜牧人的重任。

二、北京鸭产品市场营销战略

（一）传承与创新相结合的战略定位

北京鸭及其产品营销应该兼顾传承和创新相结合的战略方针。

首先，是传承。北京鸭及北京烤鸭有悠久的历史，以北京鸭为原料，利用独特的烤制手艺、现场刀工献技、考究的吃法，让品尝北京烤鸭成为独特的艺术享受；严格的原材料选择、烤制工艺和火候拿捏等造就了北京烤鸭享誉中外的盛名。"不到长城非好汉，不吃烤鸭真遗憾"，烤鸭已经成为中华民族的又一象征。独到和成熟的工艺、丰富的文化内涵、完整的社会美誉度和认知度等都是北京鸭及其产品的无形资产。这些无形资产经过开发利用，也为相关企业创造了巨大的经济效益。

其次，必须将老字号的传统优势和现代企业经营创新理念完美地结合起来，具体营销手段上要求新、变、特，体现在菜品的种类、花样等方方面面。

（二）突出北京鸭的产品特性，加深北京鸭作为食材的独特性

北京鸭是世界著名的优良肉用鸭标准品种，具有生长发育速度快、育肥性能好等特点，是闻名中外的"北京烤鸭"的制作原料。由于其优质的资源特性，因此在清朝年间开始流传到美、英等国家。现在北京鸭已遍布世界各地，且在北京鸭的基础上，英国还繁育了樱桃谷鸭，美国繁育了长岛鸭，其品种的优良性得到了世界的广泛认可。

北京烤鸭的原料从明清开始数百年来都是以北京鸭作为食材，历史及市场的检验证明了北京鸭的优良品质。同样，北京烤鸭的口感除了烹调手法之外，原材料本身的特性也是不可或缺的。因此，北京鸭在中国美食中占有重要地位。

（三）深度开发，丰富北京鸭的产品结构

北京鸭作为北京烤鸭的主材使用已是尽人皆知，其作为原料所烹饪的食物在国内外受众广泛。由于其口感、口碑早已深入人心，因此市场受众几乎涵盖绝大部分人群。目前，北京鸭的价值还没有被完全开发利用，进一步进行产品深挖及开发才是最高效的做法。应通过不同的产品组合来满足消费者的购买需求，将北京鸭各个部位的美味呈献给消费者，让北京鸭焕发除烤鸭外的新的活力。

除了作为烤鸭的主材外，北京鸭其他部位，如鸭舌、鸭心、鸭脖、鸭掌、鸭肝等也都应加大开发力度。由于北京烤鸭以吃鸭肉为主，其他部位主要在餐饮企业烹饪其他菜肴，其影响力远远低于北京烤鸭。因此，北京鸭还有许多可供深度开发的空间。

1. 向上延伸产品线　北京鸭产品线需要向上延伸至种鸭繁育。这不仅可以保证本地饲养的种鸭需求，还能够繁育出纯种优良的北京鸭用于对外销售。

掌握产品线的上游远比居于产品线下游拥有更多的发展空间，拥有种鸭不仅能保证国内供应的稳定，也有利于同类产品进口定价权的博弈。同时，种鸭繁育可以在应对禽流感疫病时拥有更多的缓冲空间，避免出口国疫病给我国市场带来的影响。种鸭的繁育也有利于科研，只有将科研转化为产品才能促进这一循环得到良性发展。

2. 向下延伸产品线　北京鸭的产品线下游就是在原本广大消费者熟知的北京烤鸭之外进行产品细分，将北京鸭可以食用的部位逐一做成可以即食的产品。如今北京烤鸭已开发出袋装产品，很多从外地到北京旅游、出差的人都会买一些作为回家馈赠亲友的礼物。但北京鸭不仅仅可以制作烤鸭，还可以制成其他美食供更多的人品尝。因此，丰富北京鸭的熟食产品下线是未来北京鸭推广的方向。

3. 细分产品类型，丰富产品结构

（1）按原料部位细分，开发休闲食品　北京鸭除了大部分用作烤鸭使用外，其鸭舌、鸭心、鸭肝、鸭掌都可以单独制作其他美食，而且其体积较小，适合独立包装随时享用。现在市场上此类产品不多，但已有的品质较好的产品普遍受到欢迎。因此，北京鸭可以在这些精工细作方面多下功夫，尽快将北京鸭的细化产品经设计、包装后打入市场，估计其产生的利润价值并不亚于整鸭销售。

（2）按烹调方法，丰富北京鸭产品结构　中华美食文化历来有口味上的"南甜北咸东酸西辣"之分，同时还按照时令四季有别。同一种食材在不同地域、不同时节的烹调方法都不尽相同，因此饮食开发更是要注重结合地域及文化的特点。同样的美食在大江南北烹调手法各异，同样是鸭子，北方有北京烤鸭，南方有南京板鸭、广东烧鸭等各类不同的鸭肉制法，这为北京鸭提供了广阔的发展空间。尽管各地使用的鸭种略有不同，但烹调的口味趋势是可以借鉴学习的。当南方调味遇上北京鸭时碰撞出的美味又别有风味。研制出适合不同口味的鸭制品就可以满足消费者的更多需求，使得北京鸭在产品结构上进一步丰富。

（四）利用互联网和大数据技术，快速响应千变万化的市场

通过对包括消费者点餐、就餐等消费习惯，从季节、时点、客流、菜单在

内的服务内容分析市场和消费者需求信息。了解市场动态和消费者的需求变化，做出快速响应并制定相应的举措，顺应供给侧改革的要求，适应消费升级的需求。

三、品牌建设

（一）遵循国家品牌政策战略导向，加强北京鸭及其产品的品牌建设

习近平总书记"三个转变"的论述中，对中国品牌建设具有战略指导意义。2016年6月，国务院发布了《关于发挥品牌引领作用推动供需结构升级的意见》（简称"44号文"）。同时，国务院还出台了包括44号文在内的4个关于品牌的文件，内容涵盖了品牌与经济发展、品牌与产业集群、品牌与创新、品牌与知识产权、品牌与质量、品牌与信用体系、品牌与管理体系、品牌与人才培养、品牌与专业服务、品牌与传播推广、品牌与评价标准、品牌与金融、品牌与消费等，具有很强的指导性和现实意义。同时，为了帮助品牌发展，国家还会对品牌发展提供金融助力。

北京鸭及其产品相关企业应该借力国家品牌建设战略，在国家政策与资金的双重支持下，加快产品品牌建设力度；借助各类媒体大力宣传，提高品牌影响力和认知度。

（二）突出产品特性，讲好品牌故事

北京鸭的品牌建设可以依托原有的耳熟能详的老字号。北京百年老字号里有不少经营北京烤鸭的，其他知名熟食品牌也可在原有产品品类之中加入北京鸭系列。品牌不需独立打造，只需要在各品牌产品上强调北京鸭的产品特性，依托已有品牌打造具体产品就不失为经济、快捷的方法。

（三）注重文化宣传，提升地道北京鸭品种的影响力

北京烤鸭起源于中国南北朝时期。《食珍录》中已记有炙鸭，在当时是宫廷食品，流传至今已有千年历史。因其味道肥美而受到推崇。岁月流转，历史变迁，烤鸭的味道及食材也在不断发生变化；到了明、清两代随着定都北京后，逐步固定使用北京鸭这一优良品种。

中华文明五千年历史，一道美食竟能流传千年，足见饮食文化在我国的影

响力。同时，北京鸭这个优良的品种也随着皇朝都城迁址及最终定都北京而出现在宫廷御膳的行列中。北京鸭因其口感肥美在清朝就已被美、英两国引种至本土，甚至在美、英两国掀起了追逐风潮，可见北京鸭的品质优良。

北京烤鸭作为中国美食的名片蜚声国际。几乎所有的外国友人到北京都不会错过这道美食，而成就这美味的就是北京鸭。然而由于物种流失、宣传不够等原因，北京鸭的品牌形象并没有北京烤鸭那么深入人心。为了更好地推广北京鸭，需将其作为北京烤鸭不可替代的原料属性进行宣传推广。要让食客了解只有北京鸭制成的北京烤鸭才是最正宗的美食，这不仅有利于保证北京烤鸭的品质，也是为北京鸭这个优良品种进行推广。

打造中国美食名片也是弘扬中国文明的一种有效手段，而北京鸭可以借此机会被更多的人了解。北京鸭是北京烤鸭的不二选择。只有打造北京鸭不可替代的地位，才能使其区别于市场上其他的竞争品种。

（四）利用北京鸭地理标志登记，提升北京鸭相关产品的品牌价值

北京鸭具有深厚的文化底蕴和传统的养殖工艺，且具有强烈的地域性。北京鸭之所以世界闻名，主要或完全取决于北京的地理环境，包括自然环境和人文环境。北京鸭地理标志的使用，可以比较有效地将资源优势转化为市场优势，提高区域内北京鸭的整体素质和市场竞争力。

对北京鸭地理标志的使用、监督、管理能够促进产品质量标准化，加强对原材料的选定，制定生产地域、生产工艺、安全卫生相关的管理标准，而且生产的产品品质、风味都必须符合地理特征所限定的标准。通过特别的质量控制，能保证北京鸭及相关产品具有特定质量和特征、能给消费者提供产品信誉保证、能提升区域内产品的价值。

（五）实施产品可追溯，为北京鸭产品质量安全保驾护航

北京鸭质量追溯系统的实施，实现了从雏鸭孵化到饲养、防疫、屠宰、配送、消费全过程的追溯，建立北京鸭生产加工过程的安全长效监督保障机制。按照"从农场到餐桌"的理念，实现质量安全无缝隙管理，从源头上保证禽肉产品的安全，为北京鸭产品安全生产长效监督机制的平稳运行、保障北京鸭产品的质量安全、维护"北京烤鸭"这一世界品牌形象具有积极的示范带头作用。

参 考 文 献

北京市畜牧兽医总站，1976. 北京鸭［M］. 北京：人民出版社．

曹斌，王健，臧大存，等，2009. 3 个品种鸭的屠宰性能及肌肉营养成分比较［J］. 畜牧与
　兽医（12）：13-15.

陈国宏，王永坤，2011. 科学养鸭与疾病防治［M］. 北京：中国农业出版社．

陈明益，1986. 北京鸭饲养与繁育［M］. 北京：科学技术文献出版社．

戴晔，2006. 北京鸭和樱桃谷鸭肉用性能及 MSTN 基因多态性的研究［D］. 杨凌：西北农
　林科技大学．

樊红平，徐铁山，侯水生，2006. 北京鸭（Z_4）、樱桃谷鸭和奥白星鸭生产性能对比试验
　［J］. 黑龙江畜牧兽医（8）：46-47.

范凤谦，陈震，2006. 北京鸭、枫叶鸭、樱桃谷鸭和法国番鸭商品代饲养效果对比试验
　［J］. 江西畜牧兽医杂志（1）：12.

冯树桦，张仁庆，1994. 北京烤鸭的营养［J］. 烹调知识，（5）：22.

冯宇隆，谢明，黄苇，等，2013. 鸭肉的风味及其形成的研究［J］. 动物营养学报（7）：
　1406-1411.

高小立，2015. 北京鸭不同品系的生长发育和屠宰性能测定与分析［D］. 杨凌：西北农林
　科技大学．

国家畜禽遗传资源委员会，2010. 中国畜禽遗传资源志-家禽志［M］. 北京：中国农业出
　版社.

郭万库，吴常信，杨学梅，等，1990. 北京鸭（Ⅳ系）部分早期性状的生长模式［J］. 中国
　家禽（5）：21-23.

黄海根，孟安明，齐顺章，等，1997. 用牛的小卫星探针 BM6.21A 进行鸭的 DNA 指纹分
　析［J］. 畜牧兽医学报（1）：7-11.

侯水生，黄苇，赵玲，等，2002. 不同配套系北京鸭的生产性能与血液生化指标特性研究
　［J］. 中国家禽（21）：14-16.

侯水生，胡胜强，2006. "肉脂型与瘦肉型北京鸭选育及其关键技术"研究进展［J］. 水禽
　世界（4）：41-43.

江新业，宋焕禄，华永兵，等，2004. 北京鸭/樱桃谷鸭肉汤中香味物质的比较［J］. 食品

与发酵工业（1）：21-24.

李花妮，刘小林，侯水生，等，2010. 北京鸭体重与体尺指标对皮脂率的影响 [J]. 畜牧与兽医，1：46-48.

李慧芳，宋卫涛，贾雪波，2017. 蛋鸭优良品种与高效养殖技术 [M]. 北京：金盾出版社.

李建军，文杰，陈继兰，2002. 肉品香味研究进展 [J]. 食品科技（6）：23-26.

廖秀冬，任立明，王光瑛，等，2012. 北京鸭 FABP2 基因多态性与体尺和屠体性状的相关研究 [J]. 中国家禽，34（17）：23-26，30.

林化成，2013. 肉用种鸭饲养管理与疾病防治 [M]. 合肥：安徽科学技术出版社.

林云琴，郭建铭，翁志铿，等，1998. 美国枫叶鸭、北京鸭、樱桃谷鸭、法国番鸭四个肉鸭品种生产性能对比试验 [J]. 福建农业科技（1）：50-51.

刘春利，2013. 不同日龄鸭肉主体风味物质的研究 [D]. 宁波：宁波大学.

刘序祥，王馨珠，1989. 北京鸭生产手册 [M]. 北京：农业出版社.

刘雪婷，元虹懿，张明海，等，2016. 鸭脂肪间充质干细胞分离培养与生物学特性 [J]. 生物技术通报，32（8）：122-128.

刘源，徐幸莲，王锡昌，等，2007. 同时蒸馏萃取法分析鸭肉挥发性风味 [J]. 食品与机械（4）：15-17.

刘源，徐幸莲，王锡昌，等，2009. 脂肪对鸭肉风味作用研究 [J]. 中国食品学报（1）：95-100.

卢俊清，黄苇，赵楠，等，2008. 北京鸭肌肉生长抑制素基因多态与屠体性状关系分析 [J]. 中国畜牧兽医（10）：61-64.

吕敏芝，2000. 北京鸭、樱桃谷鸭与仙湖鸭的生长曲线分析 [J]. 中国家禽（3）：13-14.

宁中华，李藏兰，王忠，等，1998. 北京鸭部分组织早期生长规律的研究 [J]. 中国畜牧杂志，5：13-15.

庞维志，赖晓东，2002. 北京鸭枫叶鸭和樱桃谷鸭商品代饲养效果对比试验 [J]. 养禽与禽病防治（2）：26-28.

佘德勇，2005. 北京鸭和樱桃谷鸭生长性能、肌肉理化特性比较及填饲对其影响 [D]. 北京：中国农业大学.

佘德勇，詹凯，胡胜强，等，2007. 北京鸭和樱桃谷鸭填饲条件下脂肪沉积性能比较 [J]. 中国家禽（2）：15-17.

舒联莹，叶德备，1934. 北京鸭 [M]. 上海：商务印书馆.

王英，彭兴刚，居剑波，等，2015. 乳酸菌对北京鸭填鸭生产性能的影响 [C]. 第六届中国水禽发展大会.

王珩，2002. 樱桃谷鸭的养殖与生产性能测定（二）[J]. 农村养殖技术（20）：11.

闻治国，2012. 填饲对北京鸭脂肪沉积和营养物质表观消化率的影响 [D]. 北京：中国农业科学院.

闻治国，侯水生，谢明，等，2012. 不同填饲量对北京鸭生长性能、血清生化指标和肝脏组织学的影响 [J]. 动物营养学报，24（1）：69-77.

闻治国，杨培龙，陈余，等，2017. 复合酶制剂对北京填鸭胴体性状、体脂沉积和营养物质表观消化率的影响 [J]. 动物营养学报，29（7）：2366-2373.

闻治国，张铁鹰，谢明，等，2012. 不同酶制剂水平对北京填鸭生长性能、血浆生化指标和肝脏组织学的影响 [J]. 华北农学报，27（6）：78-83.

吴知新，1956. 北京鸭饲养法 [M]. 北京：农业出版社.

许浮萍，张兰威，曹阳，等，2013. Sn-2甘一酯薄层色谱方法改进及鸭油脂肪酸组成研究 [J]. 食品科技（10）：64-69.

徐铁山，2004. 北京鸭主要经济性状的遗传分析 [D]. 杨凌：西北农林科技大学.

杨桂芹，孙福仁，李春生，等，2000. 不同杂交组合北京鸭生长速度及肉用性能的研究 [J]. 辽宁畜牧兽医，5：6-7.

杨晓刚，侯水生，刘小林，等，2013. 北京鸭三个品系与樱桃谷肉鸭胸肌肌内脂肪含量的比较分析 [J]. 中国家禽，35（19）：12-14.

杨学梅，2001. 北京鸭与樱桃谷鸭性能观察、饲养试验的体会和总结 [J]. 养禽与禽病防治（8）：20-21.

杨烨，2006. 性别和营养水平对福建河田鸡风味前体物质含量的影响 [J]. 畜牧兽医学报，37（3）：242-249.

姚勇芳，2001. 肉类风味及其影响因素 [J]. 肉类工业（10）：6-7.

尹家浪，2016. 鸭羽色、喙色和蹼色遗传规律的研究 [D]. 武汉：华中农业大学.

岳永生，2003. 肉鸭养殖技术 [D]. 北京：中国农业大学出版社.

张丽，2004. 北京鸭生长发育性状与血液生化指标的遗传分析 [D]. 杨凌：西北农林科技大学.

赵希斌，1957. 北京鸭研究 [D]. 上海：科学出版社.

郑佩孚，高军，1997. 樱桃谷鸭与北京鸭生长发育及肉用性能对比试验 [J]. 辽宁畜牧兽医（4）：10-11.

中国成人血脂异常防治指南修订联合委员会，2016. 中国成人血脂异常防治指南（2016年修订版）[J]. 中国循环杂志，31（10）：937-953.

《中国家畜家禽品种志》编委会，1989. 中国家畜家禽品种志-中国家禽品种志 [D]. 上海：上海科学技术出版社.

中华人民共和国农业部，2002. 北京鸭：NY 627—2002 [S]. 北京：中国标准出版社.

朱志明，郑嫩珠，缪中纬，2017. 福建省畜牧兽医学会2017年学术年会论文集 [C]. 福建省畜牧兽医学会、福建省畜牧业协会、福州畜牧产业协会、福建省畜牧兽医学会.

Calkins C R，Hodgen J M，2007. A fresh look at meat flavor [J]. Meat Science，77（1）：63－80.

Chen G J，Song H L，Ma C W，2009. Aroma－active compounds of Beijing roast duck [J]. Flavour and Fragrance Journal，24（4）：186－191.

Cross C K，Ziegler P，1965. A comparison of the volatile fractions from cured and uncured meat [J]. Journal of Food Science，30（4）：610－614.

Goll D E，1992. Role of proteinases and protein turnover in muscle growth and meat quality [C]. Proceedings－Annual Reciprocal Meat Conference of the American Meat Science Association. AGR：IND93013088，25－36.

Huang Y H，Li Y R，Burt D W，2013. The duck genome and transcriptome provide insight intoan avian influenza virus reservoir species [J]. Nature Genetics，45（7）：776－783.

Larzul C，Imbert B，Bernadet M D，et al，2006，Meat quality in an intergeneric factorial cross breeding between muscovy（*Cairina moschata*）and Pekin（*Anas platyrhynchos*）ducks [J]. Animal Research，55（3）：219－229.

Ramarathnam N，Rubin L J，Diosady L L，1991. Studies on meat flavour. 2. A quantitative investigation of the volatile carbonyls and hydrocarbons in uncured and cured beef and chicken [J]. Journal of Agricultural and Food Chemistry，39，1839－1847.

Omojola A B，2007. Carcass and organoleptic characteristics of duck meat as influenced by breed and sex [J]. International Journal of Poultry Science，6（5）：329－334.

Xu T S，Gu L H，Sun Y，et al，2015. Characterization of MUSTN1 gene and its relationship with skeletal muscle development at postnatal stages in Pekin ducks [J]. Genetics and Molecular Research，14（2）：4448－4460.

Zeng T，Jiang X，Li J，Wang D，2013. Comparative proteomic analysis of the hepatic response to heat stress in Muscovy and Pekin ducks：insight into thermal tolerance related to energy metabolism [J]. Plos ONE，8（10）：e76917.

Zhang H L，Fan H J，Liu X L，et al，2003. Molecular cloning of the perilipin gene and its association with carcass and fat traits in Chinese ducks [J]. Genetics and Molecular Research，12（2）：1582－1592.

Zhang M，Song K，Li C，et al，2015. Molecular cloning of Peking duck toll－like receptor 3（duTLR3）gene and its responses to reovirus infection [J]. Virology Journal，12：207.

Zheng A，Chang W，Hou S，et al，2014. Unraveling molecular mechanistic differences in liver metabolism between lean and fat lines of Pekin duck（*Anas platyrhynchos* domestica）：a proteomic study [J]. Journal of Proteomics，98（4）：271－288.

Zheng A，Liu G，Zhang Y，et al，2012. Proteomic analysis of liver development of lean Pekin duck (*Anas platyrhynchos* domestica) . Journal of Proteomics，75 (17)：5396 -5413.

Zhu F，Yuan J M，Zhang Z H，et al，2015. De novo transcriptome assembly and identification of genes associated with feed conversion ratio and breast muscle yield in domestic ducks [J]. Animal Genetics，46 (6)：636 - 645.

彩图1-1　北京鸭（左公右母）

彩图1-2　现在的机器填鸭

彩图1-3　成年北京鸭

彩图1-4　北京鸭侧身照

彩图1-5　北京鸭头部特写

彩图1-6　公鸭性羽特写

彩图1-7　水中的北京鸭

彩图1-8　北京鸭群体

彩图1-9　北京鸭鸭蛋

彩图2-1　北京金星鸭业有限公司保种场

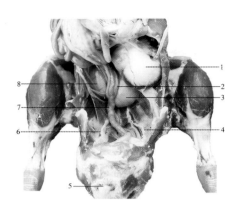

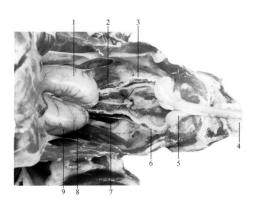

彩图 3-1　公鸭生殖器 1

1.肌胃　2.盲肠　3.左侧睾丸
4.左侧输精管　5.肛门　6.右侧输精管
7.直肠　8.右侧睾丸

彩图 3-2　公鸭生殖器 2

1.左侧睾丸　2.肾后静脉
3.左侧输精管　4.肛门　5.直肠
6.右侧输精管　7.右肾中部
8.右侧睾丸　9.睾丸血管

彩图 3-3　母鸭生殖器 1

1.输卵管膨大部黏膜　2.输卵管峡部黏膜
3.子宫黏膜　4.阴道黏膜

彩图 3-4　母鸭生殖器 2

1.肛门口　2.泄殖腔黏膜　3.尿道口
4.阴道黏膜　5.直肠黏膜

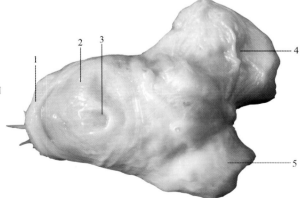

彩图5-1　网上养殖北京鸭

彩图5-2　发酵床养殖北京鸭

彩图5-3　异位发酵床养殖北京鸭

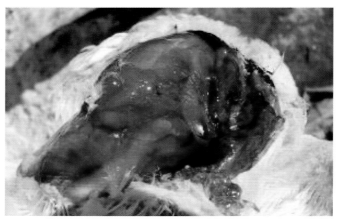
彩图6-1　鸭急性败血型弥散性皮下出血

彩图6-2　病鸭步态不稳，共济失调

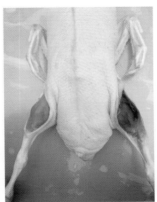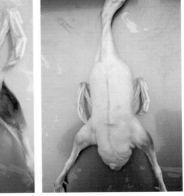

彩图6-3　北京鸭血腿病（夏兆飞）

彩图7-1　网上平养

彩图7-2　自动清粪工艺

彩图7-3　网上平养示范基地

彩图7-4　网上平养示范鸭舍

彩图7-5　地面平养

彩图7-6　条垛式堆肥

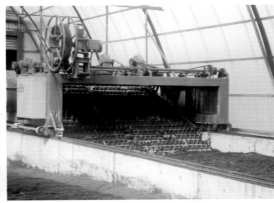

彩图7-7　槽式堆肥

彩图7-8　槽式堆肥中的强制通风管道

彩图7-9　地上式厌氧消化系统

彩图8-1　北京烤鸭

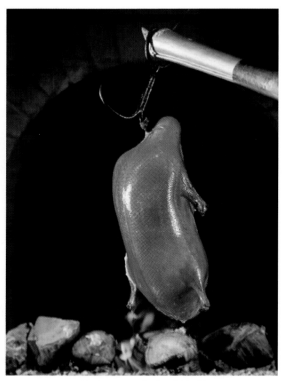

彩图8-2　北京鸭烤制